原発災害と地元コミュニティ

鳥越皓之 編著

福島県川内村奮闘記

東信堂

i

2011年3月12日　西巻裕氏撮影
地震発生後の川内村。震度6弱を記録した。住宅の被害は、全壊住家数1棟・半壊住家数92棟・一部破損家数31棟であった。多くの家で屋根瓦が崩れるなどの被害が出た。

2011年3月12日　川内村役場提供
原発事故の発生によって、浜(富岡町・楢葉町・大熊町)から多くの被災者・避難者が川内村に押し寄せた。ガソリンが切れると車は放置され、道という道が渋滞していた。避難するにも身動きがとれない状況であった。

2011年3月12日　西巻裕氏撮影
　避難者の受け入れは、川内村をあげて行なわれた。それぞれの行政区（コミュニティ）でも、集会所を開放し、避難者はここで寝泊まりをした。

2011年3月14日　川内村役場提供
　婦人会による炊き出し。原発災害によって避難してくる被災者への炊き出しが、村内各地で行われた。これにも各行政区（コミュニティ）が総出で協力した。やがて、自分たちも避難することになろうとは、思いもよらないことだった。

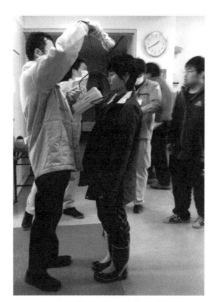

2011年3月16日　西巻裕氏撮影

　悪化する原発災害に伴って、川内村民も全村避難を強いられた。郡山市にある「ビッグパレットふくしま」へと、多くの人が避難した。到着すると被ばく検査(スクリーニング)が行われた。

2011年3月16日　西巻裕氏撮影

　避難者はビッグパレット内にあふれ、毛布や段ボールなどで思い思いに、各自の居場所を確保していた。

2011年3月25日　川内村役場提供
ビッグパレットでの救援物資の提供。各地から提供された物資が、被災者に配られた。

2011年3月25日　川内村役場提供
ビッグパレット内の様子。壁には伝言がメモ形式で貼られていた。多くは尋ね人や避難先を記したものであった。また公衆電話がおかれ、家族や親戚、そして友人との連絡をとる人が集まった。

2011年4月7日　西巻裕氏撮影

　道路を闊歩する牛（富岡町付近）。川内村や富岡町では畜産を営む農家も少なくなかった。避難が強制されると、家畜を飼う農家は、せめてもの思いで家畜を放った。その結果、誰もいなくなった土地に家畜がさまよう姿が見られた。

2011年5月12日　川内村役場提供

　5月に入ると一時的な帰宅が認められた。3月の避難から2カ月が経過していた。一時帰宅に向けて、防護服の使用法など放射線被ばくを避けるための方法が伝えられた。

2011年6月10日　西巻裕氏撮影
　郡山市内に作られた仮設住宅。避難を強いられた人びとは、各地に散っていった。仮設住宅に住む人もあれば、親類縁者を頼って、避難生活を続ける人もいた。

2011年10月21日　西巻裕氏撮影
　原発災害により、警戒区域に指定されたため、川内村のうちの約3分の1にあたる20キロ圏内への立入は禁止された。この時点では自らの故郷に立入ることさえも、法的に禁止されていたのであった。

vii

2012年3月30日　西巻裕氏撮影
　帰村に向けては、放射能被ばくを低減させるために、除染が必要不可欠なプロセスであった。しかし他方で、家の周りの一切を除染によって「はぎとられる」ことは、必ずしも快いものではなかった。

2012年2月2日　川内村役場提供
　除染によって生じる放射能物質を含んだ残土の管理も大きな課題である。川内村ではおもに牧草地として利用されていた土地へ仮置場が作られた。

viii

2012年8月6日　川内村役場提供
　住民懇談会の場面。帰村へ向けて村行政と住民との粘り強い対話が行われた。元にいた場所に戻るという決断が、放射能汚染によって、一筋縄ではいかない行為となっていた。

2011年12月31日　西巻裕氏撮影
住宅の窓に記された「覚悟」

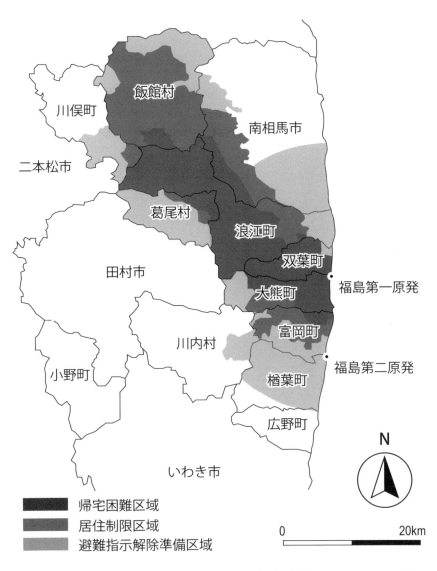

2014年10月時点での避難指示区域

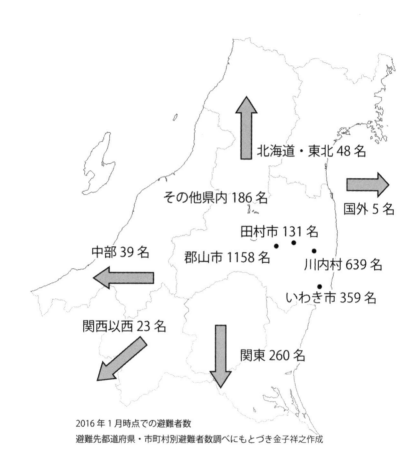

川内村民の帰村・避難状況

まえがき

　深刻な災害は根本的な問いを私たちに突きつける。今回の東日本大震災による福島第一原子力発電所の災害は、私たち人類のもっとも誇りとする"知"そのものにも問いをなげかけた。核エネルギーは、私たちの知の"最先端"のひとつであるからである。

　「人間がこのような複雑にして高度なものまでつくれるなんて！」。それは人類の誇りであるはずなのに、地の底からの声として、「この知は信じてはいけない」という警告の声も私たちはつねに聞き続けていた。とりわけ、広島と長崎でおびただしい数の一般市民が一瞬にして犠牲となった事実を知っている私たち日本人は、地の底からの警告の声にもっと敏感であるべきはずであった。

　けれども、私たちは「原子力の平和利用」というフレーズをなんども聞かされているうちに、原子力というのは、平和のために存在しているのだと信じるようになり、地の底からの声を騒音として処理してしまっていた。

　人間というものはおもしろいものだ。深刻な原子力発電所の爆発被害から数年を経たいま、もう一度、「原子力の平和利用」を信じようとしている。このような信用の復活劇を、色々な分野、色々な地域で、私たちは歴史上、何度も繰り返してきた。そしてそれが悲劇の繰り返しになってきたことも知っている。

　それにもかかわらず、その繰り返しを選ぶのが人間であるとしたら、この人間とはなんなのだという、やはり根本的な問いに私たちは直面する。

　本書の対象とする川内村は、村の高所に登れば、爆発した原子力発電所群を遠望できるところにある。ひろびろとした青空には刷毛をはいたような白雲、その下に輝く碧い海、その手前の陸地のはじまるところに、白い近代的な建物群と白い塔と白と赤のまだら模様のクレーンが見えるが、それが破壊

された発電所である。

そこから、目に見えない放射能が川内村にも降りてきた。目に見えないから、川内村はどこも汚れていないし、破壊されていない。人間や鳥たちにも変化がない。原子爆弾が投下されたのとは大きく異なる。自然や家屋はそのままの姿なのである。

その後、示されたのは数値だけである。空間線量として、1.2 マイクロシーベルト（μSv/h）というような数値が示されるだけで、実感は湧かないのである。しかし、ともかくも避難することになり、しばらくしてから、また、元の村に戻ってくることになる。本書は、避難開始前後から元の村に戻ってくることになるまでの、人びとの葛藤や決意の姿を示すことになる。

マスコミや知識人たちは、いまだ線量の高い地域に戻るとは、という批判の声を上げる。しかしながら、批判よりも考えて欲しい。そんなことは重々分かっていながら、なぜ、帰村をする決意をしたのか、その決意の意味はなんだったのか。

コミュニティ（村）が消滅していくのを避けるために戻ったのだ、というのも答えの一つである。けれども、答えの内容はもっと深い。その深さを、川内村の人びとの語りを通じて考えたいものだ。

人間というものは、自分だけのことを考えるほどに利己的ではない。そのことは本書の語りが示してくれるであろう。自分以外とは、もちろん家族や近隣の仲間が入るが、それ以外に、牛などの動物が入るし、自分たちの先祖が入る。それから田んぼや畑も自分たちの親しい仲間のようなものだとみなしている。また自然の風景そのものさえ入るのだ。

帰る場所が危険なことは知っている。低レベル放射線の長期的な影響も避難生活のなかで学んでいる。けれども、川内村よりももっと北の漁村での話だが、東日本大震災の津波で村と仲間を失った漁民が、政府が推奨する高台に住まずに、ふたたび元の漁村に戻っていっている。危険なのを知っているが、漁民とはそういうものだと、彼らは漁村でのヒヤリングのときに私に答えてくれた。それは「勇気」ではなくて、「深い決意」のようなものである。

この川内村でも同様の「深い決意」が見える。この「深い決意」とはなんな

のであろうか。少なくとも言えることは、人間は危険からはつねに遠ざかるという単純な生き物ではなくて、危なくても、ときには突き進んでいくべきと判断する生き物なのである。

本書は4部から構成されている。1部では、この福島県川内村の歴史や構造について述べている。それらの説明を通じて、川内村そのものの社会的特徴の理解を目的としている。2部では、住民一人ひとりの話をライフヒストリーの手法を使って、記録している。その語りから、人びとの戸惑いや決意や価値観を知ることができよう。2部は大きく避難の際の対応、帰村をめぐる判断、帰村後の生活再建という3つのテーマからなっている。これらが本書の中心である。3部では、震災への対応を地域のリーダーの目から、その見解を示してもらっている。いずれも2015年前後の状況を語ったインタビュー記録である。そして最後の4部ではこの原発災害の「年表」ならぬ「分表」を作成してあるので、ある事件や決断がどのような条件下のときであったのかを知る必要があるときにはここを参照していただきたい。

今から10年も経過すると、本書で記したような記録の再現は不可能になるであろうと想定した。記録の重要性を意識する本書は、最新の状況よりも、とくに2015年ごろまでの揺れ動く村の姿を記述することに力点をおいた。2016年6月31日に、川内村の避難指示は全面的に解除された。だが、本書の対象とする期間では、帰村と避難との間で葛藤し、二地域居住を続ける住民が多くを占めていた。

すなわち、かつてのチェルノブイリと同じ「レベル7」の原子力災害を、20キロメートルから30キロメートルという身近な距離で、川内村は経験した。このコミュニティの葛藤と決意の姿を仔細に示すことが本書の使命と考えている。

2017年12月

著者代表　鳥越皓之

目次/原発災害と地元コミュニティ—福島県川内村奮闘記

まえがき ……………………………………………………………………… xi

第1部　災害の発生と川内村　　　　　　　　　　　　　　　3

1-1　災害とコミュニティ ……………………………… 鳥越皓之　5

- 1　コミュニティとは　5
- 2　三つの機能　6
- 3　生産のためにはコミュニティは不可欠　8
- 4　生活の場としてのコミュニティ　10
- 5　地域コミュニティはつねに災害を念頭においていた　13
- 6　震災研究での指摘　14
- 7　川内村のコミュニティ　15

1-2　川内村の歴史と地域コミュニティ ……………… 金子祥之　18

- 1　人びとを取り巻く構造の変容　18
- 2　近世村落の成立　19
- 3　近世の産業構造　21
- 4　エネルギーの生産地としての川内村　23
- 5　エネルギー構造の転換と原発誘致　25
- 6　地域自治の枠組み—上川内と下川内　27
- 7　行政区と8つのムラ　28
- 8　ムラとヤシキ—行政区と班　30

第2部　住民一人ひとりが語る経験　　　　　　　　　　37

A　大災害からの避難

2-1　カタストロフィーと行政対応 ……… 金子祥之／話者：井出寿一　39

- 1　困難な決断の連続　39
- 2　富岡町の避難者受け入れ　40
- 3　「殉職」を覚悟した全村避難の決定　47
- 4　福島県最大の避難所・ビッグパレット　51
- 5　多くが去った村への対応　52
- 6　帰村の方針への賛否—帰村宣言まで　55

xvi

   7　帰村へ向けての不安との闘い　60
   8　「村のため」という判断基準　62

2-2　災害弱者の避難生活　……………… 金子祥之／話者：渡辺ヒロ子　66

   1　災害の衝撃と生活条件　66
   2　家族で支えた夫の病気　66
   3　地震と命拾い　68
   4　「避難の夜」の苦しみ　69
   5　避難という集団生活　71
   6　娘を頼る自主避難へ　72
   7　川内村への帰村と重なる死　73

2-3　支援が生み出す分断 … 金子祥之／話者：三瓶カツ子・大和田あけみ　77

   1　支援がもたらすもの　77
   2　散り散りになる家族―発災時のあけみさん　79
   3　発災時のカツ子さん　81
   4　夫の状況　82
   5　原発災害と千葉へ行く決断　83
   6　家族の再会と更なる避難　85
   7　初期避難を支えたもの―家族・親族関係　87
   8　「住むところ」を求めて―支援のもたらす葛藤　88
   9　県外避難の選択と情報格差　90
   10　帰宅と2つの被災者―支援のもたらす分断　92
   11　硬直化する公的支援　93
   12　支援の境界線―誰が被災者なのか　95

2-4　医療従事者の葛藤　……………………… 野村智子／話者：井出弘子　98

   1　役場職員の夫婦　98
   2　地震発生直後―診療所での対応　98
   3　娘のいるさいたまへの避難　101
   4　ビッグパレットふくしま（郡山）へ　104
   5　家族の避難生活　106
   6　川内村診療所の再開　107

2-5　避難をしない選択　………………… 野村智子／話者：鈴木美智子　109

   1　商店経営の家族　109
   2　地震発生時の美智子さん　109
   3　1区集会所で避難者の支援　110
   4　避難しない決断　114
   5　留まったあとの生活　115
   6　川内村に残って得たもの　117

目 次　xvii

7 事故後 4 年半を経て　119

B　帰村と選択

2-6 帰村を促した要因　……………………… 野村智子／話者：井出弘子　121

1 家族それぞれの帰村　121
2 お義母さんの病気　123
3 妹家族の出来事　125

2-7 帰らない理由と近隣関係　…………… 野村智子／話者：吉田悦子　127

1 避難指示解除準備区域の家族　127
2 川内村貝ノ坂地区　128
3 悦子さんの暮らし　128
4 悦子さんの避難－地震発生時の様子から　129
5 息子たちの避難－次男と四男夫婦　130
6 悦子さんの家と近所の人びと　131
7 ご主人とヤギ小屋　133
8 仮設住宅での生活　136
9 帰らない理由　137

2-8 三世代家族の分離　……………………… 野村智子／話者：西山王子　140

1 震災以前の生活－三世代の同居　140
2 地震の発生時の王子さん　140
3 家族の避難と避難生活　142
4 王子さん夫婦の帰村　144
5 息子家族の生活　145
6 川内村の生活　146
7 ひとつの家族がふたつの家族に　147

2-9 子育て世代にとっての帰村　………… 野田岳仁／話者：秋元活廣　149

1 子育て世代の抱える不安　149
2 責任感や義務感では帰れない　150
3 震災によって遅れた結婚　152
4 田植え作業を通じて感じた親の存在　154
5 子を守る親の責任　158

2-10 若者と再離村　………………… 藤田祐二／話者：山崎優也（仮名）　161

1 刻々と迫り来る放射能と仕事　161
2 震災直後の状況　162
3 避難地郡山市から帰村する決断　164
4 食べる物もガソリンもなく　166
5 復活した祭りの助っ人　168

xviii

6 除染の仕事と将来の不安 169
7 再離村と新たな挑戦 171

C 復興に向けて

2-11 コミュニティにとっての農業 ……… 藤田祐二／話者：井出剛弘 172

1 農業を続けること 172
2 農地の放射能汚染と除染 175
3 気力と体力減退という被害 178
4 休耕田からの被害 180
5 復興のために奪われた農地 181
6 放射線量全袋検査と農業継続 183
7 被害があっても農業を続ける 185
8 働く文化と意味 187

2-12 除染を拒否した篤農家 … 野田岳仁／話者：秋元美誉・秋元ソノ子 190

1 なぜ農地の除染を拒否したのか 190
2 農地の放射能汚染 190
3 前を向くために記録をとる 193
4 目の前の農地を青くするために 195
5 たい肥による土壌改良 196
6 農地の除染の拒否 197
7 農家にとっての生活再建とは 200

2-13 自然を離れて生きる … 金子祥之／話者：久保田安男・久保田キミエ 202

1 平穏な生活の背後にあるもの 202
2 仕事熱心な農家 203
3 隣近所がいなくなる 204
4 息子の家での避難生活 206
5 避難時の気持ち 207
6 ムラに帰村するまで 208
7 農業をやらない決断 211
8 「食い心」の悪さ 212
9 消えた「ヤマの楽しみ」 214
10 子供の生き方を決める 216
11 廃炉までの作業を誰が担うのか 217
12 一生を振り返って 219
13 帰村者の抱える晴れない気持ちとは 220

2-14 復興政策と地域振興策の衝突 ……… 藤田祐二／話者：新妻一浩 222

1 政策の副作用 222
2 放射能汚染と生活不安 222

　　　　　　　　　　　　　　　　　　　　　　　目　次　xix

　　3　帰村宣言への不信感　224
　　4　不安を抱えながらの暮らし　225
　　5　みんなの夢—ソバ栽培が軌道に乗るまで　227
　　6　ソバ栽培の困難—「ソバ畑が仮置場になった」　230
　　7　流通の困難—信頼できる測定　234
　　8　共同の困難　238
　　9　復興対策と地域に根差した産業　240

第3部　現状と将来に向けての対談　　　　　　　　　　243

3-1　地元のリーダー・井出茂さんとの対談…………聞き手 鳥越皓之　245
　　1　避難者がやって来る　245
　　2　安全性と自分たちの避難　247
　　3　村を離れる　251
　　4　村に戻れるか　254
　　5　教育環境と教育についての考え方　256
　　6　世代による考え方の違いと仕事　261
　　7　山や自然　267

3-2　遠藤雄幸・川内村村長に聞く　……………………聞き手 鳥越皓之　271
　　1　帰村して大丈夫か　271
　　2　戻れる人は戻ろう　274
　　3　ソ連のチェルノブイリ原発災害との比較　276
　　4　元の場所に帰りたいのか　279
　　5　先祖から受け継いできた田や畑や森　279
　　6　除染がはじまる　280
　　7　きれいな農村・生産のサイクル　283
　　8　汚染と商品価値　284
　　9　村全体の避難　288
　　10　震災の発生　291
　　11　政府は安全だと言う　294
　　12　帰村の実現と将来像　296
　　13　村づくりをもう一度考える時間をもらった　298

第4部　資料編・川内村震災の記録　　　　　　　　　301

4-1　川内村震災の記録　……………………………………………303

4-2　2011年作付け記録　……………………………………………343

xx

4-3 診療所勤務記録 …………………………………………… 344

あとがき ……………………………………………………… 347

執筆者紹介………………………………………………………… 349

原発災害と地元コミュニティ―福島県川内村奮闘記

鳥越皓之編

川内村の高所から望遠レンズで約 20 キロメートル先の福島第一原子力発電所を望む

東信堂

第1部
災害の発生と川内村

1-1　災害とコミュニティ

鳥越皓之

1　コミュニティとは

　本書は「コミュニティ政策学会」の叢書のひとつとして位置づけられているため、冒頭のこの章でコミュニティについて述べておきたい。

　災害が生起すると、地域コミュニティが改めて意識されるのがふつうである。しっかりしたコミュニティであるか、それとも形だけ存在するコミュニティであるかによって、災害後のいわゆる第二の災害(復興がうまくいかないことによる災害)が大きく異なってくるからである。

　そもそも「コミュニティ」は「家族」という概念と同じで、いざ厳密に定義をしようとすると意外とむずかしい。コミュニティも家族もその地域社会の文化の産物だから、地域的特性があるためだ。だが、どんなものがコミュニティであるかは体感的にはよく分かる。私たちはひとりで生きていけないから、お互いに寄り添うことになる。私たちは地域社会に住んでいるので、家族で対応できない生活の諸事をコミュニティ組織で対応することになる。家族だけがあって、コミュニティの存在しない社会は少し想像しにくい。ひとりの子供になって考えてみるとよい。その子にとって、コミュニティが最初の他者との出会いの場である。コミュニティは「身近な他者」から成り立っているのだ。

　「身近な他者」はいつでもやさしいわけではない。レベッカ・ソルニットが災害を経験すると人びとがやさしくなるという興味深い指摘をして災害研究者に注目された (Solnit 2009)。しかしその指摘は、災害に際した状態でないと

きには、人びとは必ずしもやさしくない事実を暗示している。

　必ずしもやさしくない「身近な他者」が、相互に気持ちよく生きていくために、人びとは、相互依存のためのとても込み入ったローカル・ルール（地元で決めた規則）を形成している。地域にかかわる社会学的諸研究のかなりの割合がこの複雑なローカル・ルールの研究だと言っても過言ではないほどである。

　本書で対象とする川内村は農村のコミュニティである。そのため、他の地域と同じように、とても複雑なローカル・ルールをもっている。その事実は、第2部の住民の語りから推測できよう。

　この章では、読者の便宜のために、そもそも農村コミュニティはどのようなものであるか、という一般的な特質を主に示しながら、川内村のコミュニティに言及する。川内村もこの一般的特性を共有しているからだ。川内村という個別のコミュニティのもつ特徴については、つぎの第2章で村の歴史も含めてそれを述べることにしている。

2　三つの機能

　農村では、コミュニティは「生産」「生活」「安全維持」[1]という三種の機能をもっている。そのうち本書での関心は、とりわけ「安全維持」機能にある。「災害」対応が「安全維持」に含まれるからだ。

　もっとも災害について検討する前に、コミュニティとはどのようなものであるかを、安全維持機能に限定せずに全体として俯瞰しておく必要がある。なぜなら現実的には、コミュニティはこの全体のなかで作動しているからである。そのため、コミュニティの生産と生活の側面をみたうえで、災害をコミュニティのなかに位置づけることにしよう。

　農村コミュニティは、具体的には集落、伝統的には江戸時代からの村をその典型とする。もちろん、コミュニティは農山漁村地域だけでなく、都市にも存在する。だが、本書で取り上げる川内村は、中山間地域に位置する農村なので、コミュニティ＝集落という言い方ができる。

　ただ、後で詳しく述べるように、この川内村のコミュニティは二重になっ

ていると理解した方が現状に合っている。それは集落レベルのコミュニティと集落がいくつか集まった広範囲の行政レベルのコミュニティである。ここでは、川内村では行政区と呼ぶ集落レベルのコミュニティについて詳しく述べることにする。それが本来のコミュニティであるからである。

どこの農村でもそうだが、川内村のような農村のコミュニティは、本来は、農業生産を基盤として成立している。つつがなく農業生産を行うために、どうしても人間同士の労力的な相互扶助が不可欠であるからだ。それが強固なコミュニティの存在する重要な要因となっている。

ところでいま、"本来は"という用語を使ったのには理由がある。現在、地域によると兼業化が進展したり、農村に住んでいても農業以外の職に就く人が増えていたりする。ここ川内村でもそうである。そのことによって、この農村＝農業生産という図式が必ずしもあてはまらなくなっているのだ。

そのような地域では、目下、小学校区を範囲として、自治的な協議会、すなわち、新しいコミュニティを形成しようとする動きがある。農業「生産」のためには、労力の相互扶助や自分たちで決める自立性が不可欠であったものが、それらを支えている「生産」活動が弱化しはじめている地域が増えてきた。そのために近年、行政によってコミュニティ強化の施策がとられるようになってきたのである。そしてその最先端の動きとして法人化を模索するなど、できるだけ自治性を強めようとする側面が観察される[2]。これはつぎの節以下で述べる「生活」と「安全維持」のためには、行政の力だけでは不十分で、住民たちによる自治的なコミュニティは不可欠だという認識にもとづいている。

このような最近の動向は、逆に、農村コミュニティにおいては、コミュニティの三つの機能のうち、この生産という機能がコミュニティの基盤的な役割を果たし続けてきた事実を端的に示している。

川内村においては、たしかに富岡町など隣接の自治体の市街地で働いていたり、つぎの章でも述べるように、ある割合で原発関連の仕事に就いている人たちもいたりして、農業生産者ばかりではない。だが、大きな時代の流れとしては農業生産面が弱化傾向であることは否めないものの、川内村は他の農村と比べてそれがさほど弱化していなかったので、コミュニティはキチ

ンと維持できていたと評価できる。その事実は、本書の第2部でみるように、各コミュニティの住民が原発避難してきた富岡町の人たちを自主的に支えたことからも知れる。

ただこれは幸いな事例であって、1995（平成7）年の阪神淡路大震災や今回の東日本大震災のときに、コミュニティがしっかりしていない地域では、少なくない不幸な事例が生じてしまったことに留意を怠ってはならない。

3　生産のためにはコミュニティは不可欠

農業生産における労力的な相互扶助は多数ある。1873（明治6）年からはじまった明治の地租改正以来、田畑は法的には私的所有（戸主個人の名義）となり、実質的には家族（家）所有となった。江戸時代までの村内にみられた広範な共有的・総有的な土地、いわゆる“みんなの土地”は、明治、大正、昭和時代の間に、順次、激減していった。

そのため、都会にいて農業から遠い者の理解では、農業は家族だけで自立して運営できるように思いがちである。けれども、集落なくして農業は成立しない。集落に所属しない農家がわが国に存在しない理由である。

わかりやすい例を、田を使って述べよう。田には水が要る。この水は集落、または集落の連合体が支える用水組合の管理下にある。必要なときに田に水が来るように水源の山の管理、また水路の管理と掃除という業務があり、それらは集落の人たちの無償の共同労働によって成り立っている[3]。また、田に至る道や畦の保全も共同労働である。

個人の田にも家族以外の労働が入ることがとても多い。田植えをユイ（結）で行っている農村は少なくない。ユイとは労働力の相互交換のことである。田植えなど短期間に集中的な労働力を必要とするばあいに、相互に労働力を交換するのである。今日は自分の田、明日は隣の田というように、ユイ仲間全員の田にメンバー全員が集団として移動しながら苗を植えていくのである。それは能率がよいからである。ここ川内村でもユイを行っており、このユイは地域により、エエとかユイコなどさまざま表現があるが、川内村ではユイ

という言い方をしている。

　田の所有者は自分の田だけを考えればよいわけではない。たとえば、用水の水は上流から下流に流れているので、上流に田を持つ者は、下流で水を使う人たちがいることを意識しながら、上手に水を使わねばならない。また、最近注目されている減農薬や無農薬農業をしようとすると、そこで発生した虫が他の田にひろがるので、話し合いが必要である。

　田の周辺の雑草の処理もお互いに話し合わなければならないし、処理に粗雑な人は仲間からの評価が落ちる。この雑草に関しては、川内村では災害直後は耕作放棄をしなければならなかったので、大きな問題になり、それは本書の2部の各所で地元の人の嘆きとして出てくる。「川内の田んぼがみんな荒れたときは見んのも嫌だったな」(2-11) という表現がある。川内村の広々とした田んぼが1メートルほどの高さのセイタカアワダチソウで埋まったのである。だれもが生涯のなかで、そんな雑草で埋まった田んぼを見た経験がなかったので、大きな驚きと不安をひき起こした。

　集落のお祭りなどの行事は、一見、農業生産と関係がなさそうに見えるが、生産者の立場に立つと、お祭りなどの年中行事を行うことは、生産活動の一部と言った方がよい。1年の間に色々なお願いを神様にするが、それは土地を耕すということと同じ重みをもっている。1年の締めくくりの秋祭りという収穫祭は、本当にうれしいものだという声を生産者からしばしば聞く。春の田植えからはじまり、雑草、虫や病気、風害、日照などさまざまなことをやっとクリアーして、その生産物をみんなで祝う気持ちは言葉では尽くしがたい感動をもたらすという。

　川内村には「川内小唄」がある。その二番から四番はつぎのようなものだ。

　二、都ばかりが　花咲くものか　川内村にも　花が咲く

　三、青田ながめに　来て見よ　乙女　たえざる努力の　美しさ

　四、俺が川内　ほめるじゃないが　秋は黄金の　花が咲く

(川内村史編纂委員会 1988：565)

写真1-1-1　三匹獅子舞（川内村下川内）　（西巻裕氏撮影：2013年5月3日）

「黄金の花」つまり豊穣な「イネの稔り」を誇っているのである。本書の 2-10（若者と再離村）で、若者が三匹獅子（**写真 1-1-1**）を舞う話がでてくる。この三匹獅子舞は関東地方を中心として、五穀豊穣、田植えのための雨乞い、防災などを神様に祈願する行事である。これも村人にとっては不可欠な行事なのである。

このように田ひとつとりあげても、農業生産は個別の家で完結するものではなくて、コミュニティがあってはじめて成り立つわけである。

4　生活の場としてのコミュニティ

生活を維持するためには、飲料水が不可欠である。また、これは口に入れるものなので、清浄でなくてはならない。川内村は歴史的に振り返ると、ほとんどの家では山から流れ出る小川の水に依存していたと想定される。けれども時代の変化とともに、村の中心に位置する3区にある「山の神水道組合」を除いて、井戸の水に依存するようになる。現在は井戸水をポンプで汲み上げ、水道と同様な形で蛇口から水が出るようになっている。

川内村では飲料水は 100 パーセント村内の水から得ている。村外の遠くか

ら水道管を通じて得ている水はない。災害後、放射性物質の測定結果をふまえて行政はその水は安全であると言っているが、住民からは不安の声を聞かないわけではない。久しぶりにおじいちゃん、おばあちゃんを川内村に訪問した娘が、自分の小さな子供をお風呂に入れることに躊躇しているのを、あるおばあちゃんは嘆いていた（低線量被ばくを恐れてである）。

現在、川内村では、川とのつきあいは微妙に距離がおかれている。原発事故前までは捕るのがむずかしかったイワナが集落内の小川でも泳いでいる姿をみることができる。捕る人がいなくなったからである。

写真1-1-2 山の神水道組合規定（3区）
（鳥越撮影：2013年12月11日）

ともあれ、日本の農村の多くでは、コミュニティが飲料水や洗濯などの生活水の質の管理に関与してきた。そして現在もかなりの地域で水質保全のためにコミュニティが組織的に努力をしている（**写真1-1-2**）。

個人の住宅をコミュニティのメンバーが出て共同でつくることはほとんどなくなった。宅地（屋敷地）については、それぞれの家の私的領域として、他者が入り込む余地はほとんどない。ただ、「草分け」など、その集落の伝統的な家の庭が、その集落の公共空間となる場合が年に数度生じることがある。たとえば、そこが正月の獅子舞の最初の舞の場だとすると、その庭はそのときには、集落の全員に自由に解放される。

川内村にも4つの集落（コミュニティ）で獅子舞を行っている。先ほどふれた三匹獅子舞がそうである。川内村では集落の神社での舞のあと、昔は名主宅で、いまは集落の区長宅でも舞っている。

つぎに村内の営繕について見てみよう。大きな道路は行政が面倒をみてくれるが、小道はコミュニティのメンバーが共同で普請をする。一般には道普請と呼ばれているが、ここ川内村ではそれを「共同作業」と呼んでいる。道普請というのは現代風にいえば清掃とも受け取れる。この清掃は、道にかぎらず公共の建物や神社に至るまで、すべてで協力して行われる。

一年間のいわゆる年中行事も同様である。お正月の神社参拝からはじまって、さまざまな祭り行事がある。また、最近は急速に簡素化しはじめているものの、結婚式や葬式などにおける相互協力がある。お盆のときの盆道づくりや墓地の清掃の共同作業は、まだあまり衰えていない。川内村にも葬式組(一忌組)があり、葬式のときの相互扶助を行っている。ただ、8区のようにいまだ帰村が難しい地区では、空き家も発生しはじめたことから葬式組も解散をし始めたところもある (2-7)。

このように暮らしの場における相互協力はとても多く、そのためもあって、日本の村落は家々がかたまる集村形式になることが多い。この川内村も例外ではない。

また、相互協力とはほとんど意識されていないが、おいしいものができたときや手に入ったときのお裾分け、また、高齢者や赤ん坊、子供たちへの配慮は、「当たり前のこと」として、お互いに行っている。

それは川内村でもよくみられたものであった。だが、川内村では住宅地や耕地の除染〔放射線量を減らすために、表土を削り取ったり、落ち葉の除去、建物の洗浄を行うこと〕は行われたが、山の除染は技術的にむずかしいために行われていない。そのために、お裾分けの典型であったキノコなどの山の産物がお裾分けできなくなっている。山からとってきたキノコを「あげようと言ったって、みんなはいらないと言う。(放射線物質は)灰がついたみたいに洗えば落ちるというものだといいんだが、それは目に見えないものなんだ。やっぱり気持ちが悪い」(2-13)。ということで、ありふれた日常の人間関係が川内村では微妙に崩れている。

5 地域コミュニティはつねに災害を念頭においていた

　地域コミュニティの研究者、それは主に社会学者や人類学者であったが、かれらはじつは災害についてあまり論じてこなかった。この傾向は海外のコミュニティ研究でもそうであった。基本的にはコミュニティが形成される組織特性の方に関心があったからかもしれない。有名なコミュニティ研究の古典であるマッキーバーによる『コミュニティ』(MacIver 1917)でも災害の項目はない。

　ところが、私たち研究者は、現場ではしばしばコミュニティによる災害対応を目にし、耳にしていた。私は琵琶湖の研究を長年してきたが、湖辺のある農村では、村（集落のこと）持ちの納屋に水害のときの避難の船が格納されていたのを見ているし、川の水量が増大して堤が決壊しそうになるときの村の対応ルールについて訊いたりもしていた。

　また、堤の決壊を避ける願いとして、水神様をどこに祀るかということを訊いたり、現場に行って水神の祠を確認したりしていた。大水は砂を運んでくるが、川のそばの田畑に砂が入るのを防ぐために川の傍に竹林をつくっていることを地元から教えられたし、小高い土盛りの避難場所も目にしていた。また農作物に被害をもたらす風害を避けるためにコミュニティのリーダーたちが風の神に願いをする行事も見た。川内村では風の強い日に、風除けの草刈り鎌を立てるところがあった。鎌で風を切ることにより、風が弱まるという呪術的信仰である。

　火災に対しての対応も多く、とくに印象深かったのは、たとえば福島県檜枝岐村の火災を避けるための板倉群であった。海外でも類似のことを目にしている。中国の山麓の集落では、山火事が集落に及ぶのを避けるために、集落の山側を帯状に果樹園にしていた。また、山からの出水の多い集落では、集落の上に空堀を造って、水を逃がす方法を考えていた。

　このようにコミュニティの工夫による災害対応の豊富なデーターがある。それは個々の住民が対応できることではなく、コミュニティが差配してはじめて対応できるコミュニティの重要な機能である。にもかかわらず、私たち

研究者は災害についての個別のデーターの記述に終始し、それをコミュニティ論に結びつける発想をしてこなかった。

6 震災研究での指摘

けれども、最近の阪神淡路大震災、中越地震、東日本大震災の経験は研究者に反省を促した。これらの震災の後、多くの注目すべき研究が生まれた。それらの多くは、実際の災害を経験してみると、①コミュニティはとても大切なものであることに気がついたという記述と、②被災後、被災地でコミュニティを強化することが復興につながるという指摘をしている。

たとえば、前者①の気づきの例の典型的な記述としては、つぎのような表現がなされている。

　　「今回の震災を契機として、コミュニティの重要性が再認識されることになった。東日本大震災のような大災害が発生したとき、交通網の寸断等により消防や警察などの防災関係機関による早期の対応が十分にできない場合がある。(中略) 非常事態にある中で、最も身近にあり助け合う力を発揮するのが、地域のつながりの力、つまりコミュニティである。人々は普通意識していないかもしれない。だが、日々の生活を振り返ってみると、そこにコミュニティは欠かせないものであることが分かる」(茨城大学地方政治論ゼミナール 2015：71)。

後者②の被災地でのコミュニティ強化の必要性を説く論文はとても多い。仮設住宅での自治会づくり、相互扶助が被災の程度を和らげるので、急いでコミュニティを強化する必要があるという指摘、また地方自治体と協力した防災コミュニティの必要性などである[4]。

それらのうちからひとつを引用しておこう。

　　「2004 年の中越地震は、ほとんど何の準備も心構えもないところに突

然襲いかかってきた。それでもみてきたように、地域の人々は、日ごろ
の人間関係の蓄積を活かして避難所の運営や"災害弱者"への支援に取
り組んできた。そこで実際に機能するのは、"顔の見える関係"をベー
スとした小さなつながり (町内・班) であることも実感された。それだけに、
地震後には多くの人が、町内会等の組織や地域の防災体制の必要性をあ
らためて感じている」(松井克浩 2008：83) [5]。

　あらためて感じた理由は、吉原直樹が「"あるけど、なかった"地域コミュ
ニティ」と指摘したように、実際は「ほとんど機能していなかった」[6]地域コ
ミュニティが現実には少なくないからであろう。そして、それをつねに「ある」
という形にしておく必要性を改めて感じさせたのであろう。都市部のコミュ
ニティではとくにそうである。

7　川内村のコミュニティ

　そのような研究者の指摘は貴重である。けれどもこれらの研究の多くは、
これから報告する川内村の事例とはややズレがある。
　それはひとつには、これらの研究は主に都市部の研究であるためかもしれ
ない。ところが原子力発電所は都会ではなくて、人口の少ないところ、すな
わち田舎に立地している。この都会と田舎の差異がズレの理由として考えら
れる。一般的に言って農村コミュニティは一貫してしっかり「ある」ばあいが
多い。
　また、もうひとつ別の理由もある。それは研究に時間軸を入れているかど
うかという研究の分析方法にかかわっている。つまり、10年単位の時間軸を
入れると、多くのコミュニティが災害に遭遇しているため、コミュニティの
システムのなかにすでに災害対応要素が設置されているということに気づく。
　もっともコミュニティのシステムのなかに災害対応要素が準備されていて
も、それが錆びついていることもあろう。けれども、川内村のような農村では、
多くのばあいは、それが錆びつかないような色々な工夫をしている。その事

16 第1部 災害の発生と川内村

実は、本書の第2部の川内村の聞き取りの内容からおのずと首肯されよう。

　つぎの章で詳しく説明するが、川内村は行政村であり、その内部は8つの行政区に分かれている。そして、日本の農村研究では、これらそれぞれの行政区をコミュニティとも呼び変える慣習がある。事実、川内村では、それぞれの行政区にコミュニティセンターを設置していることからも、その慣習にしたがっているといえるだろう。

　ただ、前に少し触れたように、とりわけこの原発災害時においては、約3000人の人口をもつ行政村である川内村自体がコミュニティと言える役割をも果たした。小規模の自治体であるから、今回の被ばくによって、ここで示したコミュニティの特徴とも言えるいわば「顔の見える関係」としての強い繋がりを形成したのである。そのため、川内村では区のコミュニティと村のコミュニティという二重のコミュニティが存在したと言えよう[7]。

　また、この章での短い例示でも想像できるように、コミュニティからの視点でみると、原子力災害は人間の身体的マイナス影響に止まるものではない。自然と人間との関係の微妙な崩壊と人間同士の関係の微妙な崩壊という二重の崩壊を抱え込んでいることである。現在の川内村のコミュニティの活動は、この二重の微妙な崩壊を修復する努力（祭りやグループ活動を盛んにしたり、雑草の刈り込み、耕作再開や花を植えたり）となっている。その事実は第2部で、一層詳しく示すことになろう。

【注】

1　コミュニティは伝統的には生産や生活にかかわる相互依存を特徴とするように理解されてきた。そこに「安全維持」機能を表立って指摘する論考は希であった。その状態を変えたのは、阪神淡路大震災と東日本大震災であった。この災害を経て、本章の後半で示すように、多くの災害におけるコミュニティに関する論考が生まれた。その動向をふまえてこの3つの機能を指摘している。

2　このことに触れている典型的な研究として以下のものがある。山崎仁朗編（2014）、中川幾郎編（2011）、田中義岳（2003）。

3　細谷昂は（2012：99）、村人が村外（集落外）に村の土地を流出させないのは、水利用が集落の責任なので、責任外の人に土地を渡せないという事実を事例で以て示している。

4 代表的な著書として、山崎丈夫編 (2011)、中村八郎他 (2010)、山下祐介 (2008)、吉原直樹編 (2008) などがみられる。

5 松井克浩「防災コミュニティと町内会」83 頁、吉原直樹編 (2008) 所収。

6 吉原直樹「地域コミュニティの虚と実」50-53 頁、田中重好他編 (2013) 所収。

7 もっともつぎの章で述べるように、川内村は三重のコミュニティから成り立っているともいえる。じつは、川内村は江戸時代では上川内村と下川内村のふたつから成り立っていた。上川内は現在の 1 区から 4 区まで、下川内は 5 区から 8 区で、それぞれで大字を形成していた。この大字での区分を考慮すれば、大字水準で、ふたつのコミュニティの枠組みがあるという言い方もできる。

【引用文献】

茨城大学地方政治論ゼミナール編、2015、『震災とコミュニティ』志学社。

川内村史編纂委員会、1988、『川内村史　第 3 巻　民俗篇』。

田中重好・舩橋晴俊・正村俊之編著、2013、『東日本大震災と社会学』ミネルヴァ書房。

田中義岳、2003、『市民自治のコミュニティをつくろう』ぎょうせい。

中川幾郎編、2011、『地域自治のしくみと実践』学芸出版社。

中村八郎・森勢郁生・岡西靖、2010、『防災コミュニティ』自治体研究社。

細谷昂、2012、『家と村の社会学』御茶の水書房。

山崎仁朗編、2014、『日本コミュニティ政策の検証』東信堂。

山崎丈夫編著、2011、『大震災とコミュニティ』自治体研究社。

山下祐介、2008、『リスク・コミュニティ論』弘文堂。

吉原直樹編、2008、『防災の社会学』東信堂。

MacIver R.M., 1917 Community, Macmillan and Co.

Solnit Rebecca, 2009, A Paradise Built in Hell, viking Adulf. (高月園子訳、2010、『災害ユートピア』亜紀書房)。

1-2 川内村の歴史と地域コミュニティ

金子祥之

1 人びとを取り巻く構造の変容

　この章では、川内村における2つの社会構造を歴史的に分析していく。ここで扱う2つの社会構造とは、まず産業や支配など全体社会との関係で見た「マクロな社会構造」であり、つぎに家や集落といった生活を営むための基礎的社会関係である「ミクロな社会構造」を指している。

　東日本大震災の記録である本書において、なぜ2つの社会構造を記す必要があり、しかもそれを歴史的に分析する必要があるのだろうか。このことについて、つぎの2つの観点から説明しておきたい。どちらも本書の方法論とかかわってのことである。

　第一に、本書の用いるライフヒストリー（生活史）・オーラルヒストリー（口述史）研究との関連である。本書は被災者一人ひとりの語り、すなわち、ライフヒストリーを軸に編まれている。ライフヒストリーという方法論に対しては、その個人のおかれている社会構造の把握が抜け落ちていることが批判の対象となってきた（たとえば、玉野和志 2004）。それなしでは、個別の事例がどれほど一般性をもつものであるのかを問うことができないからである。つまり川内村という村が、どのような「マクロな社会構造」のもとにあり、そして、話者となった人びとがどういった「ミクロな社会構造」とともにあるのだろうか。ライフヒストリーを活かすには、これらの社会構造にかかわる情報が欠かせない。

　そして第二に、被災者のおかれた状況や困難を理解するうえで、人びと

を取り巻く社会構造を歴史的に記述する必要がある。災害を研究対象にする場合、一般的に、比較的短い時間軸で、"突発的出来事"として災害を扱うことが多い。しかしながら、災害社会学や災害社会史では、なぜこの災害が生じたのか、いかなる被害が生じたのかを理解するためには、災害の前史や平時の社会構造を抜きには理解できないことを提起してきた（たとえば鈴木広1998；室井研二2011など）。つまり、短期的視野の分析だけでは、被災者のおかれた状況や困難を十分に理解できなくなってしまうため、歴史的アプローチが必要不可欠である。

　これらの理由から、本章では、震災前までの「マクロな社会構造」の変化と、そのなかで生活を営むための「ミクロな社会構造」が、どのように変化してきたのかを歴史的に分析していくことになる。

2　近世村落の成立

　はじめに「マクロな社会構造」について、支配構造と産業構造に注目しながら検討していく。川内村の歴史が史料上明確になるのは、中世も終わりになってからである。そのひとつが文禄検地〔1594（文禄3）年〕である。この検地では、「上河内村」、「下河内村」と見えている。上河内村が250石余り、下河内村は560余石であり、2つの村の石高は大きく違っていた。つづく慶長検地〔1608（慶長13）年〕は、「村高の固定化と大村の分村化を徹底させた」（川内村史編纂委員会1992：278）もので、近世村落の成立を告げるものであった。このときにも下川内村が「約1.7倍の耕地面積を有し、地味もわずかながらまさって」（川内村史編纂委員会1992：280）いた。

　川内村は楢葉郡内にある行政村で、福島県内の地域区分によると浜通りに位置している。浜通りという言葉からは、海に面した場所であるように受け取られるかもしれない。しかし、浜通りでも内陸部にある川内村は、阿武隈山地と接した山村である。川内村の周辺を、俗に「山楢葉」や、「楢葉山中」といわれることからも、そのことがうかがえる。

　この「山楢葉」という表現は、近世のこの地域の支配と深くかかわっている。

20　第1部　災害の発生と川内村

近世初期のこの地域の支配は、5から20カ村をまとめて「組」という単位を構成し、組ごとに代官が支配した。このうち上・下川内村は川内組に属した。川内組は、「山楢葉六カ村[1]と呼ばれ、上川内・下川内・上桶売・下桶売・川前・小白井の村々」(川内村史編纂委員会 1992：285) で構成されていた。

　山深い里である川内村は、どのように開かれていったのだろうか。その様子を伝える伝承が幕末に編まれた『一夜雑談』に記されている。わずか13軒の家々によって川内村が開発されたことが、当時の村の故老たちの間で語り継がれていた。

　　　私どもの村は当時、150軒ほどでしたが、明和の頃 (1764～1772年) になると253軒になっておりました。賑わいのある山村でありました。しかしごく古くは、13軒が小屋掛けし、田畑の開発を進めてきたのだと、村の老人たちは申し伝えております。しかし何らの記録も証拠となるものも残っておりません。いつの時代のことかさえはっきりしておりません。苗字は13のもの以外にはなかったように伝えております。しかし、当時あったのは、猪狩・西山・大和田・渡辺・菅波・佐久間・久保田・志賀・河原・三瓶・根本・横田・若松・田井・榊本・松本・鈴木・常陸の苗字であったということです[2]。

　いずれにせよ、近世には、中世以来の村が基礎となった上川内村と下川内村の2つの近世村が成立した。これら2つの村は、近世前期から中期にかけて、新田開発により、大きく石高を増加させる。1629 (寛永6) 年から1699 (元禄12) 年にかけて、高田島新田・小田代新田・子安川新田・毛土新田・糠塚新田・粉原新田・吉野田和新田・小笹田新田・木葉橋新田・五枚沢新田が次つぎに開発されている。この結果、両村の石高は大幅に増加し、1837 (天保7) 年には上川内村が1587石を越え、下川内村も1400石余という大規模な村落を形成していった。新田開発によって、村高は、3～6倍にも増加したのである。

3　近世の産業構造

　川内村には近世文書がほとんど残されていない。郡山(こおりやま)市街を空襲する際の経路上に位置していた川内村は、空襲の被害を受けている。そうしたこともあって、『川内村史』の編さん過程でも、まとまった近世史料を得ることができず、極めて限られた史料で記述されているのが実情である。この章の記述もそうした制約のもとにある。

　江戸期の川内村は、どういった生業により成り立っていたのだろうか。1747（延享4）年の「村明細帳」によると、上・下川内村の生業として、田畑の耕作のほかには、狩猟や林業などの山仕事があげられている。とくに注目されるのは林業である。「田畑の耕作以外の生業は、当村が山中であるため、鍛冶炭・鍋炭・灰汁山・松煙の生産に励んでいます」とあり、各種の木炭生産を行ってきたことが記されている。

　ここで**写真1-2-1**を見ていただきたい。この写真は下川内の諏訪神社に奉

写真1-2-1　下諏訪神社の奉納絵馬（金子撮影：2015年9月13日）

納された絵馬である。舟が描かれた絵馬を舟絵馬と言い、この舟絵馬自体はさほど珍しいわけではない。だがここで考えてほしいことは、川内村の土地柄である。この舟絵馬はあきらかに川舟ではなく、海上交通を描いている。だが、すでに述べてきたように、川内村は山深い土地柄であり、直線距離でも海までは20キロメートルも離れている。しかもその道のりは山道で、直線的に進むことはできない。自動車を使っても1時間ほどの距離がある。海上交通とは無縁であったと考えられる地域に住む人びとが、なぜ舟絵馬を奉納していたのだろうか。

　残念ながら、その理由を客観的に示してくれる同時代の史料は残されていないが、この絵馬を奉納した家の由緒書が残されている。明治期と推定されるその由緒書には、つぎのように書かれている。「（佐久間）与五左衛門義豊は、…父の如く郷士として村役人を勤め、父の家業を継いで田畑を多く耕し家益を盛んにした。作徳によって籾1000俵を貯え、凶荒の年にあって村民に飢饉の憂いがないよう、これを予備米とした。ゆえに村民はその恩徳に感謝して、義豊を崇敬した。木材の商業にあっては、御公儀様の御用材を仰せ付けられました。御公儀様から、海上運送の「日の丸旗」を許され、その他に「徳川御用絵符」を頂戴しました。そのため、義豊は俗に「日の丸与五左衛門」と称していました。その名は諸国に轟然としていたのです。…安永六丁酉年正月八日、東都（江戸）馬喰甼旅店にて俄かに亡くなりました。享年は六十二歳でした」。

　佐久間与五左衛門義豊（1715 ～ 1777）は、幕府から御用材の切り出しを任せられていた。そして川内村の材木を海上運送により運び出していた。その運搬船には日の丸の旗が掲げられていたことから、義豊は家号の「与五左衛門」に日の丸をつけて「日の丸与五左衛門」と呼ばれていたという。先ほどの舟絵馬は、この義豊の生きた時代〔1764（明和元）年〕に奉納されたものであり、船の後部には旗印として日の丸が掲げられている。つまり由緒書の記載内容とピタリと符合している。

　ここで舟絵馬をとりあげたのは、18世紀の中ごろには、木材の販売が村の経済の大きな部分を占めていたであろうことが示唆されるからである。由緒

書の内容が事実であるとすれば、このときすでに江戸と川内村をつなぎ、木材販売を大規模に行う村人が存在していたことになる。

おそらく多くの人びとは、山村というと、都市から隔絶された人的交流の乏しい場所であったと思うのではないだろうか。あるいはまた、日本社会の動向から切り離された地域社会であったと思うのではないだろうか。しかし、実際はそうではなかった。川内村における林業は、江戸期においてすでに大都市の需要と深く結びついていた。そしてそれは、つづく近代化の過程で、主力産業としてより大規模に展開されていくことになる。

4 エネルギーの生産地としての川内村

今ではほとんど忘れ去られているが、川内村は、戦前から戦後にかけて、山林資源を活用し、日本社会のエネルギー消費を支えていたエネルギーの先進地であった。そもそも川内村は、総面積 1 万 9738 ヘクタールのうち 1 万7023 ヘクタールが林地であり、全体の 86 パーセントを占めている。農地は5 パーセント (970 ヘクタール) にすぎず、いかに山林が広いかがわかる。近世の段階から、この広大な山を利用した生業が重要な位置を占めていたことを示唆したが、近代化のなかで、その傾向は一層加速していた。

山林資源による繁栄ぶりを『川内村史』では「木炭王国」と表現している。戦前期には、全国 1 位の生産量を誇っていたからである。「資源の豊富さと、製造技術者の出現、大商人と、木炭にたずさわる多くの人々の努力によって、1939 (昭和 14) 年頃には五十万俵と称するほどの生産量をほこり全国第一位になるまでになった」(川内村史編纂委員会 1992：710)。大正中期から昭和 30 年代にかけて、福島県の木炭生産高は北海道・岩手・宮崎・高知などと並んで、全国 1 位から 5 位までの間で推移した。そうしたなかにあって、川内村でも木炭業が基幹産業となり、屈指の生産量を誇った。

こうした木炭業による繁栄は、川内村単独の事業ではなく、流通にかかわる富岡町や楢葉町も含めて浜通り地方一体となってもたらされたものだった。そのなかでも、川内村の占める位置は大きく、「福島県浜通りの最大の木炭

写真1-2-2　炭焼き(1950 (昭和25) 年ごろ) 川内村史編纂委員会 (1989) より転載

生産村としてその製品の大半を京浜地帯に送り出しており、…統制後は東京、神奈川等より出荷懇請のため屡々督励班等が、福島県庁の関係官と共に本村(引用者注：川内村)を訪れているし、更に(引用者注：昭和)二十三年末には県知事も本村に木炭出荷督励に来て」(林野庁 1949：48)いたことからもその様子がうかがえる。

　木炭による繁栄は、戦後の復興期(1945年から1960年ごろまで)においても続いた(**写真1-2-2**)。終戦後、「林業の面では、山の仕事に従事している人が660人と全体の23%を占め、…木炭は7,127トンの生産を上げ、戦前と比較してみると、約6倍以上」(川内村史編纂委員会 1992：882)となった。その理由は、「木炭にバタ薪と称する木材燃料が加わり、これが化石燃料に代わるまで移出品の重要な位置を占め」ていたからである。「昭和34年には村の総人口6,463人と言う史上最高の人口を数えたのも、こうした時代を反映してのことである」(川内村史編纂委員会 1992：896)。敗戦により荒廃した村の再生をも、戦前からの基幹産業であった木炭業が担った。

　しかしながら、「木炭王国」としての繁栄は、急速に終わりのときを迎えた。「略奪的な林産物の伐り出しは、丸裸の山地と化し資源の有限性を示す結果となるや、男性の仕事場も失われ人口は減りはじめた。これに追い打ちをか

けるように、我が国が昭和 35 (1960) 年の国民所得倍増計画の決定をみて、鉱
工業生産の最盛期を迎え、農村から都市へ出稼ぎをはじめ人口流出が極度に
達し、村の人口は減少の一途を辿った」(川内村史編纂委員会 1992：896)。

5 エネルギー構造の転換と原発誘致

　このように川内村では、昭和 30 年代前半まで、山林資源のもたらす恵み
で生活してきた。しかし皮肉なことに、旧来のエネルギー資源の先端地であっ
た川内村は、新たなエネルギーへの転換が著しく遅れることとなった。

　エネルギー転換を前にして、旧来型のエネルギー需要を担っていた川内村
は、日本社会において取り残された存在となる。昭和 30 年代後半の村の資
料には、行き先の見えない苦悩が表現されている。「最近における国民経済
の伸長、これに伴う消費構造の変化は当地域の林業を著しく衰微せしめ、好
むと好まざるとに拘らず、地域農業経営構造の改変を余儀なくしてきた。然
しこれが対応策として、穀物、養蚕、畜産等適作の奨励推進を図ってきたが、
近時労働力の減少により、伸びなやみを続けている状況である。又第二次第
三次産業については、みるべきものがない。到底工場新設等は希め」ない(川
内村 1963：1)。

　こうしてエネルギー転換が遅れていた浜通り地方に建設されるのが、原
子力発電所であった。エネルギー転換の遅れから福島県では、1960 (昭和 35)
年、県が中心となって原発誘致活動を開始する。折しも日本において、原子
力が新たなエネルギーとして注目を集めはじめた時期であった。昭和 1961
(昭和 36) 年、大熊町・双葉町議会において原発への協力決議が可決され、つ
いに福島第一原子力発電所が建設される。1 号機の営業運転が開始したのは、
1971 (昭和 46) 年 3 月 26 日であった[3]。

　原子力発電所建設によるエネルギー転換は、川内村における木炭生産を過
去のものとすると同時に、村人に新たな職場を提供することとなった。川内
村から浜の「原発関連産業」にどれだけの人がかかわっていたのかを、統計か
ら把握することは極めて難しい。双葉郡全体(広野町・楢葉町・富岡町・川内村・

26   第1部　災害の発生と川内村

表1-2-1　電力産業と地域的雇用

発電所		東京電力	関連企業	協力企業	総計
福島第一	総計	1073	897	3777	5747
	県内	983	873	3554	5410
	双葉郡	866	751	2381	3998
福島第二	総計	723	2050	1912	4685
	県内	667	1933	1650	4250
	双葉郡	549	1185	1042	2776
広野火力	総計	233	674	116	1023
	県内	156	651	102	909
	双葉郡	106	350	45	501

福島県本部／大熊町職員労働組合（2012）を改変し筆者作成
※1）元データは東京電力株式会社・発電所関連雇用状況 2009 年 7 月
※2）川内村は双葉郡に含まれる

大熊町・双葉町・浪江町・葛尾村）での雇用状況は**表1-2-1**に示した数値が残されている。郡全体の人口約6万5千人のうち、1割が電力関係の職についていたことがわかる。川内村の場合、多くの人びとが指摘するのは、「川内村全体では3割程度、下川内ではさらに率が高くなる」という数値である。つまり、浜の原発関連産業が成立したことにより、この地での生活が可能だった人びとも少なくなかったのである。

　以上のように、近世から川内村では木炭を中心とする産業構造が形成されていた。それが近代化のなかで、日本社会において欠かすことができないほどの規模にまで発展していった。木炭の生産量は日本一となり、戦前から戦後にかけて、日本社会のエネルギー需要に応え続けてきた。しかし、木炭生産地として旧来のエネルギー需要を支え続けたがゆえに新たなエネルギーへの転換が遅れ、やがて浜通り地方は原子力発電所建設へと向かっていかざるをえなくなった。そして川内村も原子力産業の恩恵を、直接・間接に受けることとなった。

　このようなマクロな社会構造の変容のもとで、地域の自治はどのように行われていたのだろうか。村内の人間関係を中心とした、ミクロな社会構造に目を移そう。

6 地域自治の枠組み―上川内と下川内

すでにみたように、江戸期には上川内村と下川内村の2つの村があった。現在の川内村は1889（明治22）年の町村合併で、近世以来の上川内村と下川内村が合併したことにより誕生している。つまり川内村は、明治期に2つの近世村落が合併しただけで、それ以降、いわゆる昭和の大合併でも、平成の大合併でも町村合併を行わずに乗り切ってきた。

2つの近世村落の「対等な合併」により成立した村であるため、村の自治に関して、旧上川内村と旧下川内村間のバランスがつねに意識されてきた。「明治二十二年の併合、山野の下戻、村有統一などが行われても二村の融合は完全ではない。…高等小学校の敷地、役場敷地等の争奪、村長、助役の選出等何れも均衡を失うまいとする軋轢が窺われる」（山口弥一郎 1938：335）。

合併により形式上は"ひとつの川内村"となってからも、村人たちの意識の上では、依然として上川内と下川内という江戸期以来の領域が強く意識されていた。それは戦後しばらくした時期の行政調査でも指摘されている。「村長が上川内から出ると助役は下川内から出す、村会議員も上と下に十二名ずつになっている。これは自治歴史の一つの慣例となっている。村役場も上川内と下川内との丁度中間の人里離れた淋しい路傍にある。…新制中学校は現在丁度中間のところに建設されんとしておるのである」（林野庁 1949：25）。こうした事実を当時の官吏は、「封建制の残滓」（林野庁 1949：26）として厳しく非難している。

ただ明治の世になってひとつの川内村がつくられてからも、2つの旧村（近世村）間のバランスが意識されてきたのは、「封建制の残滓」というよりも、それが人びとの生活の上で重要な単位であったからではないだろうか。たとえば、上川内、下川内にはそれぞれの氏神社があるが、現在でも、旧上川内、旧下川内の住民たちが氏子として神社運営を行っている。それが、旧上川内村と旧下川内に1社ずつある諏訪神社であり、旧村の中心となる氏神社であった。福島県指定無形民俗文化財である「川内村の獅子舞」は、それぞれの諏訪神社の祭礼で奉納される芸能である。

28　第1部　災害の発生と川内村

7　行政区と8つのムラ

　ここまで近世村落を軸にしながら、前章でいう行政レベルのコミュニティをとらえてきた。コミュニティに注目する本書では、これだけでなく、より生活に近い集落レベルのコミュニティをも把握する必要がある。

　私たちはしばしば、川内村全体をコミュニティととらえがちである。もちろん、川内村という行政単位をひとつのまとまりとみなすことも可能である。けれども、村民が「我が住むむら」「私たちのむら」と言ったときの「むら」は、川内村全体とは違った意味合いをもつことが少なくない。

　人びとが言う「むら」は、川内村では行政区を指していることが多い。川内村の行政区は、一般的に自治会や町内会と言われる自治組織である。自治会や町内会では、経費を集め管理し、祭礼や共同祈願を行い、冠婚葬祭を助け合い、道普請や清掃活動などを共同して行ってきた。福田アジオ(2002)は、このような生活共同に注目し、行政村と区別するため、「生活のムラ」と名付けた。この自治組織が人びとの日常生活において、より重要な意味をもつためである。

　そこで、この指摘にならって、川内村における「生活のムラ」、すなわち、行政区について記述を進めていこう。そうすることで、人びとの暮らしを支えている「ミクロな社会構造」を把握できるからである。

　川内村には、現在8つの行政区 (**表1-2-2**) がおかれており、これらが「生活のムラ」である。「生活のムラ」は近世村である上川内、下川内にそれぞれ4つずつ含まれている。上川内には高田島・西郷・東郷・持留の1区から4区が、そして下川内には坂シ内・西山・東山・毛戸の5区から8区がある。このように8区に整理されたのは、1905(明治38)年4月9日のことであった。その後、各区には「区長・区長代理を置き区内をまとめ村政の末端組織として利用」(川内村史編纂委員会 1992：603) されることとなった。

　これら1区から8区までの行政区は、互いに違った特徴をもっている (**図1-2-1**)。まず、上・下川内の中心地といえるのが、3区と5区である。「三区は上川内、五区は下川内二大部落の中心地であって、…本村の商業の23.2%

表1-2-2　各行政区と人口規模

地区		1990年		1995年		2000年	
		世帯数	人口	世帯数	人口	世帯数	人口
上川内	1区：高田島	136	684	135	675	134	585
	2区：西郷	59	247	61	231	58	205
	3区：東郷	217	735	245	742	212	676
	4区：持留	92	363	160	415	95	351
下川内	5区：坂シ内	203	675	212	645	199	585
	6区：西山	125	470	109	395	110	368
	7区：東山	89	393	93	360	93	329
	8区：毛戸	73	366	73	334	75	285

川内村資料をもとに筆者作成。

が三区に、44.2％が五区に集中し…農家戸数は五区は目立って少なく、三区も少ない。製炭業についてみてもその指数は、両区とも著しく少ないのである」(林野庁1949：26-7)。このように、3区・5区がそれぞれ「古い核心」(山口弥一郎1938：335)であり、木炭需要を背景として発展したマチであった。そのため「山村としては不似合」(山口弥一郎1938：337)なほど開けていたという。

つぎに、その他の6つの地区について見てみると、いずれも農林業を基盤とした集落である。ただその中にも、開発の新旧によって意識の違いが存在

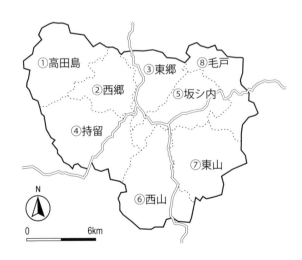

図1-2-1　各行政区の位置

30 第1部 災害の発生と川内村

表1-2-3 新田開発と現在の地区

		上川内村	下川内村
1629	寛永6年	銭神新田(4区)	
1631	寛永8年	持留新田(4区)	
1634	寛永11年	高田島新田(1区)	
1636	寛永13年		小田代新田(7区)
1638	寛永15年	子安川新田(4区)	
1662	寛文2年		毛土新田(8区)
			糠塚新田(8区)
1669	寛文9年	粉原新田	
1683	天和3年		吉野田和新田(8区)
1689	元禄2年	小笹目新田(4区)	
1692	元禄5年	木葉橋新田(4区)	
1699	元禄12年		五枚沢新田(8区)

川内村（1992：288）の記述を修正し筆者作成。

している。2区、6区、7区は、古くからの集落であり、上下の諏訪神社の祭礼では、マチとともに獅子舞ないし神楽を奉納している[4]。1区、4区、8区が新田開発により成立した集落である（**表1-2-3**）。このうち、1区と8区は中心地から離れて立地しており、別の集落であるという意識が一層強くなっている。

　川内村には、大字として残る近世以来の上・下という区分と、その下に「生活のムラ」が4つずつ存在していた。そしてこれらの「生活のムラ」が、現在の行政区として再編され、現在に至るまで自治や生活共同の基本的な単位として存在してきたのである。

8　ムラとヤシキ—行政区と班

　では、「生活のムラ」が、どのように運営されてきたのかを、具体的な集落をとりあげて検討してみよう。ここでは旧下川内村、とりわけ7区（東山）を事例としてとりあげる。その理由は、川内村において近世文書が現存している唯一の地区であり、ここであれば歴史的な分析が可能になるからである。

　江戸期の村人たちは、自分の村がどういった社会集団によって構成されていると認識していたのだろうか。近世末の『村日記覚帳』には、この疑問に答

える内容が書き残されている。「下川内村は、町組・西山組・東山組の3組に分かれており、諸々のつきあいや、若者組も別々になっている。そのうち、私どもの東山組は、東山・原・荒宿・小田代の4屋敷に分かれ、やはりそれぞれにつきあいをしている」との記載がある[5]。

この記載から、つぎの2つの事実が読み取れる。第一に、近世村（下川内村）が3つの社会集団によって構成されていることである。近世村—組—屋敷という規模の異なる社会集団が存在していた。第二に、「つきあい」という表現があることから、それぞれの社会集団が、異なったレベルの生活互助機能を持っていたことがわかる。言い換えれば、"ムラづきあい"、"クミづきあい"、"ヤシキづきあい"があったのである。

ここで注意が必要なのはヤシキという社会集団である。ヤシキという言葉は、一般的には、ある一軒の家やその敷地を示す言葉であるが、川内村では20軒前後の家々の集まりを指す言葉として使われている。7区（東山）の場合、4つのヤシキに分かれており、原、荒宿、東山、小田代がヤシキである（図1-2-2）。このように、一般とはまったく違った意味内容をもつヤシキについて解説してゆくと、集落レベルのコミュニティがはっきりしてくる。

7区の場合、ヤシキづきあいは、共有地管理、共同労働、経済的互助、冠婚葬祭、神社運営など多岐にわたっている。それぞれ簡単に見てみると、ヤシキの管理する共有地には、山林とカヤヤマがあった。カヤヤマは屋根に葺くためのカヤを育てる土地である。ヤッキリ（焼切り）と言われる火入れや刈り取りなどの管理、そして収穫物の配分はヤシキごとに行われた。経済的互助として目立つのは、無常講がヤシキを単位としていたことである。無常講は金銭を共同で支出し、くじが当たったものが、その金銭を利用できるという経済講である。ヤシキの寄り合いでは、無常講が付き物だった。そのため、6区（西山）では、ヤシキの寄り合い自体を無常講と呼ぶようになっている。

冠婚葬祭では、とくに葬儀においてヤシキの重要性が目立つ。というのも、葬式組であるイッキクミアイ（一忌組合）が、ヤシキごとに編成されている場合が少なくないからである。穴掘りや棺担ぎ、葬儀のお膳など、葬儀に必要な作業はすべてイッキクミアイが担当していた。神社運営としては、ヤシキ

32　第1部　災害の発生と川内村

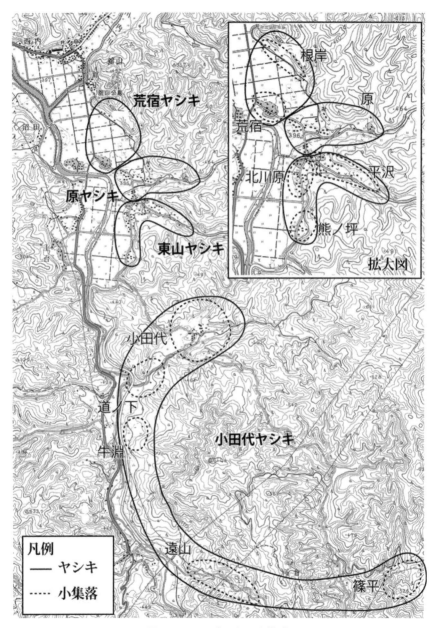

図1-2-2　7区内のヤシキ構成

聞き取りをもとに筆者作成。

で祀る祠がある。たとえば、原・荒宿では天神社・八雲神社・山神社、東山では姥神社・八雲神社・山神社、小田代では金刀比羅神社・八雲神社・山神社となっている。これらはヤシキごとに祭礼を行っており、現在もその形を守っている。山の神の祭りは、ヤシキ内でヤド（宿）を1軒決め、その家で祭礼を執行する習わしであった。

このように、ヤシキは、「生活のムラ」内部にある生活互助のための社会集団であり、冠婚葬祭や屋根普請など1軒1軒の私生活に近いところでの生活互助を行ってきた。このヤシキは、現在、集落の班組織とほぼ重なっており、集落で決定した事項を実際に行うために、実働する単位ともなっていた。現在でははっきりしなくなっているものの、今なお荒宿ヤシキのようにひとつの同族団だけでヤシキを構成している場合もある。本来は、本家を中心とした同族の占める土地をヤシキと呼んでいたのかもしれない[6]。

ヤシキの存在は、川内村だけに特有のものではない。民俗学の研究蓄積によると、福島県のうち阿武隈山地では、「ホラ（洞）—ヤシキ（屋敷）」という社会集団がみられるという。たとえば三春町においてヤシキとは10戸ほどが寄り集まった区画を指し、ホラは2～3のヤシキが集まって構成された集落である。ホラは現在の行政区分の区に相当するものだと指摘している（三春町1980：161）。多くの地域が「ホラ（洞）—ヤシキ（屋敷）」であるが、川内村と同様に、「クミ（組）—ヤシキ（屋敷）」となっている地域として船引町がある（船引町1982：285）。どちらも極めて類似した社会集団の構成をとっていることがわかる。

つまり現在の基礎的社会構造は、「大字（上・下川内）—行政区—班」という3つのレベルから構成されており、それは近世以来の「近世村（上・下川内）—組—屋敷」をもとに再構成されたものであった（**表1-2-4**）。近世村＝大字としての上・下川内というもっとも大きな社会的単位があり、その下には江戸期には組と呼ばれた「生活のムラ」が行政区となって存在し、もっとも小さな生活共同の単位としてヤシキがあった。川内村では近代化の過程において自治組織の改編を迫られた際に、近世以来の伝統的な「近世村（上・下川内）—組—屋敷」という組織を再構成することで活かし続けてきたのである。

34　第1部　災害の発生と川内村

表1-2-4　伝統的社会組織と現在の社会組織

対応関係	江戸期	現在
近世村 大字	近世村	大字
	・下川内村	・下川内
組 行政区	組	行政区
	・町組	・5区
	・西山組	・6区
	・東山組	・7区
	（・下川内新田）	（・8区）
ヤシキ 班	東山組のヤシキ	7区の班
	・荒宿	・荒宿
	・原	・原
	・東山	・東山①／東山②
	・小田代	・小田代／遠山

川内村（1990）および聞き取りをもとに筆者作成。

　見てきたように、川内村は、近世以来、日本社会の木材需要と深く結びついて来た地域であった。とくに近代化の過程では、木炭生産によりエネルギー需要に応えてきた。旧来のエネルギー需要を担い続けたためにエネルギー転換が遅れ、やがて原発産業が誘致される契機となった。そしていま、原発災害により、夢の先端エネルギーと信じられていた原子力技術の負の側面を、長期間にわたって背負うことになってしまった。

　いつの時代も、人は社会組織を形成することで生活してきた。川内村では3種のつきあいがあり、これらが歴史的に変遷をとげながら存続し、人びとの生活を支えてきた。では東日本大震災とその後の原発災害に対応するにあたって、一体どの組織が意味をもったのであろうか[7]。あるいは、もちえなかったのだろうか。さらにはまた、困難な環境条件におかれた土地に帰村するにあたって、これらの組織はどう活かされたのだろうか。それらは、続く2部の住民一人ひとりが語る経験からおのずと答えが導かれることになろう。

【注】

1 「楢葉山付六カ村」とも記載されている (福島市、1970：20-22 あるいは、富岡町、1988：376)。

2 原文 (川内村史編纂委員会 1988：956-7) はつぎの通りである。

　当村方之儀者当時百五軒二相成候得ども、明和の頃弐百五拾三軒有之候趣、賑々敷村方と相見候、併極往古は拾三軒の小屋掛ケにて、田畑開発に相始り候村方と申事、老人方申伝ひにも相成居候得共、何記録と申も証拠等も無之、更ニわからず、年暦時代等も一向相知不申、苗字等も十三苗ならでハ無之由に申伝候得共、当時は猪狩・西山・大和田・渡辺・菅波・佐久間・久保田・志賀・河原・三瓶・根本・横田・若松・田井・榊本・松本・鈴木・常陸
　右の通御座候得共、何古新ハ更に相わからず候

3 この間のプロセスについては岩本 (2015) に詳しい。

4 7区は大正期以降は浦安の舞になったが、それ以前は、神楽舞を奉納していたと考えられる。

5 原文は以下の通り (川内村史編纂委員会 1990：438)。天明・天保の大飢饉を受けて社会関係の再編のために、ヤシキを統合することが試みられていることがわかる。

　覚
　一、当邑之儀者東山組西山組町組と三組ニ相分、諸付合若者等ニ至迄別段ニ相分、当東山原荒宿小田代と四屋敷ニ別れ、小田代東山と別ニ付合も致居、原荒宿一屋敷ニ付合致居候得共、飢饉後屋敷も少キ事ニて天保十二丑正月十七日東山原荒宿若者ニ至迄、是より一対之付合可致旨原あら宿之者共申出、東山之衆中江も申談候処承知有之、若者之儀一等之付合ニ相成申候 (中略)
　　若者頭　東山上　　留之助　　　下　瀬左衛門
　　　　　　原あら宿　長蔵
　同六月神楽後又々相別れ、東山トハ一対の付合不申候

6 類似の指摘として、『桑折町史』には、同族団とヤシキの関係をつぎのように述べている。「『やしき』というのは、せいぜい七、八〜一〇戸くらいまでの『まけ内』の住む集落と考えている所もある」(桑折町史編纂委員会 1989：252)。

7 なお2部の語り手と行政区の関係を示すと、つぎのようになる。1区 (2-4、2-5、2-6、2-10、2-11)、3区 (2-9、2-12)、4区 (2-14)、6区 (2-2、2-8)、7区 (2-3、2-13)、8区 (2-7)。できる限り各行政区から聞き取りをするように努めたが、実際には偏りが生じている。とくに調査開始時点では、二地域居住をしていた住民が少なくなかったため、帰村率の高かった1区の事例が多くなっている。

【引用文献】

岩本由輝、2015、「福島第一原発に大熊町・富岡町が睥睨されるまで」植田今日子編『災害と村落』農山漁村文化協会。

川内村、1963、『農業構造改善事業計画書』。

川内村史編纂委員会編、1988、『川内村史 第3巻 民俗篇』。

―――、1989、『川内村史 別巻 写真でつづる川内村史』。

―――、1990、『川内村史 第2巻 資料篇』。

―――、1992、『川内村史 第1巻 通史篇』。

桑折町史編纂委員会編、1989、『桑折町史 第3巻 各論編民俗・旧町村沿革』。

鈴木広、1998、『災害都市の研究―島原市と普賢岳』九州大学出版会。

玉野和志、2004、「魅力あるモノグラフを書くために」好井裕明・三浦耕吉郎編『社会学的 フィールドワーク』世界思想社。

富岡町史編纂委員会編、1988、『富岡町史第1巻（通史編）』。

福島市史編纂委員会編、1970、『福島市史 第7巻（近世資料1・資料編2』。

福島県本部・大熊町職員労働組合、2012、「原発とともに歩んできた大熊町のすがた」第34回兵庫自治研集会資料。

福田アジオ、2002、『近世村落と現代民俗』吉川弘文館。

船引町教育委員会・船引町史編さん委員会、1982、『船引町史 民俗編』。

三春町、1980、『三春町史 第6巻民俗』。

室井研二、2011、『都市化と災害―とある集中豪雨災害の社会学的モノグラフ』大学教育出版。

山口弥一郎、1938、「阿武隈山地に於ける縁故下戻の公有林に依存する山村の経済地理―福島県双葉郡川内村（其三）」『地学雑誌』50（7）：333-338。

林野庁、1949、『林業調査実態報告書（福島県双葉郡川内村製炭業調査）』。

第2部

住民一人ひとりが語る経験

A 大災害からの避難

2-1 カタストロフィーと行政対応

金子祥之／話者：井出寿一

1 困難な決断の連続

　2011年3月11日に発生した地震と、それに伴う原子力発電所の事故によって、川内村の人びとは予想さえしなかった経験をすることになった。第2部では、個々人のライフヒストリーを通じて、それぞれの村びとがどのような経験をすることになったのかを子細に見ていくことにしよう。一人ひとりの語りからは、原発災害に直面した人びとだけが知る、この災害の現実がありありと見えてくるだろう。

　ただ、個々人の語りを主とするライフヒストリーは、人びとが実際に経験した事柄を細やかに伝えてくれる一方で、川内村にとっての原発災害の全体像はかえって見えにくくなってしまう恐れがある。そこではじめに、井出寿一氏のライフヒストリーをとりあげたい。すぐ後に述べるように、彼は震災時の川内村行政における中心人物の一人であり、その語りからは、「川内村にとっての原発災害の全体像」をとらえることができるからである[1]。そのうえで、本章のポイントをつぎのように設定しておこう。

　本章では、広域的原発災害というカタストロフィーに直面した行政において、住民施策に対して高度な判断権をもつ人が、次々と降りかかってくる難題に対して、どういった決断を下していったのかを明らかにしていきたい。

　井出寿一氏（以下、寿一さん）は、川内村の行政職員として、発災時の緊急対応から帰村後の村づくりに至るまで重責を担った人物である。震災当時は、川内村の総務課長を勤め、村長、副村長に次ぐ立場にあった。被災時に編成

された災害対策本部では、行政班長・総括班副班長となり、避難時にも中心的な役割を果たした。帰村が始まった2012年4月から2014年3月には、川内村役場に新設された復興対策課の課長として、帰村後のむらづくりに励んだ。2014年3月に役場を退職したあとも、村の復興と深くかかわる環境省福島環境再生事務所に2017年3月まで勤務した経験をもつ。

ここでは2011年3月11日から、復興対策課長として勤務した2014年3月までの事柄を中心に扱った。その内容は大きく2つに分けられる。第一に、発災時の緊急対応をめぐる決断である。第二が、避難状況から川内村への帰村にいたる決断である。いずれも、未曾有の原発災害に直面し、困難な状況のなかで対応を強いられていた。

2　富岡町の避難者受け入れ

2011年3月11日14時46分、東日本大震災が日本社会を襲う。川内村では、震度6弱の地震を観測した。ちょうど村議会の定例会が開かれており、寿一さんはそこで地震にあった。議長が閉会宣言すると間もなく、経験したことのない大きな揺れが4分以上も続く。揺れがおさまると、議場にいた村長以下、村の幹部がまず役場の状況を確認した。同時に職員には、公共施設の建物や道路、ため池など危険個所の確認に向かわせた。

地震から30分後の15時15分には、村長を本部長とする川内村災害対策本部を設置した。村の幹部が応接室で対応を協議するが、この時点で電気、電話、テレビなど、インフラに問題は確認されなかった。現場確認に向かった職員たちが順次戻ってきて、「村内の施設にはとくに異常は見られない」との報告をしている。11日の時点で、川内村では大きな被害は見られず、念のため、職員2名を役場に宿直させた程度であった。

ところが12日になると、早朝から状況が変わり始めた。寿一さんはその様子をつぎのように語っている。「翌12日、朝5時過ぎに、宿直した職員から電話がありました。富岡町にある双葉警察署では、『本部機能を川内に移したい』と言ってきたのです。理由は、『"避難区域"に入ったためだ』と言う

のですが、何の避難区域か分かりませんでした。役場に着いたのは、6時前でした。すでに役場の前には10名ほどの警察官がウロウロしていました。2階にある村会議員の控室を本部にあてました。そこに警察官が、無線などの機械を設置していきました。彼らがなぜ白いスーツを着ているのか、この時には分かりませんでした〔あとで放射線防護服だと理解することになる〕。やがてそこに署員100名あまりが入ることになりましたが、とても十分なスペースではありませんでした」。

　警察からの電話に続いて、6時半頃、富岡町の遠藤勝也町長からも電話連絡が入る。町長は、「町が全域、原発の避難区域に入ってしまって…。川内に避難させようかと思う」と伝えてきた。

　急を告げるこの電話に、寿一さんは、「どうぞ来てください」と答え、すぐに村長（遠藤雄幸川内村長・3-2参照）の自宅に電話を入れた。「『いま富岡町から電話がありました。5時44分に町が避難区域に指定されたので、これから川内村に避難したいそうなんです。受け入れることにしましたがよろしいでしょうか』と村長に状況を説明しました。すると村長からは、『ああ、それでいい。女子職員も含めて全職員を集めるように』との指示がありました。各課長に電話して、『全職員7時半までに集まるように』と指示をしました」。

　富岡町長は、どうして川内村への避難を決断したのだろうか。「これは後から分かったことですが、なぜ富岡町が川内村を選んだのかというと、富岡町の幹線道路（国道6号線）が南北で崩壊し、南北方向の移動ができなくなっていたためでした。自ずと西の方に来るしかなかったのです（図2-1-1：川内村の周辺地域）。また富岡町には津波被害もあったので、町民は一度高台にある文化センターに避難していました。そこから着の身着のままで川内村に来ることになったのです」。

　川内村と富岡町は、もともと交流の深い地域であった。「富岡町の人口は約1万6000人です。そのうち3000から4000人は、川内村民と親戚です。川内は結構寒いので、暖かい富岡に家を建てたり、お嫁に行ったり、もらったりする関係でした」。

　12日9時になると、富岡町から避難者が到着し始めた。「第一陣が朝9時

図2-1-1　川内村の周辺地域

くらいに役場に。富岡町の副町長と生活環境課長は、『お世話になります。たぶん2日か3日ぐらいで戻りますから、よろしくお願いします』と挨拶していました。富岡町民もそういう感覚で、まさか原発が爆発事故を起こす訳などないと思ったことでしょう」。

　人口3000の川内村に、1万6000の人口を抱える富岡町が避難してきたのだから、川内村にとっては大事件だった。「富岡町から続く県道小野・富岡線は、避難しようとしたマイカーやマイクロバスでいっぱいになりました。

あっという間に人が溢れました。この調子では対応できないという事になり、小学校、中学校、色々な集会施設を含めて 19 の施設を開放し、富岡町を受け入れました (**表 2-1-1**：富岡町からの避難者受け入れ施設〔ここにある 21 の施設のうち、「ゆふね」は医療施設として、「商工会」は被ばく量の多い避難者のあてられたため、「開放」した施設には含まれていない〕)。8000 人まではカウントしていました。民家への避難者約 4000 人を含めると、最大で 1 万 2000 人ほどが避難したようです」。この表からわかるように、避難者の受け入れは村をあげての対応であった。川内村行政の関係者や施設だけではなく、各行政区（コミュニティ）や婦人会も巻き込んで避難対応にあたった。

富岡町から次々と避難者が押し寄せるが、この時点で川内村には、原発状況についての情報が全くなかった。そのうえ、原発事故が発生した場合の対

表2-1-1　富岡町からの避難者受け入れ施設

優先順位	名称	属性	把握人数
1	川内村コミュニティセンター	行政施設	471
2	川内村民休育館	行政施設	410
3	川内中学校・体育館	行政施設	1064
4	川内小学校・体育館	行政施設	1400
5	かわうちの湯	民間・温泉施設	40
6	体験交流館	民間・宿泊施設	―
7	富岡高校川内校	行政施設	495
8	第3区集会所	コミュニティ施設	51
9	第5区集会所	コミュニティ施設	24
10	宮ノ下(第5区)集会所	コミュニティ施設	―
11	第2区集会所	コミュニティ施設	51
12	第1区集会所	コミュニティ施設	86
13	たかやま倶楽部	民間・飲食店	―
14	第8区集会所	コミュニティ施設	30
15	第4区集会所	コミュニティ施設	40
16	いわなの郷	民間・レジャー施設	40
17	第3区集会所	コミュニティ施設	―
18	第7区集会所	コミュニティ施設	―
19	川内村商工会	民間施設	12
20	手古岡(第6区)集会所	コミュニティ施設	70
21	ゆふね	行政・医療施設	―
計			4284

川内村「富岡町外住民避難場所施設ごと受入状況一覧表」(2011a) をもとに筆者作成

策も用意されていなかった。寿一さんは言う。

　「川内村は、原発の『立地自治体』ではなく、『周辺自治体』です。『周辺自治体』には、電源立地対策交付金が年間4000万円。核燃料税が8000万円。合計で川内村には、1億2000万円程度の恩恵がありました。そうはいっても、原発は身近な存在ではありませんでした。20キロメートルから30キロメートルに位置する『周辺自治体』ですから、安全対策もありませんでした。
　EPZ〔Emergency Planning Zone：防災対策重点地域〕はご存知ですか。原発事故に対して防災対策をすべき範囲のことです。事故後の現在は、30キロメートルなのですが、事故前は8キロメートルから10キロメートルの範囲でした。そのため、20キロメートル以上の距離がある本村には防災計画、避難経路、そういったものは全く考えられていなかったのです」。

　富岡町から避難者たちが来たあとも、まさか自分たちまでが避難民になるということは、想像できないことだった。「避難してきた富岡町民から、第一原発、第二原発が津波で通電されないという情報がありました。我々川内村の方は、当時、電気、電話はすべてOKでありました。ですから、避難民の対応にあたりつつ、テレビで原発の情報収集をしているという状況でした」。
　13日になっても、状況は好転していく気配を見せない。それどころか、基本的なインフラも使えなくなっていった。「まず電話が通じなくなりました。村内の電話のインフラは、富岡町にあるNTTの局舎から来ています。富岡町内の電気設備は壊滅的被害で、その結果、NTTの局舎が使えなくなり、電話が通じなくなりました。12日は発電機で対応したそうですが、やがて13日には通じなくなりました」。
　つづいて建屋爆発の情報が入る。15時36分に1号機の建屋が水素爆発を引き起こした。「この情報は国からは全く伝えられず、テレビを見て知りました。役場の副村長席の上にテレビがあります。そこで、富岡町の職員、町

長も見ていました。『あれ、爆発しているよ。これは、2日3日（で終息する）ってことない。長期化するな』と、その時点で初めて長期化を覚悟しました」。

爆発の映像を目の当たりにして、「本当にここにいて大丈夫なのか」という疑問を、寿一さんは持ち始めていた。「それでも目の前には多くの避難者がいる。だからとにかく避難者への対応に迫られていた。米の供給、野菜の供給、炊き出しをしながら、何とか8000人の富岡町民の受け入れをしていたという状況でした」。

建屋の爆発のあと、初めて第二原発から連絡が入った〔この時点では事故を起こした第一原発だけでなく、より近くにあり、同じようにコントロールできていない第二原発もまた大きなリスクだった〕。「村永副所長〔村永慶司氏〕から、『今から、原発の状況を説明しに行きます』という電話がありました。副所長をすぐ村長室に通して、富岡町長、川内村長、両自治体の副町村長、課長が入り、4時頃、当時の原発の状況を聞きました」。

このとき東電側からの説明はつぎのようなものだったという。

「東電側から『今、原発が電源喪失しています。外部電源で何とか事故を防ぎ、格納容器が損傷しないように、対応しています。先ほどの第一原発の爆発は建屋の爆発ですから、今のところ放射能の影響はありません』と言う話があり、ひとまず安心しました。

ところが同時に、『これからベントします』と言われ、ベントって何だと思いました。そこで『ベントって、なんですか？』と質問しました〔格納容器ベント：原子炉格納容器の圧力を下げるために、放射性物質を含んだ気体を外部に排出する緊急措置のこと〕。富岡町の職員も分かっていませんでした。富岡町では、原発の見学が行われていましたが、原発事故を想定した防災見学ではなかったので、見学で得た知識は何の役にも立ちませんでした」。

建屋の爆発を受けた段階で、ようやく川内村へと避難してくる富岡町民もいた。「爆発後に避難してくる富岡町民には、すべてガイガーカウンター

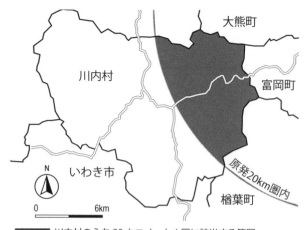

■ 川内村のうち20キロメートル圏に該当する範囲
2011年4月23日〜2012年3月31日まで警戒区域となった

図2-1-2　川内村と第一原発20キロ圏

で体表面の放射線量を調査しました。基準が定められておらず苦慮しました。ひとまず5000ＣＰＭ〔カウント・パー・ミニット：1分間に測定された放射線の数値をあらわす単位〕以上の人は、村の商工会館避難させることと決めました。最終的に約30名が、集団避難と切り離されました」。

　次々と建屋が爆発するなかで、「死を覚悟したくらい怖かった」というほどの不安を抱いていた。村としてどう行動すべきなのか方針を考えるため、富岡町長を通じて、原子力安全・保安院への問い合わせを行ったのは15日の未明のことだった。「15日未明に、富岡町長が保安院の次長に衛星電話で確認をしたところ、『たとえ格納容器が爆発しても、20キロメートル以上離れていれば安心だ』という回答でした。14日、15日時点での避難も考えましたが、回答を受けて、川内村民も富岡町民も村を離れることはしませんでした」。

　つまり、この時点では"20キロメートル"という距離が、安全な土地を確約する指標になっていたのである。たしかに川内村にも、20キロメートル圏内に入る地域がある（**図2-1-2**：川内村と第一原発20キロ圏）。そこには村の面積の約3分の1にあたっている。しかしながら、この場所の多くが山林である。そのため、20キロメートル離れれば安全だとすると、この時点では全村避難

を決断する必要はなかったと言えよう。

3 「殉職」を覚悟した全村避難の決定

ところが15日になると、一転して"20キロメートル"の安全性が揺らいでしまう。"20キロメートル"離れていても危険である、そう考えるほかない指示が政府から通達される。それが屋内退避である。屋内退避とは放射線被ばくを避けるため、屋内で過ごすことを求めた政府指示である。

「(第一原発)4号機が爆発すると枝野官房長官がテレビで会見し、『20から30キロメートルを屋内退避にします』と発言しました。これにより、外にいる人は家の中に入り、家の窓を閉め、エアコンは切らなければなりませんでした」。この決定により、数時間前まで確約されていたはずの安全性は、あっけなく、そして大きく揺らいだ。

あわせて、20キロメートル圏の住民は、圏外への退避が指示された。図2-1-2で見たように、川内村は20キロ圏内に入る地域も抱えている。20キロ圏内にある田ノ入地区(5区に属する)と毛戸地区(8区)には、約350名が居住していた。そこで、「20キロ圏内の住民を川内小学校へ避難指示しました。小学校も一杯で、どこに誰がいるのかといった状態でした。絶対的にスペースが不足していました。小中学校、体育館のほか、廊下や教室まで避難所として開放していました」。

屋内退避の指示はまた、事実上、「孤立」を意味した。外部からの支援が望めなくなるからである。「一番困ったのは、15日。屋内退避になった状態では、富岡町民のお世話ができない。当時婦人会の人たちは、外で炊き出しをしていたので、屋内退避によって作業が出来なくなりました。14日までは、福島県災害対策本部から毛布や食料はコンスタントに届いていました。ですが、このような規制がかかったため、15日になると食料、毛布、さらに情報も入ってこないという状況になってしまいました」。

建屋の爆発が続くなかで、個々人の判断でさらに遠方に避難する人たちがいた。「やはり原発の事故というのは、我々にとっても未知の状況で、非

常に切羽詰まった状況でありました。屋内退避の情報が入りますと、川内村3000人、富岡町1万2000人のうち、半数以上の方は、それぞれの判断で60キロメートル、100キロメートル以上の離れた場所へ避難して行きました」。

15日の晩には、川内村長・富岡町長ともに、政府からの指示を待たずに、自主的に全村避難する方向へと傾いていった。「屋内退避になり、『状況の好転が見込めないまま、村に残ったのではどうしようもない』ということで、避難する方針を固めました。避難する方針が打ち出されたのは、夜9時位のことです」。

全村避難という方針を確認したあとも、難題が山積していた。翌朝までに全村避難の計画を練らなくてはならない。度重なる爆発に衝撃を受けて、すでに自主避難を選択した職員も少なくなかった。約70名の職員のうち、避難対応に当たったのは、3分の1に過ぎなかった。人的資源、物的資源も限られたなかで、最善を尽くさねばならなかった。

こうした制約のもとに、避難計画をどのように練ったのだろうか。避難計画として考える必要があるのは、川内村の全村民に加えて、富岡町からの避難者を合わせた住民たちを、どこにどのように避難させるのかである。

まず避難場所について見てみると、寿一さんは福島県の指示に背いて、郡山市にあるビッグパレットふくしまと決めた。

　「当時、福島県災害対策本部は、会津若松市に避難しろと指示を出しました。しかし、それには従わなかった。私は、『会津若松まではかなり遠いので、片道3時間もかかって、これだけの人を動かすのは、無理ですよ』と川内村長・富岡町長に伝えました。加えて『(郡山市にある)ビッグパレットに行こうじゃないか』と提案しました。これだけの多くの住民、大量の車を受け入れ可能な場所は、ここしかないと判断しました」(図2-1-3：避難先の選択)。

　「しかしビッグパレット側には、当初、地震被害があるからダメだと言われました。ですが、館長の渡辺日出夫氏に直訴し受け入れられました。渡辺氏は、富岡町にあった原子力等立地地域振興事務所の所長を務

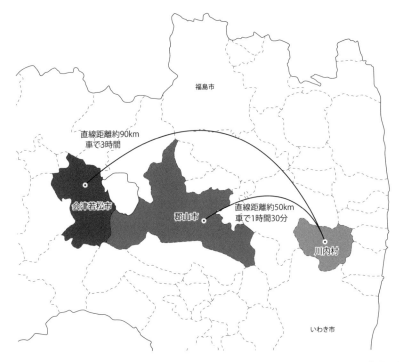

自治体間の距離・所要時間は、役場・市役所間をもとに算出した
図2-1-3　避難先の選択

めた経験のある方で、『富岡、川内が避難して来るんであれば、ビッグパレットで構わないから』と、館長の独断で受け入れを認めてもらいました。本当に有難かったですね。郡山であれば、1時間ちょっとで行けますから」。

つぎに住民をどのように避難させるか対応を迫られた。行政として対応をする必要がある住民は、3100人と試算した。その内訳は、川内村2800人のうちマイカー避難の出来ない1400人、富岡町民4000人のうちマイカー避難が出来ない1700人である。これらの人びとを迅速に約70キロ離れた郡山まで避難させなくてはならなかった。その当時、川内村・富岡町が有する輸送手段は限られた（**表2-1-2**：避難時の輸送能力）。そのため、埼玉県杉戸町から

大型バス 8 台の応援がなければ、とても対応できなかったと、寿一さんは振り返る。

3月16日7時30分、川内村・富岡町合同災害対策本部は会議を開き、自主避難を決定する。9時には、村会議員、行政区長、消防団員を役場に召集し、避難方法を確認した。

その後、すぐさますべての住民に向けて、防災無線での連絡がなされた。つぎの内容が放送された。「災害対策本部から緊急のお知らせです。原子力発電所の危険な状態から強制的に避難します。避難先は、郡山市ビッグパレットとなりますので、各施設に避難しているみなさん、自宅にいるみなさんは、自家用車などに相乗りをし、落ち着いて移動してください。なお、自家用車のない方については、第8区を除く、最寄りの集会所に集合してください。以上、お知らせします」。

富岡町からの避難者受け入れのみならず、全村避難の際にもコミュニティ（行政区）単位の避難行動が計画されていたことがわかる。それゆえ、区長をはじめとするコミュニティ役員や、コミュニティごとに編成されている消防団は、全村避難にあたって住民の所在確認や避難誘導などの任にあたった。

表2-1-2　避難時の輸送能力

	輸送車両	乗車可能人数
富岡町	マイクロバス (2台)	56
	町バス	33
	社協バス	40
	体育協会バス	29
	富岡高校バス	39
川内村	スクールバス (4台)	116
	村バス	45
	診療所バス	29
	温泉バス	29
	社協バス	29
計		445

川内村役場「川内村からの強制避難について」(2011b) をもとに筆者作成

危機的な状況で秩序だった避難が可能だったのは、行政だけでなく、各コミュニティが連携して対応していたからであった。

このとき寿一さんは、「殉職」を覚悟したという。「この時点で私は死を覚悟しており、『これが公務員として殉職することか』と思っていました。私だけでなく、このとき川内村にいた人は何らかの形で死を覚悟していたはずです。全村避難を見届けて、私は村に残ろうと覚悟しました。村長にその旨を伝えたところ、『お前は総務課長なのだから、ビッグパレットに行って避難民の対応をするように』と言われ、何とか村を出ました。村を離れなければいけないのは、涙が止まらないほど悔しいことでした」。

朝9時30分から始まった、全村避難が終わったのは深夜だった。「全村避難が終わったのは、夜の11時です。職員も夜、郡山に向かいました。私は、村民の避難が終わってから、最後に川内村を離れました。それから郡山まで70キロメートルの道中ずっと涙が止まりませんでした。思い出すと今でもジーンとくるものがあります」。

4　福島県最大の避難所・ビッグパレット

全村避難が完了しても、ほっと息をつく余裕はなかった。川内村民・富岡町民が避難してきたビッグパレットふくしまは、県内最大の避難所となった。この最大の避難所を維持運営していかなくてはならなかったからである。

翌3月17日は、早朝から避難者の対応に苦慮していた。避難者の総数がわからず、また誰が避難してきているのかもわからなかった。だが、「避難したことによって、安否確認の電話がジャンジャン鳴り響き、未明まで対応に追われました。また避難していることがわかっている場合でも、誰がどこにいるのか把握できていませんでした」。

対応すべき事項は多岐にわたった。物資の不足（食料、薬、生理用品、紙おむつ、粉ミルクなどがとくに不足した）、衛生環境の改善、公的書類の発行（避難証明書・現金借用書など）、避難者受け入れを表明した自治体への対応、支援団体への対応、避難実態に合わせた災害対策本部の再編、役場機能の立ち上げな

ど、枚挙にいとまがない。

避難当初の様子を寿一さんはつぎのように語っている。「ビッグパレットは、イベント用の施設です。地震の被害を受けていましたが、館長ほか職員が協力的に活動して下さいました。3月16日から20日ごろまでは、毎日200名ずつ増加しました。こういう大きい施設でも、ピークには4000～5000人が避難し、手狭でした。どこも混雑して、トイレの出口からずーっと人が並んでいるような状況でした」。

図2-1-4は、ビッグパレット内に避難者を受け入れるための計画である。できるだけ多くの被災者を受け入れるために、1人当たりのスペースは3.31平方メートルと決められた。2.65メートル×2.5メートルの空間に2名が入る計算であった。

のちに寿一さんは、ビッグパレットでの様子を振り返って4つの課題をあげている。「課題は色々有りましたが、4つのことが反省点として挙げられます。避難所の秩序ですね。部屋割り、高齢者や弱者の区分などを考慮すべきでした。それから名簿の作成です。当初は混乱の中で、誰がどこにいるのか把握できませんでした。徐々に名簿の必要性がとりざたされ、避難して約1カ月後に完成したと思います。それからボランティア受け入れ調整です。避難直後からは、全国からさまざまなボランティアが数多く支援してくださいました。けれども、自治体との調整や誰がどのような作業をするのか指揮命令が必要でした。当初は、支離滅裂でしたので。最後に、診療所・救護所。これだけの避難者数となると、臨時診療所に受診、相談する人も多い中で、どこでどのような診療、治療するのか明確にしておくことが必要でした」。

仮設住宅、借り上げ住宅への入居がほぼ完了した2011年8月31日まで、ビッグパレットふくしまは避難所としての機能を果たした。

5　多くが去った村への対応

じつは、全村避難によって「空っぽ」になったはずの村にも、対応すべき課題はいくつも残されていた。

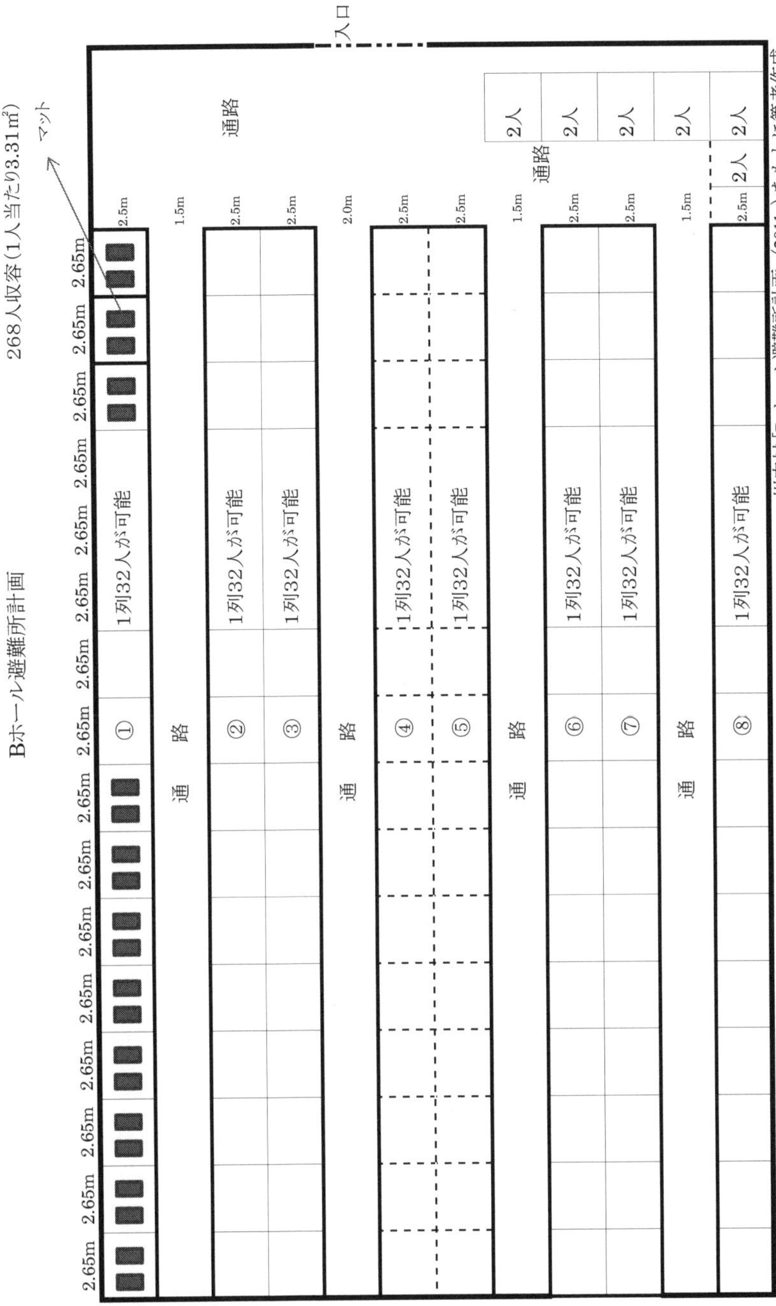

Bホール避難所計画
268人収容（1人当たり3.31㎡）

入口　マット

通路

2.65m　2.65m　2.65m　2.65m　2.65m　2.65m　2.65m　2.65m　2.65m　2.65m　2.65m　2.65m　2.65m

① 1列32人が可能　2.5m
1.5m
② 1列32人が可能　2.5m
③ 1列32人が可能　2.5m
2.0m
④ 1列32人が可能　2.5m
⑤ 1列32人が可能　2.5m
1.5m
⑥ 1列32人が可能　2.5m
⑦ 1列32人が可能　2.5m
1.5m
⑧ 1列32人が可能　2.5m

通路
2人　2人　2人　2人　2人　2人　2人

図2-1-4　ビッグパレット内の避難計画

川内村「Bホール避難所計画」(2011c) をもとに筆者作成

とくに神経を使ったのは、避難しなかった人たちの把握である。全村避難する際には、各行政区長が1戸1戸訪問し、それぞれが避難しているか確認した。その結果、約100名が各自の判断で避難をせず、村に残っていることを把握していた。行政としては、誰が残っているのか、その住民に対してどのように連絡するのか、状況が変わるなかで後日避難したのかどうか、自力で脱出できるのか、そういったことを確認する必要があった。

万が一の場合に備えて、救出方法も練らなくてはならなかった。寿一さんの携帯電話には、自衛隊員の連絡先が残されている。これは事故のレベルがより大きなものとなって、救出に向かわなければいけなくなった場合に、緊急の要請をするホットラインである。ビッグパレットに移り避難した住民の対応にあたりながら、一方では避難しなかった村民をピンポイントで救出できるよう計画を練っていた。

村の汚染状況も把握しなければならない。「いまなら、みなさん“シーベルト〔Sv：人体へ及ぼす影響を含めた放射線量の単位〕”と“ベクレル〔Bq：放射性物質の量をあらわす単位〕”の違い分かりますよね。震災前まで、身の回りでこんな単位は使われていませんでした。避難している間、福島県はモニタリングポスト〔空間線量計〕を2カ所、役場（川内村役場）とゆふね（医療施設）に置きました。当時は数字を見ても、誰もその意味を理解出来ませんでした。原発が立地していた富岡の職員でも、さすがにこんな単位は全然分かっていませんでしたね。富岡町長も、富岡町の災害担当でも無理でした。たまたま原発で働いていたことのある、富岡町会議員のレクチャーを聞いて、その数値の意味を知りました」。

多くの人が去ったあとも、村には家畜たちがいた。川内村にとって、畜産業は大切な第一次産業の柱であったからである。だが、放射能汚染の影響を考えて、ウシ（乳用牛・肉用牛）やニワトリは、殺処分の判断を下さざるをえなかった。「20キロ圏内には乳用牛、肉用牛が、この地域には併せて150頭いたのですが、一時放し飼いのあと、全て殺処分しました。殺した動物たちは、草地（牧草地）の下の方に埋めました。以前（2010年に）、九州で流行した口蹄疫のときのように、ああいった形で草地の奥に埋めました。本当に可哀

想です。もちろん 20 キロから 30 キロの場所でも畜産をしていました。この範囲は自治体に判断が委ねられていて、殺処分をやってもよいということなので同様の決断をしました。ニワトリも 30 万羽いたのですが、こちらも全て殺処分しました。こうして、震災前は 40 戸ほどあった畜産業も 2015 年には、7 戸のみということになりました」。

6　帰村の方針への賛否—帰村宣言まで

川内村の名は、2012 年 1 月 26 日の帰村宣言によって、日本全国に知られるようになった。強制避難が実施された多くの自治体で、いまだ帰還の目途が立たないなか、川内村だけが帰村する意思を行政として明確に示したからだ。賛否それぞれ、大きな反響があった。

じつは寿一さんは、避難先で帰村までには長期間かかるだろうと考えていた。「この避難は一時的なものではない、少なくとも 2 年〜 3 年は戻れないだろうと覚悟を決めました。行政もそういう覚悟のもとに避難しました」。早期に帰村することは無理だろうと、腹をくくっていたことがわかる。

ところが予想に反して、村の空間線量は低かったのだと寿一さんは言う。「偶然にも川内村は、線量が低かったのです。政府の示した帰還の目標数値が 0.9 マイクロシーベルト（µSv/h）以下、除染の目標が 0.23 マイクロシーベルトです。1 時間当たりの空間線量ですから、年間被ばく量となると年間 1 ミリとなります。これが子供から大人までも安全な数値というのが、政府の方針です。村の居住空間で言いますと 0.99 以下でした。除染などの対策を行う前から、帰還の目標数値とほぼ同じだったのです」。

村行政が村に帰る方針を示すのは、避難区域の再編が大きくかかわっている。「全村避難から 6 カ月ほど（2011 年 9 月 30 日）で緊急時避難準備区域が解除されました。解除された要因は全体的に放射線量が低いこと、原発の爆発性が低くなったことでした。そこで復旧計画を策定し、帰村するという方針を決めました」。

しかし、帰村について、合意形成をはかることは困難を極めた。「9 月に（既

存の方針を打ち出した）復旧計画を作成したのですが、この時点で村民の方に
はどういう連絡をしたのかというと、行政懇談会を避難所各所で行ないまし
た。その場で村長から『3月には戻ってね』と申し上げたところ、非常に住民
から反発がありました。『本当に戻れるのか』、『本当に原発は安全なのか』、『放
射線はどうなのか』という指摘がありました」。

　川内村主催の「住民との対話の場」は、2011年6月末から2013年7月まで
の2年間で、100回に及んだ（**表2-1-3**：住民との対話の場）。のべ約4300人が
出席した。「対話の場」は住民との意見交換を行なう懇談会、そして国の政策
や方針についての説明会など多岐にわたっている。後者の例としては、住民
の居住制限に関する「緊急時避難準備区域」「警戒区域」などの変更や見直し、
放射線の空間線量を低減させる「除染」、「除染」による残土を保管する「仮置
場」などがそれに該当する。国の政策や方針が定められ、あるいは見直され
るたびに、住民に対して、「対話の場」を設定する必要があった〔口絵写真ⅷ
参照〕。

　このような「対話の場」は、基本的にコミュニティ（行政区）単位で行なわれ
た。ただ川内村の場合、居住制限区域とコミュニティ区域が厳密に重なるわ
けではないため、それらを考慮して「対話の場」を設定する必要もあった。「警
戒区域」「旧警戒区域」「居住制限区域」に住んでいた住民向けに設定されてい
るものが、その例である。

　川内村の避難指示区域の変遷をまとめると、**図2-1-5**のように整理できる。
2016年6月14日にはすべての指示が解除されたが、それまでは、何らかの
規制を受けていたことがわかる。本書にかかわる調査は、おもに2013年か
ら2016年にかけて実施されており、それは三番目の時期にあたる。多くの
村民が帰村可能である「避難指示解除」となっており、その一方で8区（毛戸）
のうち、貝ノ坂・荻地区だけが規制を受けていた時期にあたっている。内閣
総理大臣を長とする原子力災害対策本部長が避難区分の変更を指示する権限
をもつが、その指示に従って帰村やそれに向けた準備をするかどうかで、住
民のなかにも戸惑いがあったのは確かである。

　住民との対話を繰り返したのち、"戻れる人だけ戻りましょう"という方針

2-1 カタストロフィーと行政対応　57

表2-1-3　住民と対話の場

名称	実施日	のべ回数 （回）	のべ人数 （人）	対象者
緊急時避難準備区域での残存住民の説明会	2011年6月25日ほか	2	170	全村民
川内保育園・小学校・中学校保護者懇談会	2011年7月23日ほか	6	256	保護者
緊急時避難準備区域解除に伴う村民説明会	2011年10月6日ほか	5	545	全村民
川内小学校保護者懇談会	2011年10月22日		60	保護者
民間住宅除染に伴う説明会	2011年11月27日ほか	4	253	5、6、7区住民
川内高校1・2年生、中学3年生保護者懇談会	2011年11月27日ほか		18	保護者
帰村に向けた村民懇談会	2012年1月14日ほか	10	527	全村民
民間住宅除染に伴う説明会	2012年1月21日ほか	3	117	1区住民
警戒区域除染作業に伴う説明会	2012年1月26日ほか	3	94	警戒区域住民
細野大臣と川内村民との住民懇談会	2012年2月18日		150	全村民
民間住宅除染に伴う説明会	2012年2月19日ほか	5	199	2、3、4区住民
警戒区域除見直しに伴う村民懇談会	2012年3月21日ほか	2	74	警戒区域住民
帰村者のための復興懇談会	2012年4月3日ほか	6	275	全村民
仮置場設置に関する村民懇談会	2012年4月25日ほか	3	66	全村民
旧警戒区域に係る住民懇談会	2012年4月26日		88	全村民
避難者のための復興懇談会	2012年5月29日ほか	6	168	全村民
旧警戒区域除染作業に伴う説明会	2012年6月7日ほか	3	91	旧警戒区域住民
住民懇談会	2012年8月5日ほか	5	331	全村民
新しい村づくりのための復興懇談会	2012年10月23日ほか	8	200	全村民
旧警戒区域のための住民懇談会	2012年11月28日ほか	3	76	旧警戒区域住民
若者による村長との座談会	2013年1月17日ほか	2	58	50歳以下村民
婦人層と村長との座談会	2013年2月15日		33	婦人会
高齢者層と村長との座談会	2013年2月18日		29	老人クラブ
第四次川内村総合計画説明会	2013年3月17日ほか	8	210	全村民
旧警戒区域説明会	2013年4月11日ほか	3	101	旧警戒区域住民
鍋倉・貝ノ坂仮置場見学会	2013年4月27日		21	5、6、7、8区住民
居住制限区域内懇談会	2013年4月27日ほか	2	32	居住制限区域住民
仮置場増設住民懇談会	2013年5月29日ほか	3	68	6、7区住民
関東圏域に避難されている方々との懇談会	2013年7月14日			262名が対象
計		100	4310	

注1：「住民との対話の場」を中心にリスト化したため、村内外からの参加者があるイベントなどは除外した。
川内村「東日本大震災に伴う福島第一原子力発電所事故以降の村民を対象とした説明会・懇談会などの開催状況」（2013）をもとに筆者作成

58　第2部　住民一人ひとりが語る体験

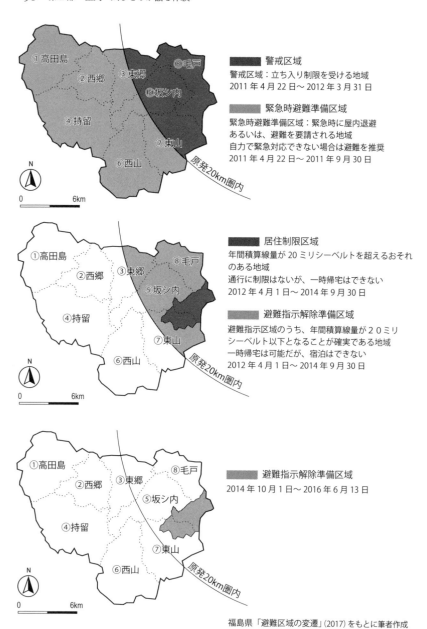

福島県「避難区域の変遷」(2017)をもとに筆者作成

図2-1-5　避難指示区域の変遷

が決まった。「そこで軌道修正ですね。11月に復旧計画を一部手直ししまして、"戻れる人だけ戻りましょう"という事に決めました」。そして、その方針にもとづいた帰村宣言を発表した。寿一さんは言う。「2012年1月に福島県庁で行いました。村長が会見しました。当時、原発事故で避難した後に村に戻るということは、話題性がありました。会見場には、記者が200人位、カメラが100台位はあったように思います。もう、凄かったですね。村長と西山東二議長、高野恒大区長会長らが出席し、私が総務で進行を行いました」。

帰村宣言の要旨と、趣旨を「記者クラブ」に配布された資料から確認しておこう。

「帰村宣言の要旨

川内村全域が第一原子力発電所から30kmの範囲にあり、その事故によって昨年3月16日に村議会や行政区長会と協議をして村長による「全村避難」を指示しました。そして4月22日には屋内退避区域から20km圏内が警戒区域に、また30km圏内が緊急時避難準備区域に設定されました。

その後、福島第一原子力発電所の事故収束に向けた取り組みの中で、水素爆発の危険性や原子炉の冷却ができなくなる可能性は低くなったとして、また放射線量が比較的低かったことから緊急時避難準備区域が9月30日に解除されました。その前段として住民の帰村や行政の再開などを網羅した復旧計画を策定し、帰村するために除染の実施や雇用の場を確保することなど、さまざまな角度から諸準備を進めてきました。特に、1月14日から19日まで村内4か所を含む仮設住宅集会所など10か所で、村民皆様が、容易に帰村できるよう、また障害となっているものを払拭するため「帰村に向けた村民懇談会」を開催し「戻れる人が戻る。心配な人はもう少し様子を見てから戻る」の方針のもと意見を交換しました。その結果、村民皆様からは4月1日からの行政機能や保育園、小中学校及び診療所の再開、そして村民の帰村など一定の理解を得られたものと思います。

今後、議会や行政区長会にもその内容を報告するとともに、帰村後も県からのご支援とご協力を賜るため県知事に報告した後、マスコミを通して県内や全国に避難している村民に帰村を促すため「帰村宣言」をするものです」（川内村 2012）。

　「帰村宣言の内容
　川内村の村民のみなさん。その後、お元気でしょうか。
　川内村は、昨年 3 月 16 日に原子力発電所の事故によって全村避難して以来 10 か月が過ぎました。この間、村民の皆さまには多くのご心配と苦痛をお掛けしたこと、申し訳なく存じます。昨年 9 月末に緊急時避難準備区域の解除に伴う復旧計画に伴い、雇用の確保や放射性物質を取り除くための除染を行ってまいりました。また今月 14 日から 19 日まで村内 4 か所を含む 10 会場で帰村に向けた住民懇談会を開催してきました。この結果、除染や雇用の場の確保など多くの課題が山積するなかで、住民の帰村や行政の再開などある程度の理解は得られたことから、本日は皆様に帰村をお願いするため、西山議会議長、高野行政区長会長とともに、皆様に 2 月から自宅に戻っていただき住民に向けた帰村を促すため、村長から、議会議長、行政区長立ち会いのもと帰村のためのメッセージを発することになります」（川内村 2012）。

7　帰村へ向けての不安との闘い

　帰村をすると決めたあと、村民一人ひとりと同じように、寿一さん自身も不安を抱えていた。帰村宣言までの経緯をみると、事態を楽観的にとらえていたように思う人がいるかもしれない。あるいは線量の測定結果や、国の避難区域の再編をそのまま鵜のみにしているように感じる人もいるかもしれない。しかし実際はそうではなかった。
　帰村のためには必須の工程となる除染〔居住空間の線量を 0.23 マイクロシーベルト以下に下げる作業〕を進めていたとき、つぎのような心情を吐露

している。

　「我々も住民には説明しながらも、今後どうなるか不安です。いま除
　染を進めていますが、国が本当に3年後に（残土を）引き取ってくれるのか。
　また、961世帯のうち、350世帯は除染が終わったのですが、終わった
　家庭からは毎日のように苦情が入ります。
　　やっぱり作業員も450名程いると親切にやってくれる事業所とそうで
　もない事業所があって、我々は朝早く、夜遅くに村民の方から『ちょっ
　と見に来てほしい』と連絡が入ります。職員も本当に精神的、肉体的に
　疲労困憊です」。

　除染は、生活空間の空間線量を下げる一方で、「高額の費用」と「多量の残土」
を発生させる。「2012年度には、川内村約1000世帯の除染が終わりました〔口
絵写真vii参照〕。除染には1世帯当たり、540万円かかりました。除染した残
土が1トン入るフレコンバッグは、1世帯あたり150個必要となります。小
さいところは50個、畜産をやっている世帯は、250個くらい必要です。この
フレコンバッグは、1個1万6000円位するものです」。
　「1世帯あたりにかかるお金はとても膨大と思われます。国政も消費税、社
会保障の一体改革という中で非常に申し訳なく思っております。ですがこの
除染に関しては村が引き起こしたものではありません。村としては除染をふ
るさとに帰るために行っております」。
　排出された残土は仮置場に保管される。「国の方は除染を行うに当たり、
村の森林2万ヘクタールのうち、5000ヘクタールは国有林であり、こちらの
木を伐採して、抜根して整地して仮置場にするという考えでした。村では帰
村するため、除染を優先的に行ないたいと考えました。先に仮置場を作って
いると、帰村までには3年、4年はかかってしまう。速効性がないので国有
林を用いた仮置場の作成はあきらめました」。
　国有林にかわって、残土が置かれることになったのは、牧草地だった。「村
では農林業を基幹産業としていたとともに、畜産業もかなり推進しておりま

した。山を牧草に変えた大規模草地開発事業も行っておりました。この草地を仮置場に変えようということとなりました」。

仮置場についても、多くの住民から不安の声が寄せられた。「住民は非常に不安がっております。『こんなに（多くの残土が）あるのか、これじゃ帰れないよ』と言う人もおります。雨水は透水管を通して河川に捨てる予定です。フレコンバッグに触ってみた方はいないと思いますが、厚手の袋です。作業中に袋が破れていないか確認をしてもらい物、壊れている物については、新しい袋へ入れ替えます。水、空気が漏れないようしております。それでも不安を感じるわけです」。

8　「村のため」という判断基準

寿一さんは、帰村後、復興対策課長に就いた。「村の職員70名のうち、4月から新たに10名を割り当てて復興対策課を作りました。村長からの指示では、復興対策課は3年の期限付きの課です。計画を作り、そしてすぐに実行するというように、新しい村づくりにいわば“走りながら”取り組んでおります。具体的には、村への企業誘致、地域づくり、将来構想、除染を担います。他の課を縮小したり、統廃合して職員のやりくりをしました」。

川内村にとって、浜通りの富岡町・大熊町が未だ帰還できない状況であることは、大きなハンディであるという〔2017年4月1日より、一部地域で避難指示が解除された〕。

　「村民は富岡町、大熊町そういった浜で働き、原発を含めた電源との共生をしてきました。村の生産年齢人口は、15歳から64歳迄で約1600人おりました。そのなかの約500名は、サービス業も含めて浜の方で働いておりました。そのうち、300名は失業しています。残りの200人は避難して避難先で雇用されたり、現場の収束のために働いている状況です」。

　「川内村からは、県道の小野・富岡線を通って、富岡インターまで行

きますが、この道は、川内村の人間にとって大動脈にあたります。川内村から原発や富岡に働きに行く人、買い物、高校、病院など、全てこの道路を使っていました。富岡に行ってから二次的に移動する先として、双葉や大熊に県立大野病院や双葉厚生病院がありました。この道は非常に重要でした。1区は、どちらかというと田村市船引町が生活圏で、4区は小野町にありました。しかし、川内村の大部分の生活圏は富岡町でした」。

「川内村を子に例えると、富岡町と大熊町は父であり母にあたります。今までは両親があったからこそ、川内村は未成年でも何とか生活することができました。ところが今、親は交通事故でいなくなってしまいました。人間に例えるならば、川内村がどうやって自立するかが今後の課題です」。

まずは、少しでも安心して生活できるようにしたいと寿一さんは語った。「村としては何よりも除染を進めて線量を下げ、安心して生活できるように努めていく次第です。家族を避難させつつ、勤務している者もおりますので」。

復興対策課のある今後3年間で、村の再生、復興を目指したいと語っていた。「構想的には3000人の人口が戻ればいいのですが2012年2月にアンケートを取り回答率64パーセントでしたが、その比率で言えば、1000人の方は戻る。1000人の方は戻らない。1000人の方はわからないとの回答でした。このままでは復興はできない」。

「川内村は盆地に囲まれておりまして買い物が非常につらい、隣の田村市、小野町というところがあります。時間として40分から1時間かかる。こういった場所から購入している。村としても新たな町づくり、病院を村の中でできないかとあらゆる手段を使いながら、今は川内村に人口を増やしていこうという構想を持っています」。

見てきたように、寿一さんは、これほどの大規模災害を経験しながらも立ち止まることなく、走り続けてきた。自身も被災者でありながら、決して立ち止まることをしなかった。困難な状況下で、いわば村を動かす推進力であった人物である。

しかし、走り続けることはたやすいことではない。原発災害は、とくに合意形成が困難な災害である。「安全か危険か」を中心的課題にして、さまざまな対立を生んでいくからである。そうした合意形成が困難な状況におかれながら、住民に対して高度な判断権を持つ人びとは、いったい何をもとに判断を下してきたのだろうか。

避難、帰村、復興、いずれの場面でも、寿一さんは、ある方針をもとにそれに対処していた。それは、村長の示した「村のため」という方針であった。原発災害のもとでとった、「村のため」という方針は、この言葉がもつ調和的な響きとは異なって、対立的でさえあった。本章で見てきたように、より上位の行政体や、被災者個々の利害と対立することも、少なくなかったからである。

それでも、寿一さんは言う。「私が川内村の職員として色々経験したなかで、やっぱり原発の事故が一番怖いものでした。この事故を通じて、私は我々公務員が、やはり"全体の奉仕者"なんだということを改めて感じました」。寿一さんは"川内村全体の利益"を考えて、困難な状況に対処していた。

原子力事故という未曾有の事態を前にして、そこで行われるいかなる選択にも正答などないだろう。もちろん、寿一さん自身も、これまで行ってきた決断に、肯定的意見も否定的意見もあることをよく知っている。村行政が原発災害を前にして下してきた決断への評価は、さまざまあるとしても、私はある村人がつぎのように表現したのが的確であったように感じた。「色んな意見があるだろうが、ひとつ言えることは、寿一がいなかったら、川内村はこれほどまでに戻ることはできなかった」。

本章では寿一さんの語りを通して、川内村にとっての原発災害の全体像を示してきた。続く章では、住民一人ひとりがこのような状況にあって、どのような対応をとったのかを示していくことになる。

【注】

1　近年、東日本大震災にかかわる証言集や記録集が多く刊行されるようになっている。だが、宮城県（2012）などを除いて、行政職員を対象とした証言記録はいま

だ限られている。しかしながら、地方自治体とそこに所属する人びとが、大規模災害を前にしてどのような判断を下していったかということも、語られるべき重要な経験であると考えられる。

【引用文献】

川内村役場、2011a、「富岡町外住民避難場所施設ごと受入状況一覧表」。
――――、2011b、「川内村からの強制避難について」。
――――、2011c、「Bホール避難所計画」。
――――、2012、「帰還に向けた村長による『帰村宣言』」。
――――、2013、「東日本大震災に伴う福島第一原子力発電所事故以降の村民を対象とした説明会・懇談会などの開催状況」。
福島県、2017、「避難区域の変遷（平成29年4月1日更新版）」。
宮城県土木部、2012、『東日本大震災職員の証言「そのとき、それから、これからあの日を忘れない」』宮城県。

2-2 災害弱者の避難生活

金子祥之／話者：渡辺ヒロ子

1 災害の衝撃と生活条件

被災者は決して均質な存在ではない。突如として災害が訪れたとき、どのような生活を送っていたのか、そのときの生活条件によって、災害のインパクトは大きく異なってくるからだ。たとえば、渡辺ヒロ子さんのように、長年、半身まひで苦しんだ夫と同居していたとしたらどうだろうか。誰もが難なくこなしてゆく避難行動にも、いくつもの壁が存在することになる。

この章では、ハンディキャップを負った夫のいる家族が、どのような避難行動を迫られたのかを検討していこう。なおヒロ子さんは会話の中で、「夫」と「旦那」という2つの表現を用いているが、それはいずれもハンディキャップを負いながら生きた、ヒロ子さんの夫を指している。

2 家族で支えた夫の病気

この章の話者である渡辺ヒロ子さんは、2015年末現在、川内村に帰村し息子と2人で生活している。2013年に夫が亡くなったから、私が初めて訪れたとき、新盆を迎えたばかりであった。夫の遺影を前に、ヒロ子さんは、在りし日の様子について語り始めた。夫は長く川内村の農業委員を務めた人であった。そのため、脳出血を患ったあとも、村を思う気持ちに変わりはなく"難しい本"を読んで新たな知識を得ようとし続けた。

「夫は、病気をしてからも、私にはわからないような難しい本ばかり読んで

いた。脳出血をしたから、左半身は利かない。それでも夫は、つきっきりで見なければいけないというほど大変な状態ではなかった。旦那は、自分のことは自分でやろうとしていたな。それにきれい好きな人だった。不自由ではあったけど、自分の用は自分で足していた。亡くなるまでやっていたよ」。

脳出血による障害を負っていたものの、要介護度は2であり、夫自身は必要な支援を受けることができれば、日常生活を1人で送ることができたことが分かる（**表2-2-1**参照）。そのため、夫と暮らしていてもヒロ子さんをはじめ家族の日常生活に大きな困難があるわけではなかった。それになにより、夫自身も出来る範囲のことは自らしようとする意思をもっていた人であった。

1人息子はというと、浜（浜通り）の会社に勤めていた。いまの会社に勤めるまでは、紆余曲折があったそうだ。「息子は東電の会社（関連会社）にいたからな。やっとその会社さ入ったわけだ。最初に勤めた東電の会社は2〜3年でつぶれてしまった。それでまた東電の会社（関連会社）に。この会社に入って、大熊（大熊町）の第一原発（福島第一発原子力発電所）に20年以上勤めた」。

表2-2-1　要介護度と健康状態

要介護度	状態像	低下している日常能力
要介護1	要支援状態から、手段的日常生活動作を行う能力がさらに低下し、部分的な介護が必要となる状態	起き上がり・片足での立位・買い物
要介護2	要介護1の状態に加え、日常生活動作についても部分的な介護が必要となる状態	歩行・洗身・つめ切り・薬の内服・金銭の管理・簡単な調理
要介護3	要介護2の状態と比較して、日常生活動作及び手段的日常生活動作の両方の観点からも著しく低下し、ほぼ全面的な介護が必要となる状態	排尿・排便・口腔清潔・上衣の着脱・ズボン等の着脱
要介護4	要介護3の状態に加え、さらに動作能力が低下し、介護なしには日常生活を営むことが困難となる状態	寝返り・両足での立位・移乗・移動・洗顔・整髪
要介護5	要介護4の状態よりさらに動作能力が低下しており、介護なしには日常生活を営むことがほぼ不可能な状態	座位保持・食事摂取・外出頻度

高齢者介護研究会（2003）「2015年の高齢者介護」および WAM NET（2010）「要介護状態区分別の状態像」をもとに筆者作成。

ヒロ子さん自身は、農業に精を出していた。「夫は留守番ができたから、自分は百姓仕事ができた。ご飯の支度や着替えの支度はしていたけど」。夫の介護はご飯の支度や着替えの支度が中心であり、介護に時間を取られてしまうことはなかった。家から離れて仕事をすることはできないものの、ヒロ子さんが農業を担って8反の田んぼを作付し、その他に畑で自家消費用の野菜を作っていた。

このように震災前の家族は、とくに介護で問題を抱えていたわけではない。つまり、脳出血による夫の後遺症は、それほど家族の負担とはなっていなかった。より正確に言うならば、家族の負担として表面化することはないように、それぞれが生活を組み立てることで、大きな困難を抱えることなく介護ができていた。

---

3 地震と命拾い

「3月11日の地震のとき、夫は隠居（隠居家）にいた。夫は母屋でなく、そこで寝起きをしていた。母屋には地震の被害はなかったが、隠居家は屋根が崩れ、瓦が落ちてきた。いま、まさに瓦が落ちようとしているところに、夫がつまずいてころんだ。いや、ひどい目にあった。半身が利かないから、揺れて縁側でつまずいて。幸い直接当たらずに済んだんだが、あとちょっとで、そのまま亡くなっていたかもしれない。その光景を目の当たりにしたあの思いは、何と言って良いかわからない」〔村内の家屋の被災状況は口絵写真 i 参照〕。

ヒロ子さんは地震が発生した時の、その様子をこのように語っている。目の前で夫が命を落としかねない目に会ったが、幸い大きなケガはなかった。家屋にも大きな被害があったわけではなかったから、揺れのなかでも落ち着きを取り戻しつつあった。だが、時間がたつにつれ、息子のことが心配になりはじめる。いつまでたっても帰ってくる様子がなかったからだ。

「家（川内村の自宅）には、旦那と自分と2人だけだった。息子は勤めに出ていたから、大熊にいるはずの息子が、『まだ帰ってこないのか、まだ帰ってこないのか』と心配していた。（大熊町に勤め先がある）隣のお父さんが、『自

分はようやく大熊から帰ってきたところだ。心配いらない』と言ってくれた。暗くなってからだな、息子はやっと自宅に戻ってきた。言葉にならなかった。無事に帰ってきてくれたときには、嬉しいやら。命拾いしたわけだ」。

大熊町から息子も戻ってくることができたため、揺れが続きながらも、家族そろって一夜を過ごすことができた。翌12日になると、村内各地には避難者がやって来ていた。

「翌日、富岡(富岡町)から避難者が来た。(6区)集会所に。隣近所の人たちが大根を持って行った、やれ人参だ、米だなんてやっていたので、うちからも出した。自分のうちには旦那がいるので、直接手伝いには行かなかったが、物資を集めるのには協力した。集落(6区)の人たちは出て、煮炊きなど協力していた。富岡の人たちは本当に困っていたから。おむすびを握ったりなんかして、ご飯を出したんだ。食べに行くような店も何もないんだから。各家庭にあるものを出し合って助け合った」。

避難者への炊き出しなどは行政区ごとの共同労働として行われた。6区の場合も、そうした方法が採られていることが分かる。ただヒロ子さんの家族は、介護が必要な夫を抱えていたため、行政区として協力を強いることはしていなかった。揺れが続くなかであったから、たしかに夫1人では日常生活に不安を感じる事態が生じていた。けれども、6区をあげて行っていた富岡町からの避難者への支援活動を免除してもらっており、家族の支えがあれば生活を送ることができていた。

ところが、16日に原発事故に伴う全村避難が決定すると状況は一変する。

---

4 「避難の夜」の苦しみ

「3月11日のあと、4日間はうちにいたな。そうしているうちに避難ということになった。ひどかったな本当に」。ヒロ子さんがこのように振り返るのは、まず何よりも、夫が避難することを拒否したからである。

「〔原発事故があきらかになったあとも〕旦那は『自分はここで亡くなってもいいから、家を出ない』と言い張った。『行かねぇべ』と言うから、私は、では『1

人でいられっか』と聞いたの。それでもうちの旦那は、『ここで人生が終わってもいいから、行かね、行かねぇ』と。集落（6区）の人らに来てもらって、『ダメだ、避難しないと』って。みんなに説得してもらって。それに息子にも騒がれて、ようやく行ったの。半身利かないからね、本当に大変だった」。

　放射能汚染の全体像があきらかになりつつある、現在の私たちの視点からすれば、これだけの大事故が起きたのだから逃げるのは当然の事柄である。しかし、一体何が起きているのか分からなかったあの時、村を離れる決断をそう簡単に下せなかった人たちも少なくない（2-5参照）。ヒロ子さんの夫の場合は、1人で残っても現実的に生活が送れないことを家族から訴えられ、そして避難の重要性を近隣の人たちに話してもらうことで、ようやく避難する決意を固めたのだった。

　「それじゃあ、『ビッグパレット¹に行きましょう』と言ったって、どうやって行くかと。村でバスを用意してくれているんだけど、夫はバスになんて乗られないから。迷惑かけるしバスには乗れないから、自家用車でやっとこ行ったの。息子が運転して。小さい子供がいる家なんかも、自家用車で向かった。ガソリンはないしひどかった。雪の降る晩でガソリンがなくなり、あの晩、乗用車のなかで亡くなっている子供がいたほどだから。（川内村を）ずっと離れて、勿来（いわき市勿来町）とかあちらに行ってからのこと。あの思いはな、忘れらんねぇや」。

　川内村では16日の全村避難に際して、村はバスを用意していた。各行政区の集会場をまわって、逃げ遅れた人、自力での避難が難しい人を乗せて避難する計画であった。ところが、ヒロ子さん家族のように、本来ならば避難に支援を必要とする人たちのなかには、バスが利用できなかった人もいる。体が不自由であるために、大勢で乗るバスに座っていることができなかったからだ。無理に乗せれば周りの迷惑になりかねないことも、バスを選択できない要因となった。このように自宅を離れて避難をする段階になると、夫の障害が、家族にさまざまな困難をもたらしてゆく。

　「ビッグパレットについてからすぐ、機械で調べられて。『異常なし』なんて言ってな。放射能がついてないかっていう検査。表は雪が吹っかけてくる

のに、いつ自分の番が来るかなって、検査の順番を待っていた〔口絵写真iii
参照のこと〕。100人も200人もずらっと並んでいる。列になって。夫はこう
いう体で、こういうわけだからと伝えたけれどダメなんだ。長い時間立てる
ような体じゃないんだ」。

16日の出来事は、ヒロ子さんにとって相反する記憶である。決して思い出
したくない出来事でありながら、決して忘れられない感謝を含んだ出来事だ
からである。雪の降るなか立ち尽くして、辛く苦しいときに声をかけてくれ
る人たちがいた。

「ずいぶん待ったが、途中で、川内村役場の人が見つけてくれて。ぐるっ
と並ばないで近場から回してくれた。『こんなところまで、御苦労させてす
まない』だなんて言ってもらって。あのときは嬉しかったな。雪の降るなかを、
外で立ち尽くすように並んでいた時間は、本当に長く感じた」。

5　避難という集団生活

やっとの思いで避難場所に到着した家族を待ち受けていたのは、厳しい現
実だった。家では何のことなしにこなせていた日常の動作に、いくつもの障
壁が待ち受けていた。

「食事。朝ご飯が出ても、受けとりに行けない。腰が曲がっている体だから。
朝、色々出されるんだな。ご飯だ、パンだ、味噌汁だなんて。だけど1つ1
つ並んで取りに行かれないから。並んでいるのは、1人2人じゃないんだから。
そんなに長い時間立っていられない。だから『ご飯はもらいに行かない』って、
息子にどこかでパンを買って来てもらった。とても並べなかったんだ。もらっ
たとしても、渡ったときには、ご飯なんて堅くて食べられないような状態だっ
た。あんなに冷やっこいご飯。おにぎり握ってくれるんだが寒い時分だから、
堅くてかたくて。食べられなかった。

ここには、1人2人でねえだから。ゴロゴロ、ゴロゴロ頭をそろえて寝て
いるんだから(**写真2-2-1**)。ひどかった。何て言って良いやら。もともとビッ
グパレットは、展示会なんかをやる施設。大きい広場でな。そこに通路を作っ

写真2-2-1　ビッグパレットへの避難（西巻裕氏撮影：2011年3月18日）

て、通路をはさんで、もうずっと頭がずらっと。段ボールの箱を境にして寝ていたんだから。毛布を1枚2枚いただいて。それを敷いてそのままだもん。寒い寒い。トイレに行くのだって、人の頭の上を渡らないと行けないんだ。

　中にはもう、トイレに行くこともできずに、顔洗う場で、洗面所でおしっこしたり、大（大便）をしたりする人もいた。それはもうすごかった。このままではもう体がもたない、そう思って、ビッグパレットを離れる決心をした。ビッグパレットには3日間、お世話になった」。

　集団での避難生活では、家族のなかにハンディキャップを負った人がいることが、大きな負担となる。列に並ぶことができない物理的な負担だけでなく、心理的な負担も大きかった。トイレに行くというごく日常的な行為でさえ、多くの人に迷惑をかけなければならなかったからである。こうした負担が集団避難をあきらめる要因となり、わずか3日でビッグパレットを去らなければならなかった。

6　娘を頼る自主避難へ

「旦那が弱いから、ここにはとてもいられないと思って、愛知（愛知県日進市）

の娘に電話をかけた。そうしたら、『すぐに来い』って。だから愛知に、息子も含めて1カ月はいたわよ。その間何度か、川内に戻ってきた。向こうの婿様の車で乗せられてきた。荷物を取りに来たんだ。色々置いたままだったから。こちらの車はガソリンがないから持ち出せなかった。息子は車がないとどうしようもないからって、レンタカーを借りた。日帰りみたいに、愛知から出て夜中に着いて、必要なものをとって出た。5月頃だな。道路には1尺ばかり雪が積もっていた。新潟、会津の方は雪が深くて。そういうなかを帰ってきた。1カ月の間に名古屋と川内を3回くらい行き来したな」。

　集団生活に別れを告げることができたのは、ヒロ子さんの語りから分かるように、愛知に嫁いでいた娘が避難を快く受け入れてくれたからである。そうして、愛知で避難生活を続けながら、必要なものをとりに帰る生活を送っていた。

　「娘のうちはマンションだから、川内のような農家の家ではないから、やっぱり気を遣ったわな。娘の家族は3人。夫婦と子供。そこに6人で住んでいた。都会のうちは狭い、田舎と違うんだ。それに一切買い尽くしだもの。だからお金を持っていけば良かった。お金を持っていなかったから、気の毒で気の毒で。コメから味噌から一切買ってたもんね、あっちの方は」。

7　川内村への帰村と重なる死

　「震災のあとすぐに、息子が1人、福島で仕事をしはじめた。1人では大変だからということで、夫を連れて夫婦で（川内村に）戻ってきた。5月には戻ってきていた。原発がどうなるかわからない状況で帰ってきたから心配だった。だから1晩泊まっては戻り、2晩泊まっては戻り、川内に来ていた。

　うちに帰ってきて1週間くらいいたな。そのうちに郡山に移転していた役場から電話が来てな。それで仮設住宅へ移った。薬ももらわなければならないし。旦那の体の薬。仮設から船引（船引町）の大方病院まで行っていた。息子は朝7時に家から出て、仮設で両親を車に乗せ、病院まで連れて行った。はぁ夜の夜中だど。だから大変だった、親子ともに」。

　ヒロ子さんの場合は、息子の仕事の都合で思いのほか早く、県内に戻るこ

とになった。とはいえ郡山市内から川内村までは遠く離れており、頻繁に通うことはできなかった。ある時、1週間ほど自宅に寝泊まりしていたところ、役場から仮設住宅に移るように指示があった。ヒロ子さんは、それにしたがって、郡山市の仮設住宅(**写真2-2-2**)での生活を始める。それでもなお、川内村との行き来、病院までの行き来があるため、長距離移動しながらの生活を続けなければならなかった。

「2013年1月まで仮設に入っていた。仮設を離れるときには涙を流した。みんなに世話になったから。別れるのは嫌だったな。川内に帰ってきてまもなく、旦那が救急車で運ばれた。それから3カ月ほどして。闘病生活の末、郡山の星病院で亡くなった。マチにいる弟はその前の年に亡くなった。去年は2番目の弟が亡くなって。それもにわかに。この弟が亡くなって、1カ月ほどで、旦那が亡くなった。だから2015年は、弟と旦那と新盆だった。この4年間は本当に大変だった」。

原発災害では、ヒロ子さんの夫のように不自由な体であっても能動的に生活を送ってきた人が、突如として、能力を奪われた状態におかれていた。もちろん、生活環境が劇的に変わったことに、ハンディキャップを負ったその人自身が適応できなかった側面があることは事実である。しかし、問題はそれだけだろうか。

写真2-2-2　仮設住宅の景観 (西巻裕氏撮影:2011年6月10日)

震災時の避難では、個別的な配慮をすることが困難で、画一的な対応とならざるをえなかった。さらに、避難時には集団での協調行動を強いられていた事実は見逃せない。なぜならハンディキャップを負った生活弱者は、そうした協調行動をとることは困難だからである。自宅では難なく行っていた排せつも、いくつもの他者の顔をぬっていかねばならなくなった途端、気が引けて行けなくなってしまった。つまり選択肢が画一化されているだけでなく、被災者の間でのふさわしい振る舞いに適応できないのである。そのため被災者相互の間で直接的に排除されたわけでなくても、その場にいること自体が、物理的にも心理的にも大きな負担となっていた。やがて、その場から離れざるをえず、生活弱者は震災弱者となってしまうのである。

放射線によるリスクを抱えながらも、無事に帰村できたことに関して、ヒロ子さんはつぎのように語っている。「うちさ帰ってきて、ホッとした。何がなくてもわが家にいられることは、良いことだわ。何がなくても。何十年と住んできたところだから」。しかしこのホッとした気持ちは、たんに自宅に戻ったことだけにあったわけではない。

真新しい夫の遺影を前にして、ヒロ子さんは寂しさとともに、どこか安堵した気持ちがあったように見受けられた。避難生活では夫がいることで多くの困難を抱えざるをえなかった。けれども短い時間であったとはいえ、そうした困難な避難生活の最中ではなく、自宅に戻ってから夫が最期を迎えることができたからである。長年連れ添った夫の最期を帰村して迎えることができたことは幸せであった。そう、ヒロ子さんは語っていた。

【注】

1　福島県郡山市にある福島県産業交流館のこと。「ビッグパレットふくしま」の愛称があり、震災時には県内最大の避難所となった。

【引用文献】

高齢者介護研究会、2003、『2015 年の高齢者介護』厚生労働省。

WAM NET、2010、『要介護状態区分別の状態像』。http://www.wam.go.jp/wamappl/
bb11GS20.nsf/0/cdd50e34aae8e32b4925779000004461/$FILE/20100831_1shiry-
ou_1_3.pdf

2-3 支援が生み出す分断

金子祥之／話者：三瓶カツ子・大和田あけみ

1 支援がもたらすもの

　この章では、被災者を被害から救い出すはずの支援に対して、何故に被災者は不満を抱えざるをえなかったのかを検討する。

　被災者には、外部から支援の手が差し伸べられる。支援には行政による支援であったり、民間による支援であったり、近隣関係・親族関係による支援であったりと、さまざまなかたちがある。外部からの支援があるおかげで、被災者は被害からゆっくりと回復に向かうことができる。

　しかしながら、この章の事例から見出された知見を先取りすれば、支援が絶えず葛藤を生み出している事実がある。そこでこの章では、ある家族の避難生活を記述しながら、この家族が受けた被災者支援の実態を見てみよう。支援がもたらす恩恵だけをとりあげるのではなく、支援の問題点について指摘し、より良い支援のあり方を考えてゆくことになろう。

　ここで扱うのは、離れて生活していた家族である。三瓶カツ子さんは、川内村（7区）で一人暮らしをしていた。震災当時、81歳であった。近くの富岡町には、娘のあけみさん一家が暮らしているため、1人でも何不自由なく住むことができていた。困ったことがあれば、娘夫婦が助けてくれるからである。現代農村の生活構造を分析する徳野貞雄（2014）は、農山漁村の家族が離れ離れに居住しながらも、互いに支え合うことで生活を成り立たせていることを指摘している。この指摘のように、カツ子さんは一人暮らしであるものの、富岡町に住むあけみさん夫婦も含めて生活が成り立っていた。

78　第2部　住民一人ひとりが語る体験

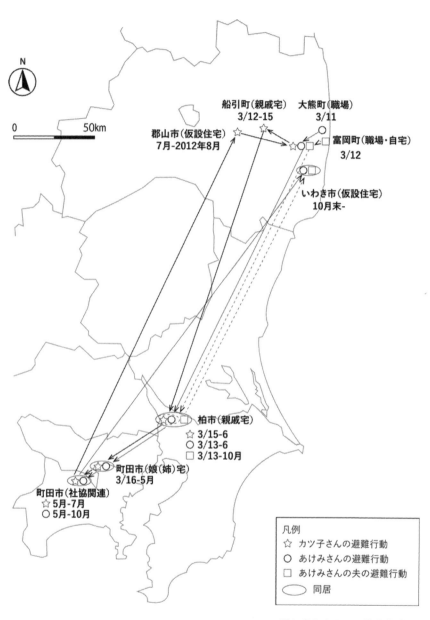

図2-3-1　ある家族の避難行動

この章ではまず、丁寧に発災時の避難行動を見ていきたい。川内村にいたカツ子さんと、富岡町にいたあけみさんが、離れて住みながらどのように避難したのだろうか。やがて、数日のつもりであった避難生活が長期化するなかで、どういった支援が用意されていたのかを検討していこう。

じつは、あけみさんたち家族は発災時には行き当たりばったりのバラバラな避難行動をとらざるを得なかった。一人暮らしのカツ子さん、そして別々の職場で働くあけみさん夫婦、3人はそれぞれ違った避難行動をとる。やがて3人が合流したのは、千葉県柏市に住む親族の家であった。その後、あけみさんとカツ子さんの2人は、親族の家を転々としながら、やがて2人で自立することを目指すという展開をたどった (**図2-3-1**)。

まずは11日から12日までの、あけみさん、カツ子さん、あけみさんのご主人の3人の避難行動を追いかけてみよう。

2　散り散りになる家族—発災時のあけみさん

大地震が起きたとき、あけみさんは大熊町の仕事場にいた。地震の揺れが収まるとすぐに、1人で暮らすカツ子さんに電話をする。しかし電話は通じなかった。不安に駆られ帰宅しようとするが、職場では「まだ行かないで」と止められた。「帰らないで」と。時間とともに不安はつのる一方で、上司に確認をとり、まず自宅に帰った。3月のことであったから、16時頃でも外はまだ明るかった。自宅へは、県道36号線と言う山の方の道を通って行った。路面は地震の影響で、"ガタボコ"になっていた (**写真2-3-1**)。

やっとの思いで自宅につくと、そこは自分の家とは思えない状態だった。「中にあるものが全部落ちてしまっていて。食器とか、炊飯器とか足の踏み場もないようにグチャグチャ」。自宅は生活できるような状況ではなく、また安全が確保された場でもなかった。余震が何度もあり危険な状態であったから、着替えをするだけだった。「グラグラ揺れるなか2階に上って、着替えを用意した。職場の制服だったので、着替えないと困ったから。寒いので。何とか着替えようと」。

写真2-3-1　富岡町内の道路（西巻裕氏撮影：2011年4月7日）

　それから、「すぐ、（川内村にいる）ばあちゃん（カツ子さん）のところに行くつもりだった」。けれども、地震の揺れは収まらない。余震が続くなか、様子を見るため庭に停めた車のなかにいた。とにかく不安で一杯だった。カツ子さんの安否はもちろん、川内村まで道が続いているか、途中で石が落ちて不通となっていないか、そういった心配もあった。

　車に避難をしているうち、区長さんが来て、「大和田さん、今日はたぶん集会場に避難して泊まるようになるよ」と告げた。あけみさんの夫は、富岡町でも海に近い方にある病院で事務をしている。見回りに来た区長さんは、家族の勤め先も分かっており、「海岸側は危険だから、今日は行かれないよ」とも付け加えた。津波が原因だとは分らなかったが、国道6号線から海側が地震で危険な状況であることが伝わった。

　川内村のカツ子さんのもとにも、旦那さんのもとにも行けないため、1人で自宅にいるほかなかった。夫の姉である義姉夫婦がきたのは、その時だった。「義姉は車を職場において、夫婦2人で義母のところへ行くつもりだった。私は区長さんから言われた通り、『お義母さんのところに行けないよ』と伝えた。では、『どうしよう』って。そのうち、どうやら川内は電気がついていることが分ったの。それじゃあ、川内に行ったらどうかって」。

　義姉の家もまた、川内村にあった。義姉の家に着いた時には日が暮れてい

たため、一晩過ごしてからカツ子さんが住むはずの実家に向かうことにした。義姉の家は地震の被害を受けていた。「新築の家でも余震が続いて怖かった」。結局、家のなかで過ごすことはできず、ようやく夕食をとって、車に避難した。カツ子さんのことが頭から離れなかったが翌朝向かうことに決め、車内で眠れぬ夜を過ごした。

3 発災時のカツ子さん

一方で、川内村に住むカツ子さんは、散歩に出かけたところで激しい揺れに見舞われていた。いつものように遊びにきていた茶飲み友達が帰って、とうにお昼を過ぎていたが、食事をとらずに、散歩に出かけたところだった。「それで良かった。もし家にいたら、観音開きの食器棚から食器が落ちてきていた。あの時ご飯をとっていたら、食器が当たる位置に座っていたから、どうなっていたことか…」。

激しい揺れに襲われたのは、川沿いの道路を歩いていた時だった。あまりに揺れが激しいため、とっさに寝転んだ。「雪がプープー吹っかけてくるんだが、その辺の草をつかんで、コロンと寝たの。『川さ落っこちたら大変だ』と思って。揺れが止んだようだなと思って立つと、また揺れるんだ。しばらくやり過ごして、家に帰ってきた」。

震災直後の7区では、一人暮らしのお年寄りを集落で支援するために活動し始めた。そのため、しばらくして、カツ子さんは集落の集会所に呼ばれた。その晩は、地震のあと片づけもしないまま、集会所に泊まった。集まったのは、7人のお年寄りであった。ところが、この晩、カツ子さんたちは、ご飯も食べられなかったと言う。ストーブのまわりにみな集まって、「なんだっぺなご飯持って来ねえだ」と話し、途方に暮れていた。

じつはその頃、集落の役員たちは、お年寄りの世話をする余裕を失いつつあった。富岡町から避難してくる被災者の対応に追われたからである。「富岡からどんどんどんどん人が来ていたから。学校や改善センター（集会所にあたる施設）に、炊き出しだとか支援物資を運んでいた」。

集会所でカツ子さんたちが食べたのは、夜12時をまわって持ってきてくれた、カップラーメンとおにぎりであった。十分な量ではなかったから、カツ子さんは、「明日になればご飯を炊いて、みんなにかせる（食わせる）から」と張り切っていた。ところが翌日の朝には、事態が悪化し始める。

翌12日には、富岡町民の川内村への避難が勧告され、7区の集会所には富岡町から障害者施設の入居者が避難してくることが決まった。それを受けて地元のお年寄りたちは、申し訳ないが出て行ってくださいとの話があった。カツ子さんは、娘（あけみさん）が来ておらず、1人では心細いため、近所にあるカツ子さんの姉の家を頼ることにした。この時、カツ子さんは富岡町がひどい状態になっているとは、思ってもみなかった。

4 夫の状況

海岸に近い富岡町の病院で働く、あけみさんの夫は、間一髪で津波を免れていた。この病院には義母も勤めており、この日は東京の病院から医師を招いて開院をしていた。地震があったのは金曜で、ちょうど東京から来た応援の医師が病院にいる日であった。津波はすぐそばまで迫り、職場に停めた車は水をかぶった。病院にいた3人は津波が落ち着いてから、必要な荷物を持って歩いてあけみさん夫婦の自宅近くにある義母の家を目指した。「自宅までは10キロメートルはあるので、結構な道のり。途中で知っている人にあって、車に乗せてもらい、そんなことをしながら自宅まで歩いてきた」。

ここで異様な光景を目の当たりにする。「11日の夕方。警察も、広域消防も。ものすごい格好だった。何をやっているのか分らなかったと。あとでなるほどって。そのときにはもう、防護服〔放射線防護服〕着てたんだって。それに茨城方面のバスが避難用に集められた」。

11日は電話が使えず互いに連絡をとれないまま、家族はバラバラな状態で一夜を過ごした。あけみさんは、義姉さんの一家とともに川内村で。カツ子さんは川内村の自宅近くにある7区の集会所で。そしてあけみさんの夫は、富岡町の自宅のそばにある母親の家で過ごした。

富岡町にいた夫たちには、思いがけない出来事があった。「お義母さんのうちはオール電化だから、暖房器具何にもないの。地震の1週間前、『使わなくても良いから、1つストーブ〔石油ストーブ〕買っておいたら』と言って、ちょうど買ったところだったの。前の週の土曜か、日曜。それで電気が止まっても何とか過ごせた」。3人はこのストーブをつけ、お湯をわかしてカップヌードルを食べた。風呂も入れないまま、仕方なく和室で川の字になって眠りについた。

翌朝、朝食をとるまえ、富岡町内に緊急の放送が流れた。時間は7時前後だった。「富岡町民は川内村に避難してください」との内容だった。どうして避難するのかを言ってくれなかったので、「どうしたんだろう」と思った。昨日のうちに異様な格好をした人たちを目の当たりにしていたから、もしかしたら原発にトラブルがあったのかもしれないと感じていた。

食事もとらずに、2日分の着替えを持って川内村に向かった。11時頃に、3時間ほどかけて、ようやく川内に着いた。途中の道には、車を棄てている人もいた。「ガソリンが切れたら、棄てて行くしかない」そんな状況だった。夫たちは、避難先として川内村のカツ子さんの宅を想定して移動していた。だが、やっとの思いで着いてみると、カツ子さん宅には鍵がかかっていたため、心配とともに途方に暮れてしまった。

ちょうどそこにあけみさんが合流し、ここでようやくあけみさん夫婦と、義母、東京から来た医師の4人が合流した。だが、いまだカツ子さんの行方は分からないままだった。「そしたらまだいないの、おばあちゃん。私が鍵は持っているので、どこでも開けられるけど…。みんなでここ（カツ子さんの自宅）で寝ようと話をしていた」。

---

5 原発災害と千葉へ行く決断

このとき福島第一原子力発電所は、津波の被害によりコントロールできない状況に陥っていた。やがて建屋で水素爆発が発生し、いよいよ事態は緊迫する。「12日にパーンとなったでしょ。そしたら先生（東京から来た医師）、月曜に手術があるって言うの。だから、どうにかして帰りたいと」。すぐに避

難すべきか迷ったので、まずは車の燃料を確保に努めた。すぐにあけみさんはスタンドに向かった。「スタンドでは、ガソリンをできるだけ多くの人に分けようと、20リットルずつ売っていた。車が小さいので、20リットル入れてもらえば満タンになった」。

　爆発のあと、川内村を離れる決断をする。「21時頃かな、水素爆発の様子をテレビで見たの。そしたら先生は、何とかして帰りたいと。帰れなくなったら大変だから。毛布とか持って、どこで寝ても良いって。とにかく南に向かって欲しいって」。この爆発を前にして、あけみさんは、高校時代の化学の先生を思い出していた。「先生は『放射能、川内に来るからなって』言っていた。先生は原発が大っ嫌いだった。絶対反対。それで気をつけろよと言われたの。発電所がパーンとなったら、放射能が川内に流れて来るから」って[1]。

　避難をためらわせたのは、居場所が分らないカツ子さんの存在であった。「私は、ばあちゃんを迎えに行ってから逃げようと思った。置いてはいけない。だけど主人は、『すぐに帰ってくるんだから、とりあえず避難しよう』と。だから気持ちは半分半分。逃げなきゃいけないのと、迎えに行きたいのと。どうしようと。たぶんカツ子さんの姉のうちを頼ったはずだと思った。それならまず、みんなで避難して、そのあとすぐに私が迎えにくれば良い、そう考えた。それで、置いて行くことになった」。

　東京方面に逃げるため、国道399号線を通って、いわきへ向かった。いわきへの道は、車が行きちがうのも困難な場所が多い、山がちの細い道である。3月とはいえ、福島の春はまだ遠い。夜は、凍えるような気温であった。多くの車が、凍った路面に翻弄されていた。「うちの車はスタッドレスだから良かったんだけど、途中で数珠つなぎ。スタッドレスではない人もいるから、途中で滑って止まってしまう。そうすると、みんなで降りて押してあげて。その車が行かなきゃ先に進めないから。いやひどかったんだから」。

　あけみさんたちが目指したのは、千葉県柏市であった。ここには義母の弟にあたるおじが住んでいる。おじは川内村出身で、普段から親しくしていた。危険が迫るなか電話をかけた。「柏に避難したいことを伝えると、『なんでくるのかな』というような反応。第一原発が爆発したことが分かっていなかっ

た。柏市には翌日の深夜に着く予定だった。すると、おじは『分かった、駅前にホテルをとっておくから』と部屋をおさえてくれた」。

　柏市までの道のりも決して楽なものではなかった。高速道路は不通になっており、国道6号線を通り柏に向かった。その途中には、震災の爪痕が生々しく残っていた。「北茨城市の辺で、道が流されてたりしたの。津波でボコボコの道路だった。夜だからよく分からなくて危なかった。川内を夜9時頃出たのに、柏には早朝3時までかかった。普段なら3時間で着く道のり。車中泊の用意もしていたから、もしきつかったら休んでゆっくり行こうなんて言ってたけど、不安だから一気に柏まで行っちゃった」。

　必死で逃げてきた柏市内のホテルに一泊し、13日朝を迎えると、あけみさんたちは周囲とのギャップの大きさに驚いた。「つぎの日（13日）は、柏のホテルで朝食べたけど、みんな"普通の生活"をしてるのね。わたしなんかすごい格好をして行ったんだから。寒くない格好なら良いと思って、それも昔のコーディロイって言うの、そんなのはいて…。本当に変な格好だった。それにくつ下は破けちゃっていたの。恥ずかしかった。外に出られないよね」。

6　家族の再会と更なる避難

　やっとのことで柏に着くと、川内村ではぐれてしまったカツ子さんの行方が気になった。しかも刻々と状況は悪化し、もはや「川内にはもう帰れないような感じ」になっていた。迎えに行くことは事実上不可能であった。「どうしようと思って、方々に電話をかけたら、船引（田村市船引町）にいることが分かった。カツ子さんの姉の親族がそこにいて避難していた」。

　カツ子さんの居場所が分っても、すぐに迎えに行くことはできなかった。柏市で再会できたのは、15日のことであった。「ばあちゃんをいわきまで送ってもらって、迎えに行った。たまたま避難先の甥っ子が人工透析してるの。震災で富岡町の病院がダメになってしまって、いわき市の泌尿器科のところまで通っていた。1日おきに行くから、病院までおばあちゃんを乗せて来てもらえないかって。水戸までは高速で行けたので、そこから下りて国道6号で。

いやいや時間がかかった。朝早く出たけど、着いたのは2時ごろ」。

　おそらく多くの人は、原発から離れた柏に避難できて、家族も喜んだと思うに違いない。ところが、カツ子さんは、都会への避難を素直に喜べなかった。「ばあちゃんは、夫に先立たれてから、冬の間だけ東京都町田市に住むもう1人の娘（あけみさんの姉）の家へ行くのが決まりごとになっていた。2011年も前年12月から2月の末まで、町田で暮らしていた。だからおばあちゃんにしてみたら逆戻り。2月の末に川内に帰って来たばかりだった。『東京嫌だ、東京嫌だ』と言ってたの。そしたら1週間もしたら、また都会暮らしだった」。カツ子さんは言う。「若い時なら、都会暮らしも良いかもしれない。だけど嫌だど、年取ってからは」。

　船引町の家族・親戚と別れるとき、カツ子さんはこれが故郷の見納めだと感じていた。もう故郷に戻ることはないかもしれないと。みんなに「『おばぁ』っていわれて手を振るんだ、そうするともう帰ってこられないかと思って、涙がポロポロ、ポロポロ出てきてな」。原発事故が甚大な被害であることが明らかになるにつれ、家族にとっては、これが一時的な避難ではなく、故郷との今生の別れを意味するように思われていた。

　柏で再会したばかりの家族は、翌16日、再び離れ離れになる。あけみさんの姉が住む、町田に移動することになった。柏のおじを頼ってさらに別の家族が避難してくることになったため、近くに頼れる家族のいるあけみさんたちは、おじの家を離れることに決めた。「おばあちゃんと私だけ町田に行った。いくらおじさんの所にも、部屋があると言ったって、7人も8人も避難してきたら気の毒だから。『私たちは町田に行くから』と言って柏を離れた」。

　町田の姉の家に移ってからも「気の毒な気持ち」は付きまとっていた。「母と私は、そのまま町田の姉の家にいるようになった。3、4、5月まで姉のうちにいた。いや、水道料はすごいわ。メーターを測りに来る人が『何か故障してませんか』って。電気もガスも。倍になっていたから。お風呂だって6人も7人も入るから」。姉家族に、あけみさんとカツ子さんの2人が加わっただけだが、人数が増え、また生活リズムが異なるため、このような結果になっていた。

7 初期避難を支えたもの—家族・親族関係

　12日の朝、富岡町を離れて川内村に避難したとき、多くの被災者は、これほど長期にわたって避難することになるとは全く考えていなかった。そのため、必要最小限のものしか持っておらず、「気の毒な気持ち」を感じても、何かお返しするすべもなかった。

　あけみさんたちは、柏市まで長距離避難をしたため、一時的に自宅に戻ることは困難だった。また、避難先の生活環境が落ち着いた時には、今度は警戒区域など規制がかかり、自宅に戻ることは法的に禁止された。「今思えばなんだけど、富岡の人たち、12日の夜、お金とかお財布とかみんな取りに戻ったんだって。私も車があるんだから、そうすれば良かった。印鑑とか。私たち何も持ってこないもん、仕事用バッグだけ。このころは、まだ警戒がうるさくなくて、『取りに来ました』といえば、12日、13日、14日くらいまでは入れたんだって。そのあとはもう厳しくて、富岡には入らせなかった。だから私も今思えば、着替えとか1週間分くらいと、印鑑とか大事なもの持ってくれば良かったと思ったもん。まさかそのまま自分のうちに帰れないとは思わなかった。2、3日で帰れる、そう思っていたから」。

　川内村でもカツ子さんの自宅がある7区は、やがて警戒区域となった。「4月に一度川内に来て、お米を持って行った。ばあちゃんはみんなにお土産を渡したくて、シミモチを130個持って行った。富岡のはもう食べられないけど、川内は大丈夫だと思ったから。4月ごろ。夜中に灯りつけてガサガサやっていたので、見回りの人がきた。『何やってるんですか』って。『東京から米とか大事なものを取りに来たんです。すぐ戻ります』。そう伝えると、『鍵を閉めて、気をつけて帰ってください』と言って見逃してくれた。川内も警戒区域になっていたから、本当は入れなかった」。

　このように震災直後から3カ月程度の被災者家族の動きを見てみると、家族、親族のネットワークを生かして、相互に支援をしあっていたことがわかる。あけみさんたち家族は、震災によって散り散りになり、カツ子さんとは離れ離れになってしまう。それでも、カツ子さんは姉家族に助けられ避難を

することができていた。柏市へ避難したのも、親戚の縁を頼った行動であった。

けれども、時間がたつにつれ、親戚や家族という近い関係であるがゆえに、これ以上迷惑をかけられない、「気の毒な気持ち」が強くなる。もう少し頼りにしたいことと、これ以上迷惑をかけられないとの間で葛藤を抱える。ちょうどその頃には、公的あるいは民間の被災者支援が力を増してきていた。こうした被災者支援の手を借りながら、避難を継続することになる。ところが、新たな支援の手は、家族間の支援でみられた「気の毒な気持ち」とは違った形で新たな葛藤を被災者にもたらした。

つぎに避難が長期化するなかで、なぜ被災者は支援に対して葛藤を抱えなければならなかったのかを見ていくことにしよう。

8 「住むところ」を求めて―支援のもたらす葛藤

町田の姉のうちに移ってから2カ月が経過した5月の半ばころ、あけみさんたちは、公営住宅〔都営か市営の公設住宅〕を探しはじめた。姉のうちに、いつまでもいるわけにはいかない、そう感じ始めていたからである。「ずっといるのも悪いじゃない。4LDKだけど、和室を2人で使って、御主人と息子さんが1つずつ部屋を持って、お姉ちゃんはこっちの部屋に寝たり、あっちの部屋に寝たり。そういう状況だったの。姉の娘が5月の連休で家族を連れて戻ってきた。そうするとね、もう一杯なの。孫を連れてきたから」。

避難の長期化に合わせるように、被災者向けの住宅支援がはじまっていた。東京都でも被災者用の公営住宅の募集が行われていた。「都庁まで行って、抽選をしてきたの。第一希望は、町田市内。担当の方とも相談して、ここが良いってことで、ちゃんと現地も見学していた。姉のうちからも遠くはないし、ここならって」。

抽選の結果は当選であったが、希望とはかけ離れたものだった。「当たったの。私とおばあちゃんと喜んだ。『当たった！』って。だけど、ふたを開けてみたら、場所が八王子だった。八王子って言ったらね。全然知らないところだし、町田からでは車なしで行き来できない。これじゃあ、全然意味が

ない。それで、別に入りたい人がいればどうぞって断ったの」。

　町田市から八王子市までは、JR 横浜線を利用すれば 30 分程度の距離であるから、まったく通えない距離ではないと行政側は判断したのかもしれない。2 つの市の中心部から中心部までは、20 キロメートルほどである。しかし、これまで転々と避難を繰り返してきた親子にとって、まったく知らない土地に、しかも今度は頼りもなしに移り住まなければならない。その意味で物理的な距離以上に、心理的に遠い土地であった。そのため、せっかくの機会を活かすことはできなかった。

　もしこのとき、公営住宅に入っていれば、手厚い支援を受けることができた。「ふとん、洗濯機、冷蔵庫など 7 品かな、日本赤十字社からもらえることになっていたの。住宅に当たった人には。だけど、断りをいれたから、私たちはもらえない。私は赤十字だか、役所だか、あれを恨んだわよ。なんで町田にしてくれなかったんだろうと。『町田が良いですね』と言っていたのに。下見にも行った。それが当たったって言ったら、八王子と言われてがっかりした。どうにも遠いもんね、町田からは」。

　公営住宅への入居をあきらめてから、あけみさんたちは、町田市の社会福祉協議会（社協）を頼った。何日か過ぎて、社協から町田市内の無線機をつくっている会社（オンザウェイ）の紹介を受けた。「この会社がマンションを持っていて、満室だったのを 2LDK の部屋、自分の家のおばあさんのための部屋を貸してくれるようになって。ただ借りる前に面接を受けて欲しいと。それで行って来たの」。面接に行き、窮状を伝えると、明日にでも引っ越してもらって構わないという返事をもらった。この会社は、2000（平成 12）年の三宅島噴火のときにも、物資の支援をした経験があった。

　あけみさんたちにとっては、久しぶりに、気兼ねなく生活できる場が確保された。新居に入ると、待っていたのは思い思いの支援だった。「会社の人たちが、思い思いに持って来てくれた。パジャマとか、ふとんだとか、食器とか、持ち寄って。古いのでも良かったらって電化製品も持って来てくれた。それから、ばあちゃんのことを見て、『うちの母と同じくらいだから、これで良かったらどうぞ』と着るものとか。本当にお世話になったね。申し訳な

くって、もう一度赤十字社に、支援物資がもらえないか電話したの。それでも、公営住宅の入居者しかあげられないと断られた。公営住宅の人にしかあげられないと」。

町田市で親子2人の生活が始まると、もう福島へは帰れないと覚悟し、あけみさんは職を探し始めた。しかし、順調に進んだわけではなかった。始めに応募した職場では、「被災者であること」で、敬遠されてしまう。「近くの大学の食堂。だけど、連絡すると『あなたにはできないと思いますよ』なんて言われてしまった。被災者だから、すぐ帰ったり、辞めたりしたら困るから、そういう言い方で断ったんだと思う。1カ月くらいで、また『すみません、やっぱり辞めます』なんて言ったら、面倒だもんね。地元の人なら、そうではないんだろうけど、被災者だから怖いなと思ったんじゃないかな。ショックだった。だけど、仕事なんかなんぼでもあるや、とあきらめた」。

つぎに見つけたのは整形外科のスタッフの仕事だった。この整形外科では、三宅島の被災者〔三宅島噴火の被災者〕の方が1年働いていた経験があった。「町田の永田整形外科に勤めた。そこの先生良い人だった。"こんななまってる人"でも使ってくれたんだから。良い先生だった。スタッフも。午前と午後4時間ずつ働き始めた。恵まれたね。本当にお世話になったの。もう言葉では言い切れないほど、良くしてもらった」。

9　県外避難の選択と情報格差

ようやく落ち着いた生活を取り戻したが、それは長続きしなかった。まず住む場所の問題があった。「マンションを借りられるのも11月まで。5月から6カ月間。11月からはどこか探さなければいけなかった」。しかも問題は、それだけではなかった。

カツ子さんにとって、都会暮らしが限界に近づいていた。知り合いのいない場所での生活と、車が多く外も歩けない環境に馴染めないでいた。「町田の中心部で、バイクとか自転車が多いの。おばあちゃんが歩くと、1回1回よけなくてはいけない」。代わりに部屋の中を「正の字」を書きながら、毎日

1000 歩ずつ歩いていた。

　結局カツ子さんは、一足先に福島に帰る決断をする。2 カ月町田市にいて、川内村の自宅に戻った。カツ子さんは「群馬で働く息子のことよばって (呼んで)、『ばあちゃん帰るの』『おら都会は、はあ、嫌だ』って、『言葉もできねえし、だから帰る』って。『町田まで来い』って」。将来の見通しも立たず都会に住み続けなければならないつらさが、帰村という判断につながった。いまだ帰宅が認められていない時期であったから、川内村の自宅に戻ると、郡山市内の仮設住宅に移るよう指示があった。それから、カツ子さんは仮設住宅での暮らしをはじめる。

　一方であけみさんは、せっかく見つけた仕事があるから、すぐには帰るわけにいかなかった。「福島に帰ってきたのは、10 月の末。病院は 18 日までの勤務。結局は迷惑かけちゃったんだけどね。また新しい人を雇わないといけない。私の代わりに」。

　福島に帰ったあけみさんは、県内避難と県外避難の間で情報格差があることに気づく。金銭的な支援の一つである補償問題も、この時期からだんだんと話題になっていた。「だけど面白いの、補償とか分からないじゃない。地元で避難した人たちは賢いのよ。私たちは、県外に避難してしまったから、そういったことが分からないの。着の身着のまま避難したから、着るもの買ったりするでしょう。そのレシートを持っていれば、補償金もらえたんだって。私たちは知らないでしょう」。

　福島に戻る 11 月まで、東京電力からどういったかたちの補償があるのか、情報はほとんど入ってこなかった。「だから東電の人たちに言ったのよ。『あなたたちだって、もし避難することがあったら、避難先で着るものとか買うでしょう。下着とか、くつ下とか、ジーパンとか。どんなに少なくたって、3 組くらいは買ったと思うよ。それがレシートがないから補償できないって言うのはおかしいでしょう』と。けれど、『レシートをとってないとダメなんです、補償にならないんです』と一点張りだった。レシートなんかとっておかないじゃない」。

　もっとも何が補償の対象となるのか、東電の側でも、この時点では、明

確に答えられないものも少なくなかった。たとえば、クリーニング代がある。あけみさんたちは、一時帰宅のときに、「よそ行き」を持って帰ってきた。汚染されたものをそのまま着るのは嫌なので、せめてクリーニングに出そうと思った。例のレシートの件があったから、補償の対象になるか、東電に問い合わせた。すると「分かりません」という答えだった。「持ち出した服を全部かけたら、何万になっちゃうでしょ。コートとかそういったもの。靴とかもクリーニングかけた。そんなんだから、『なんかもういいや』と思って、それ以上尋ねも、請求もしなかった」。

　その結果、少なくとも、発災時の即時的な金銭補償に関しては、大きな格差が生じてしまった。「だから結局、もらった人はもらっていて、もらっていない人はもらっていない、そういう感じになっている。4月、5月の買い物にしても、別に高価なものを買いたいのではないのだから、一律に『下着代です』と渡してくれれば良かったのにと思う。1人2万なら2万と決めて。買わなくて済む人なんていないのだから。初めはみんな、2、3日で帰ってくると思って出てきたんだから」。

10　帰宅と2つの被災者─支援のもたらす分断

　福島に戻ってきたあと、カツ子さんは郡山市内の仮設住宅に、あけみさんはいわき市内の借り上げ住宅に入った。

　カツ子さんは川内村への帰村を強く希望しており、2012（平成24）年6〜7月の除染が終わると、すぐに自宅に戻ってきた。除染前の自宅内の空間線量は、0.5マイクロシーベルト〔μSv/h〕であった。除染の基準値は地表1メートルで0.23マイクロシーベルトとなっているため、屋内でも基準値を超えるレベルであったことが分かる。「7区は少し高いの。20キロメートル圏内だから。7区の奥の方の家は、もっと原発に近くなる。だから建てたばかりのうちだけど、子供がいるから帰ってきていない人もいる」。

　あけみさんの住むいわき市内は、また違った理由で住みやすい状況ではない。第一原発の近隣から避難してきた人たちが多く暮らしている。「スーパー

なんてすごいの。いつ行っても混んでる。だからもともと住んできた人たちが怒るのも、たしかなの。いままでいた人が、不便になっちゃって。だから近所にあいさつするときでも『どっからきたの？』と言われて、『双葉郡[2]です』と答えるとあまり良い顔をされない」。

　同じ東日本大震災の被災者でも、双葉郡の住民といわき市内の住民では補償が大きく違っている。双葉郡の被災者は、原発災害の直接的な犠牲者であるため、補償の額も大きくなる。一方で、空間線量こそ高くないものの、原発から30キロメートル〜40キロメートルに位置し、津波の被害も受けたいわき市民には、手厚い補償はない。「それに原発の避難者のなかに、確かにおかしな生活をしている人がいるのも事実。毎日出前をとっているような人。30代なのに働かないで、補償金をあてにして生活をしている。高級車の販売台数が、いわきが日本で一番良かった。いわき支店が表彰されるくらい。それだから、双葉郡の被災者に対して当たりが強くなっている。私も借家の駐車場に五寸釘をまかれたこともある。車のタイヤが全部パンク。仕方なく防犯カメラをつけないといけなかった」。

　いわきに住み続けてきた人の中には、「被災者の復興住宅なんか、遠野（いわき市遠野町）、田人（いわき市田人町）など、市街地から離れた山の中に作れ」と言う人もいる。「アイツらの団地は山奥に建てれば良いんだ」なんて。そう言いたくなる気持ちもわかるが、それでは「双葉郡いじめ」になる。原発被災者に対するあたりが厳しくなっている。「『原発の人』と、みんなひとくくりにされてしまう。被災者だってそれぞれなのに」。

　このように補償をめぐって、同じ「東日本大震災の被災者」であっても、その間に軋轢が生じている。この軋轢は、災害被害への補償の仕組みの相違がもたらした被災者間の分断であり、その意味で社会的に構築されたものであることがわかる。

11　硬直化する公的支援

　あけみさんたちは先行きの見えない富岡町を離れ、落ち着いた生活を始め

たいと考え始めている。富岡町の自宅は悲惨な状況である。「このあたりは
一番盗難が多かったって。夜ノ森（富岡町夜ノ森）だけで、何百点何千点と盗
まれた。住んでいた地区は、14軒あって2軒だけ泥棒に入られなかった。あ
とは全滅。うちはこの間捕まった犯人にやられた。犯人が自白したみたい。
それで警察から電話がきたの。『お宅さんに、泥棒に入ったらしいんですが、
何を盗られましたか？』って。分んないって。いや～分からない。もうグチャ
グチャだもん。『何を盗られましたか』なんて、分かるわけがない。

　いくら住めない家だからと言って、他の人に入られちゃ嫌だ。それも土足
で入ってるんだから。1日遊んでたんじゃないかな。うちで。分らないもん
ね。よその人がいたって。いわきナンバーの車だったら、誰か回ってきても『う
ちのです』と言われたら。3人くらいいて、誰か残って、その家の表札と同じ
名前を出したら、誰も不審がらないでしょ」。

　4年間で誰もいない家は、あきらめるしかない状態になってしまった。「家
は臭くなってしまった。家だけじゃない。嫁入りのとき、布団を何組かもっ
てきたの。箪笥だってね、親は一番良いものを持たせた。それなのに嫌ね。
アルバムもあきらめた。何もかもあきらめた。捨てるしかない。もったいな
いけどしょうがない。泣くようだよ」。家だけでなく、思い出のつまった家
財道具も持ってくることはできなかった。

　あきらめるほかない家には、さまざまな公的支援が用意されている。しか
し、そうした公的支援の中身を、一つひとつ十分に理解できている住民など
いない。そのため、公的支援には及び腰になっている。たとえば除染がある。
「いま除染の同意書を出すように言われている。提出してくださいと何度も
電話が来た。業者に頼むと除染の時に粗大ごみを持って行ってくれる。ただ
一度頼むともう頼むことはできない。一度冷蔵庫でもなんでも持って行って
もらうと、もうつぎは回収しない〔2016年から複数回頼むことができるよう
になった〕。聞いてからやらないとね。こういうのもキチンと調べないと」。

　「富岡にはもう戻れないと思う。ベランダに竹の葉がつまって、水でプー
ルになっちゃったの。うちのベランダの上がちょうど居間で、それでシミだ
らけになってしまった。それでも半壊なんだって。ただ、半壊だと町のほう

で全部壊してもらえる。もう帰れないので、壊してもらうつもり。家を壊すのも疲れるね。ただ本当に壊した方が良いのかどうか。建物を壊すと固定資産税が上がるという話もある。いまは税金を取られていないけれど、そういった部分はどうなるのか」。

「一生のうちに何度も新築に住めて良いな」って感じる人がいるかもしれない。「だけど現実はそうじゃない。こんなになる前に戻してもらった方が良い。50過ぎて、また家を建てなきゃならないなんて。もう疲れる。いまさら間取りなんて考えたくもない。一生のうち一度でたくさん。前に一度考えたのに、また、1軒建てなきゃいけないって大変だよね。年取ってから。普通の生活がしたい」。

12　支援の境界線—誰が被災者なのか

「わたしたちは、どこに行ってもみんなにお世話になった。本当に良くしてもらって——」。あけみさんたち家族は、涙ながらにこう繰り返していた。発災時の親戚からの支援、そして生活再建を目指すなかでの民間からの支援、そして復興に向けての公的支援など、色々な支えがあった。けれども、この発言の裏には、さまざまな良くしてもらえなかった経験がたしかにある。そのことが、支援の手を差し伸べてくれた人への感謝の念を一層深くしている。

もちろん被災者にとって、支援の手は必要不可欠なものである。しかし、支援を受けることで、被災者の間に葛藤を生み出していたことは見逃せない。とくに加害企業からの補償、そして公的支援がもたらす葛藤は、被災者に心労ともいえる徒労感を与えている。なぜ、本来、被災者の救いとなるべき支援が、葛藤を生じさせているのだろうか。

この章で見てきた家族は、避難生活においてさまざまな葛藤に直面したが、その一つひとつは、現場にいない第三者にとっては「小さな問題」と感じられるかもしれない。東電から避難中に購入した生活物資の補償を受けられないと聞いた時、あけみさんはどうしても我慢が出来なかった。わずか数万円にすぎない補償について、どうしても我慢ならなかった理由は何だろうか。そ

の理由を金銭的な問題のみで理解することはできないだろう。

　そこで明らかになるのは、支援という行為がつねに明確な境界線を引いていく行為であることである。これを「支援による分断」と呼んでおこう。「支援による分断」は支援者の側において正当性をもっている。支援は際限なくできるものではないから、支援にあたっては、つねに"支援を受けるべき対象"を決めざるをえない。そのことは、裏を返せば"支援を受けられない対象"を決め、そうした存在に支援しないことを過度に正当化しているように見受けられる。

　避難生活を送らざるをえなかったあけみさんたちにとっては、自分たちは、原発災害という公害の被災者であるのだから当然に補償を受けられると考えていた。ところが証明書としてのレシートがないことにより、支援を拒否される。そのことは、あけみさんたちにとって、支援を拒否されたこと以上に、加害企業から「支援を受けるに値しない存在」であるとのラベリングを付与された効果をもった。これが被災者家族にとっては、アイデンティティを否定され、大きな徒労感となっていた[3]。

　「あなたは被災者ではない」と烙印を押されたように受け止められたからである。こうした徒労感は、希望する公営住宅に入れてもらえなかったとき、そして支援物資を受け取れなかったときにもあらわれていた。これらの場面では、支援者が親身に状況を確認してくれていたからこそ、結果的に支援の手から零れ落ちたときの徒労感は一層深いものになっていた。

　ところが反対に、今度は、自分たちが原発被災者として支援の対象となった時、支援の手を差し伸べられない津波被災者からの怒りを買うことになった。「支援による分断」が被災者間でも生じてしまうのである。つまり、支援する／支援を受けることは、社会的な葛藤を絶えず生じさせることを、私たちは理解する必要がある。第三者にとっては小さな事柄であっても、被災者は支援から拒絶されることによって、否定的なラベリングを付与され、言い知れない絶望感に襲われることになっていたのである。

【注】

1 「普通だったらこっちに来るものが、飯舘方面に流れた。浜からの風は、こっちに吹くのがほんとなんだ。5月だったら、間違いなく川内が、すぐには帰れない土地になっていた。浜風でこっちに吹いてくるから。田植えのころは浜からの風が吹く。ただ3月だったから、北向きに流れた」(あけみさん談)。

2 双葉郡は川内村のほか、大熊町・葛尾村・富岡町・浪江町・楢葉町・広野町・双葉町の6町2村により構成される。いずれも原発に近接する自治体であり、双葉郡は今回の原発災害により大きな被害を受けることとなった。

3 本章の知見を整理する際に、佐藤恵の議論に学んだ。佐藤は震災時の障害者支援を「アイデンティティ管理」という視点から分析している (佐藤恵 2010：74)。「アイデンティティ管理」とは、P.L. バーガーの議論 (Berger1963=1989) を参考に、被災者がしばしば、災害という出来事を契機として、否定的ラベリングを付与されることに注目している。佐藤が明らかにしたのは、そのことにより、被災者が否定的アイデンティティを構成し、その結果、二次的・三次的被害をこうむる過程と、それらを克服するすべとして別の「社会的承認」を受ける過程である。本章の事例からもわかるように、否定的アイデンティティの構成は公的支援をめぐって一層深刻化していた。

【引用文献】

佐藤恵、2010、『自立と支援の社会学―阪神大震災とボランティア』東信堂。

徳野貞雄、2014、「限界集落論から集落変容論へ」徳野貞雄・柏尾珠紀『家族・集落・女性の力』農山漁村文化協会。

チャールズ・マクジルトン、2013、「支援を拒む人びと―被災地支援の障壁と文化的背景」トム・ギルほか編『東日本大震災の人類学』人文書院。

Berger P.L., 1963, Invitation to Sociology, Anchor. 水野節夫・村山研一訳『社会学への招待』思索社。

2-4　医療従事者の葛藤

野村智子／話者：井出弘子

1　役場職員の夫婦

　本章では、川内村の医療に従事していた女性に目を向けたい。大災害に見舞われながら、彼女は医療者としてどのような役割を担ったのか。そのなかで犠牲にせざるをえなかったものや、当時の葛藤の様子をこの女性の語りを通してたどってみたい。

　井出弘子さん（当時56歳）は、地震発生当時、川内村国民健康保険診療所に係長として勤務していた。診療所は川内村役場保健福祉課医療係に属し、弘子さんはそこで役場職員として40年近く働いていた。またご主人の寿一さん（同56歳）も、当時、川内村役場の総務課長を務めていた〔寿一さんの聞き書きは2-1で扱った〕。夫婦それぞれが、川内村職員として重要な役割を担っていたのである。弘子さんは、ご主人とお義母さんの3人で、川内村上川内（1区）に暮らしていた。夫婦とも川内村で生まれ育ち、弘子さんの実家や妹家族、親戚の叔父、叔母なども川内村に住んでいた。子供たちはすでに結婚し、息子は松戸市（千葉県）に、娘はさいたま市（埼玉県）で暮らしていた。

2　地震発生直後―診療所での対応

　弘子さんが勤める診療所は、川内村の保健福祉、医療を行う複合施設「ゆふね」内にあった。この施設は新しい建物で、耐震性は良好であった。地震発生時は揺れが大きく長いと感じたが、棚から物が少し落ちた程度で、建物

に大きな被害はなかった。

　しばらくすると、地震により怪我をした人や、転んだ人などが診療所に運ばれて来た。そのなかには弘子さんの叔父もいた。表にでたときに、落ちた鬼瓦につまずいて転び頭を打ったという。診療所では外傷を負った人に対し、内科医が麻酔なしで縫合するなどの緊急処置が行われた。

　地震があった 11 日、弘子さんは普段通りに家に帰った。翌 12 日は土曜日で休診日である。親戚の四十九日法要があり、朝早くから親戚の家に集まり法事の支度をしていた。ご主人も出席する予定だった。

　そんななか、役場にいたご主人から電話があり、すぐに診療所に向かうよう告げられた。この朝早く、福島第一原発の 10 キロメートル圏内に避難指示がだされ、川内村は富岡町の避難者受入れを決めたためだ。ご主人は、富岡町からの避難者の一部が診療所にも来ることを予測し、弘子さんに出勤するよう指示したのである。弘子さんはすぐ診療所に向かったが、道路はすでに富岡町から来る車が数珠つなぎとなり、動けない状態であった〔口絵写真 i 参照〕。それは川内では今までに見られない光景だった。

　さらに進むと、ガソリンスタンドに車が列をなしていた。弘子さんは車の列とは反対方向に進んで行ったが、診療所の近くで動けなくなり、消防団員の誘導で田んぼのあぜ道を通ってやっと診療所に着くことができた。

　診療所では、内科と歯科の診療を行っていた。医師の他に看護師が 4 名、医療事務員 1 名、歯科の補助員と歯科衛生士が各 1 名おり、係長として弘子さんが勤務していた。1 日の患者の数は 30 名程で、多い日でも 40 名を超えることはなかった。

　診療所に着くと弘子さんはすぐに、医師や看護師に連絡を取り始める。内科医は平日、診療所近くの宿舎にいたが、金曜日にいわき市の自宅に戻っていた。富岡町民の避難状況を伝え、診療所に戻って来るよう頼んだが拒否された。また歯科医とは、全く連絡が取れなくなっていた。その間、富岡町から避難して来た医師と、大熊町の県立大野病院から来た医師らの協力を得て、通常の 10 倍以上の人数の患者に対処した。県立大野病院からは医師の他、看護師や薬剤師とともに、入院患者も避難して来た。診療所の内科医とは役

場職員が連絡を取り続け、2日目にやっと診療所に戻って来た。

　富岡町から避難して来た人たちのなかには病気の人もおり、彼らは薬を何日分も持たずに来ていた。診療所では、院内処方を行っていたが、一人に多くの薬を渡すことできないため、3日分に限定して渡した。しかし、3日経つとまた患者が薬をもらいに来た。眠れないから、安定剤が欲しいという患者が多かった。

　診療所にはみんな土足で出入りしていたため、広域消防の職員が入り口で放射線量の計測を行っていた。計測結果に応じて、入所の許可や靴を捨てるなどの指示がだされた。職員のなかでも、医療福祉課長は役場との間を行き来するので、防護服が支給された。防護服を着た課長はマスクをして、目が少ししか見えない状態であった。弘子さんたちは、課長の姿を珍しがって写真を撮っていたが、しばらくして、今まで他人事のように思っていたことが現実なのだと気付いた。

　12日、原発から20キロメートル圏内に避難指示がだされた。診療所が位置する複合施設(ゆふね)は20キロメートル圏外とされていたが、ほぼ20キロメートル圏に位置していたため、そこで働く人たちは、診療所が意図的に圏外にされたという疑念を抱いた。危機感を持った内科医は、診療所を閉鎖すべきだと強く主張した。15日になると薬もなくなり、「自分は、職員たちを守らなければならない」と、役場に対して診療所の閉鎖を直訴した。川内村出身の広域消防署長が、「大丈夫ですよ。こんなの大したことないんですよ」と説得に来たが、内科医は「何言ってるんだ。ここは危険なんだ」と、断固として閉鎖を主張した。

　原発をめぐる状況はさらに悪化し、15日には川内村全域(30キロメートル圏内)が室内退避区域に指定された。これにより同日午後(15時)防災無線で、川内村民と避難者に自主避難が伝えられた。診療所では、医療福祉課長が職員全員に対し全村避難となったことを報告した。このような経緯の末に、村長が診療所の閉鎖を決断した(**写真2-4-1**)。閉鎖が伝えられると、そこにいた看護師たちが泣きだした。それほど不安な気持ちを抱えながら、医療スタッフたちは業務を続けていたのだった。

写真2-4-1 診察は3月15日10時終了の張り紙（西巻裕氏撮影：2011年4月26日）

　診療所の閉鎖は決まったが、弘子さんは責任者として診療所に残ろうとしていた。「最初は、若い人たちは逃げなさいと。私たちは、残っても大した影響がないからと思ったのね。課長を一人で置いておけなかったし、何か役に立てればと思って」と当時を回想する。医師や看護師は帰ったが、医療福祉課長と保健婦は残っていた。保健福祉、医療の責任者3人で診療所に残ろうと話した。しかし、課長が2人を気遣って「女の人は、帰りな」と言ったことを受け、弘子さんは避難することに決めた。

3　娘のいるさいたまへの避難

　川内村の電話は富岡町の局舎を経由しており、13日から全く通じなくなっていた。しかし、山の上にある航空自衛隊の基地〔大滝根山分屯基地〕の周辺は携帯電話がつながった。それを知る人たちは基地の近くまで来て、車の外にでて話していた。弘子さんも、仕事が午後10時頃までに終わったときは、そこから娘さんのところに連絡をした。後に、基地周辺は川内村で放射線量が高い場所のひとつと発表された場所だが、そのときはみんな雨が降っても外にでて話をしていた（**写真2-4-2**）。

　15日の夜に避難するときも、基地まで行き、娘さんと連絡をとっている。

写真2-4-2　基地周辺で電話をかける人びと（西巻裕氏撮影：2011年3月14日）

　診療所から解放され、午後9時過ぎには家を出ると伝えた。そのときも雨が降っていた。弘子さんは家に戻り、着ていたものを脱いで庭に捨てた。散らかるのが少し気になったが、もう帰って来られないと思い、上に着ていた物はとにかく脱ぎ、靴も捨てた。

　それから避難の用意をした。当時弘子さんのお義母さんは、何で連れて行かれるのか分からなかったようだ。寝ていたお義母さんを起こし、でかける用意をするよう伝えた。いざ車に乗って出ようとすると、お義母さんの荷物は小さなバッグが1つだけだった。弘子さん自身もそのときは、ただ夢中で貴重品やら何やらをバッグや袋に詰めただけだった。お義母さんが持って来たのは、下着と靴下とあと1枚のシャツだった。避難するとき弘子さんは、「もうここには、帰って来られないんだなぁ」と思った。

　地震の直後からご主人と話すことができなかった弘子さんは、「おばあさんと一緒に娘のところに避難します」と家に書き置きを残してきた。役場にいることは分かっていたが、電話は通じなかった。そして、帰って来たら書き置きを見てくれるだろうと思っていた。しかしご主人は、夜遅く帰って来てそのまま寝てしまい、翌朝起きてこない二人の部屋を見て、初めて誰もいないことに気づいた。「あっ、俺のこと置いて逃げたなぁ」と思ったらしい。

午後9時過ぎに車で家を出た弘子さんは、お義母さんが寝られるように後部座席に座らせた。寒いので毛布を被って横になるように言った。しかしお義母さんは弘子さんに気を遣い、途中居眠りをしながらも、さいたままで付き合ってくれた。

弘子さんは、長距離を運転したのはそのときが初めてであった。川内村から郡山市に向かったが、高速道路が通れないため、郡山市から国道4号線を走った。道がところどころ封鎖されており、回り道を余儀なくされた。さいたままで行ける量のガソリンは残っていなかったため、弘子さんは途中で娘に、「行けるところまで行く」と伝えた。心配した娘は友人に連絡して、「知り合いが泊めてくれるって言うから、宇都宮まで来て」と言った。そこは娘の元同僚の家で、小さい子供がいると聞いていた。弘子さんは放射線被ばくを気にして、その家で世話にならずに、できるだけ遠くまで行こうと考えた。

そろそろガソリンがなくなるかなと思ったとき、矢板市〔栃木県〕で営業中のガソリンスタンドを見つけた。他のガソリンスタンドでは、10リットル程しか入れてもらえないと聞いていたが、「満タンいいですよ。なくなれば終わりですから」と店員から聞き、満タンにしてもらった。「本当に嬉しかった。ありがとうございますと拝みたい気分だった」と弘子さんは声高に語った。彼女はそのときのレシートを、今でも大切に持っている。

それからまた一般道路を走り続けた。やっとの思いで娘の住むマンションに着いた。そのときの安堵感は、計り知れないものであった。

以前、ご主人の運転する車に乗せられて来たときには、周りの風景からどの辺を通っているかを知ることができた。しかし、このときは周りが暗くて何も見えないうえ、いつもと違う道を通っていた。弘子さんは当時の状況を、「私の行くところは、どこなんでしょうって感じだったね。無我夢中ってやつですよね。そういうときは、凄い力がでますよ。自分でもよく行けたと思うけど」と話す。結局一睡もせず、9時間一人で運転した。娘の家に着いたのは、翌朝6時を過ぎていた。

4 ビッグパレットふくしま（郡山）へ

　弘子さんが娘の家に到着した翌日（17日）に、ご主人から郡山市に来るよう連絡が入った。「今、郡山のビッグパレット〔複合コンベンション施設〕に避難している。相当数の患者がいてパニックを起こしている。富岡の保健婦さんたち医療関係者が働いてくれているのに、川内の医療関係者は誰も来てない」と告げられた。思わず「エー、あんな思いをして昨日来たばかりなのよ。ちょっと待って。帰るだけの燃料もないし、新幹線も通ってないから…」。

　郡山市までならば、何とかガソリンは持ったかもしれないが、何かにかこつけて行けない理由を探した。「やっとさいたまに着いてホッとしたのに、何で戻らなきゃいけないの。クビにするんだったらしてもいいよみたいな感じで。絶対戻らないって思ったね。行きたくなかった。本当に行きたくなかった」。東京に避難していた妹さんからも、「もう戻っちゃダメだよ」と言われていた。でも「行かない」とは言えなかった。

　すぐに郡山市に戻るという心境にはなれずにいたが、弘子さんは医療福祉課の課長と連絡を取った。課長からも、「もし戻って来られるならば、看護婦さんたちみんなにも連絡して、戻って来て欲しい」と言われた。

　課長から戻って欲しいと言われたこともあったが、ビッグパレットに川内村の医療関係者が不在であることに心を動かされた。役場の職員として、そして診療所係長としての役割を果たそうとした。

　連絡が取れた看護師は2人だけだった。大玉村〔福島県安達郡大玉村〕の実家に行った人と、宇都宮市〔栃木県宇都宮市〕に避難した人だった。もう1人には連絡が取れなかったので、3人で一緒に郡山市に行くことにした。その頃東北新幹線は、那須塩原駅までの運行だった。弘子さんは新幹線で宇都宮まで行き、看護師の車に同乗し、その後もう1人と合流して3人で郡山に向かった。結局、さいたまに避難していたのは3日間だけだった。娘は弘子さんを大宮駅まで送り、お風呂にも入れないだろうと、水のいらないシャンプーやお手拭きなど、色々なものを持たせてくれた。

　宇都宮インターからは東北自動車道に乗ることができた。高速道路は路面

の損傷が激しく一般車は通れなかったが、入口で「救援のため」と告げ身分証明書を見せた。医療関係者のため緊急車両の扱いで、無料で通してくれた。

　ビッグパレットに着いた弘子さんは、目の前の光景に驚いた。ビッグパレットは避難者で大混乱し、想像以上の状態だった〔口絵写真 iii - iv 参照〕。「これ、戻らなかったら本当に大変だっただろうな」と思った。以前テレビで見た避難所の風景がそのまま目の前にあった。一畳くらいのスペースに寝ている人が、通路やトイレの入り口までぎっしりいた。診療所に通って来ていた患者もたくさんいた。ビッグパレットで働きだしたが、初めのうちは1日20時間勤務で、4時間しか寝る時間が取れなかった。

　役場の職員用として、女性と男性用にアパートの一部屋ずつが提供されたが、古く傷んだ建物で、気持ちの良い部屋ではなかった。6畳くらいの部屋を8人の職員で共有した。事務職の人たちは、勤務が終われば部屋に戻れたが、弘子さんや看護師たちは部屋に戻れないことが多かった。アパートに戻っても仮眠をするだけなので、ビッグパレットでテーブルの下に頭だけを入れて、プチプチシート（気泡緩衝材）や非常用毛布を敷いて仮眠を取った。

　最初のうちは24時間体制で、つねに担当者が詰めていなければならなかった。その状況があまりにもきびしかったため、弘子さんは医療担当者の勤務体制を整えようとした。その頃には、他に避難していた富岡町の職員も少しずつ戻って来ていた。勤務体制を2交代から3交代にしたことで、半日休めることもあったが、休息が4時間ということが多かった。弘子さんは、こんな状態ではみんなが倒れてしまうと考え、何かあったときのためにと職員の勤務状況を記録に残した。誰がどのグループに属し、何時から何時までの勤務、仮眠をとったかなどを書き込んだ。当時の勤務記録は、今も手元に残している〔第4部資料編4-3 診療所勤務記録を参照のこと〕。

　避難所での診療は、医療奉仕活動のため患者にお金の負担はない。健康保険証がなくても、診療を受けられる。弘子さんは、患者から名前を聞き、臨時のカルテを作っていた。作成したカルテは医師や看護師に回し、最後は五十音順に整理して保管していた。カルテの量は膨大なものとなった。薬をもらう場合は、調剤薬局に行くため保険証が必要になる。保険証を持ってい

る人の分はコピーを取り、カルテに添付した。川内村の人たちと富岡町の人たち、なかには大熊町の人や浪江町の人もいた。診療にあたったのは主に富岡町と川内村の医師だったが、そのなかに双葉郡の医師会の会長がいて、診療の指揮をとってくれた。

5　家族の避難生活

　弘子さんが郡山に戻って来たとき、お義母さんは娘のところに預けたままだった。

　ちょうどその頃は、孫（お義母さんからするとひ孫）が幼稚園に入園するところだったが、入園が延期になったので、娘にお義母さんを頼んでいたのだ。しかし高齢のためひ孫の面倒を見切れず、お義母さんは2、3週間後にさいたま市から、川崎市に住む叔母（お義母さんの義妹）のところに移った。

　川崎市の叔父・叔母にも、川内村に住んでいた兄妹がいた。その兄妹もビッグパレットに来て避難生活をしていた。5月の連休になると、叔母さんたちと一緒にお義母さんがビッグパレットを訪ねてきた。そのときお義母さんが、「オレもここにいるわ」と言い、それからビッグパレットで生活することになった。親戚の家に避難するといっても、長期になるとやはり気を遣ったようだ。

　弘子さんのビッグパレットでの仮眠生活は、約2週間続いた。その後、県が何カ所かホテルの部屋を用意してくれ、アパートが見つかるまでの間そこに泊まることとなった。ホテルでは、朝と夜、ちょっとした食事もすることができた。そのうちビッグパレットにいた人も、徐々に他所へ移って行った。

　アパートは、自分で見つけなければならなかったが、空いているところはなかなか見つからない。弘子さんたちも、お義母さんと一緒に住むつもりでいたので、医療機関と自分たちの職場に近いところを探していた。運良く、クリニックの向かいで、ビッグパレットから車で5分程のところにアパートが見つかった。5月にはそのアパートに入れるようになったが、電化製品や寝具が届くまでに、さらに2週間ほどかかった。

写真2-4-3　南一丁目の仮設住宅（西巻裕氏撮影：2011年6月10日）

　しかしお義母さんは、避難中に妻を亡くした兄（お義母さんの兄）とビッグパレットの隣に建てられた仮設住宅に住むことにした。そこには同じ地域の人もいて、いつでも茶飲み話をすることができた（**写真2-4-3**）。

6　川内村診療所の再開

　ビッグパレットの避難所が閉鎖となる8月に、新たに仮設診療所を建てる話が持ち上がった。弘子さんは、郡山市には大きな病院が多くあるので必要ないと主張したが、国の補助もあるからと川内村役場から仮設診療所の準備を指示された。

　新しい仮設診療所ができるまでは、デイサービスのある「いこいの場所」の一角を借りて、こぢんまりと診療を行っていた。その頃の診療所は、患者を

大きな病院に移せるよう手配を済ませていたので、緊急の患者やデイサービスに通って来た人を診る程度だった。

　仮設診療所にかかわる予算が決まり、建設が本格化した。内科と歯科用の備品を購入し、大きな機器設備は、川内村の診療所から持ち込むことにした。弘子さんは、移動手配、県の補助金に関する手続きなど一切を仮役場内で行った。そして、医師や看護師らと相談しながら、診療所に必要なレントゲン設備など、いくつかの医療設備の要望書を作成した。県の保健福祉課が窓口だったが、納品までにかなりの時間を要した。

　仮設診療所が開所したのは、2011年10月1日である。そして、仮設診療所が運営されたのは、川内村の診療所を再開するまでの6カ月間だけであった。

　2012年1月31日に福島県庁で、川内村村長による帰村宣言がなされた。帰村に伴い、弘子さんは、川内村診療所の再開準備に取り組んだ。

　仮設診療所は、県の補助だったため、購入した医療設備を全て残していかなければならなかった。代わりに県から軽ワゴン車が寄付され、川内村診療所で往診用に使うことになった。自動車を使うためには、警察署や消防署、保健所から許可が必要で、煩雑な手続きを行った。

　また、川内村診療所から運んでいた多くの機器を、もう一度、川内村に運ばなければならない。なかでも、レセプトコンピューター（診療報酬明細書を作成するコンピューター）の移設が大変だった。それらの機器の運搬、設置、そしてそれぞれの機器の設定を、3月29、30日の2日間で行った。

　川内村に戻る職員のなかで、歯科医は放射能汚染に敏感になっていた。歯科医の住むはずの宿舎は診療所の近くにあり、原発から20キロメートル圏内であることを気にしていた。歯科医が「この宿舎には住まない」と言ったため、新たな住宅を探さなければならなかった。31日にやっと川内村役場の近くにある銀行用の宿舎が借りられ、そこに住む手続きを行った。そして2012年4月1日に、川内村診療所は再開した。

　このように医療従事者は、自分自身も被災者であることと、医療者としての責任との間で、大きな葛藤を抱えながら日々を送っていたのである。

2-5　避難をしない選択

野村智子／話者：鈴木美智子

1　商店経営の家族

　福島第一原発の事故により、川内村全域が避難することとなったが、なかには村を離れられない人たちがいた。何ゆえに、危機的状況におかれながらも、村に留まろうとしたのだろうか。

　ここでは、村に留まる決断をしたある家族に目を向ける。

　鈴木美智子さん〔1957（昭和32）年生〕は、川内村の北西に位置する1区（高田島）に住んでいる。ご主人と2人で食料品や日用品を扱う商店を営み、仕出しも行っていた。家族は、ご主人とお義母さん、次男の4人暮らしで、長男は東京、三男は結婚して富岡町に住んでいた。美智子さんの実家は近所にあり、ご主人の姉も同じ高田島に住んでいた。

　美智子さん夫婦が、家族の事情により村に留まる決断をした経緯を、地震発生時の様子からたどってみたい。

2　地震発生時の美智子さん

　地震発生時、美智子さんはお義母さんの薬をもらいに下川内にある診療所〔2-4参照〕に向かう途中だった。車のなかで今まで経験したことのない揺れを感じたが、特別な地震だという認識はなかった。しかし、ラジオから、「大きな地震があったので、路肩に一旦避難してください」というアナウンスを聞き、慌てて近くの路肩に停車した。少し様子を見た後で診療所に向かうと、

途中で塀が倒れて何人かが家の外に出ていた。そのうちの一人から、「何で、こんなときに走っているんだ」と、大きな声で怒鳴られた。美智子さんは状況が呑み込めず、「エェー、なんで私が怒られなくちゃいけないの。なんだろう」と思った。理由が分からないまま診療所に向かった。

「あのときの雰囲気って、シーンとしていて、なんだろう、あの雰囲気って。言葉には言えない、不気味な感じだった」。

診療所についてからも余震は続き、受付の人や医者から、薬を出せる状態じゃないと告げられた。診療所内もガタガタ揺れて、「鈴木さん、そんなところに座ってないで、こっち来て」と看護師に注意された。美智子さんは手ぶらでは帰れないと診療所内に留まり、テレビの映像を見ていた。

「これ何だろうって、岩手の方は津波だって言って、どんどん車も流されているの。東京は火事だって」と聞き茫然とした。結局、薬をもらえたのは、午後4時近くになってからだった。

地震の影響で、診療所から各地域を巡回するバスが運行しなかったため、同じ高田島（1区）の人を車に乗せて帰ることにした。ガソリンがほとんどない状態だったので、途中でスタンドに寄ると、「店が大変なことになっているから、帰ってくれ」と言われた。仕方なくガソリンを入れないまま家に向ったが、その先の（県道）112号で大きな落石があった。美智子さんは、来た道を引き返し、遠回りをして家に戻った。自宅に入ると、仏壇の物が全部床に散らかり、二階にあるタンスの上段がずり落ちていた。しかし、近所を見渡すと瓦が数枚落ちた程度で、住めなくなった家は1軒もなく、大きな被害はないだろうと思った。

3　1区集会所で避難者の支援

翌日（12日）は、近所の人から法事用にオードブルやお刺身、折詰を頼まれていた。前日の夜から準備を始め、午前10時頃には届け終わった。すると、村役場から電話があり、1区の集会所を開けておくようにと言われた。昼前にももう一度、「もしかしたら、避難してくる人が行くかも知れないから」と

連絡を受けた。美智子さんは、何のための避難か理解できず、津波の被害にあった人たちが来るのかと想像していた。その時点では、原発事故のことを知る由もなかった。

　集会所の入り口を開けると、集落の女性たちが来て、一緒にご飯を炊き味噌汁の用意をした。しかし、午後1時頃になっても避難者は一向に現れず、美智子さんたちは仕方なく作った料理を自分たちで食べ始めた。すると間もなく最初の一組が到着し、集会所に迎え入れた。そして、朝から何も食べていないと聞いて、慌てて食事の用意をした。川内村に着いて1区に行くよう案内されたが、なかなか辿りつけなかったようだ。その後は1区を知る人が先導したため次々と車が到着し、集会所は人が溢れんばかりとなった（**写真2-5-1**）。

　その人たちの人数は「高田島（1区）の住人より多かった。ここに、いっぱい集まって来ちゃって」と驚いた。各家でも、親戚などを受け入れていた。防災無線で米や野菜を持って来て欲しいと伝えると、多くの村民が食料を持ち込み、避難者の食事の手伝いに集まった（**写真2-5-2**）。

　集会所のなかで、当時の区長さんが避難して来た富岡町の人たちに、「この地域の人たちで、富岡町のみなさんのことを守ります」と宣言した。避難してきた人びとは、「いやぁ、あの区長さんの言葉は、すごくありがたかっ

写真2-5-1　集会所に避難してきた人たち（西巻裕氏撮影：2011年3月12日）

写真2-5-2　集会所に集められた米や野菜（西巻裕氏撮影：2011年3月13日）

た」と言い、美智子さんも「普通の人じゃ言えないよ。この地域で守りますなんて」と感心した。その区長さんも、大量の米や野菜を持って来ていた。

　夜になると美智子さんの家にも、富岡から三男夫婦が子供を連れて来たが、これからもっと遠くに避難すると言った。奥さんは2人目の子を身ごもっていた。美智子さんは、自分としてはどうしようもないと思い、「気をつけてね」と送り出した。

　「上の子がね、すごく暗い顔をしてたの。車のなかでね、恐ろしそうな。よっぽどなんか、身の危険を感じたんだね。あのときの顔、一生忘れない」とそのときの様子を振り返る。三男夫婦は1歳の子供を連れ、従兄叔父（ご主人の従兄）がいる埼玉県に避難して行った。

　何日かすると、避難して来た人も参加して、一緒に食事を作るようになった。15日の朝、いつものように集会所に行ったご主人は、富岡からの避難者が誰もいないことに驚いた。「あれっ、なんだろう」。後から来た人もなかをのぞき、「何だ、何かあったのか」。「みんな、いないんだ」と驚きを隠せずにいた。用意した布団は敷かれたままで、人だけがそこから抜けだしたようだった。ご主人からそのことを聞いた美智子さんは、「私らの対応が悪いから、逃げたのかなぁって思った」と落胆した。

　しかし、冷静になって考えると、前日の14日には富岡町役場の人や消防の

写真2-5-3　店の中で行われた関係者会議（西巻裕氏撮影：2011年3月14日）

人、区長さんなどが美智子さんの店に集まり、会議を開いていた(**写真 2-5-3**)。

　その会議の内容について美智子さんたちにも説明があり、「原発事故の影響で、多分ここにいるのは無理だろう。避難しなきゃいけなくなる」と聞かされていた。避難してきた人を世話していた美智子さんは、自分たちにも影響が及ぶと知り強いショックを受けた。そして、弟夫婦と同居している自分の両親に、指示があったら避難するようにと伝え、美智子さんも自分の荷物を詰めた。

　美智子さんの家は、集会所の向かい側に位置していたので、夜中に車のドアを開閉する音は聞いていた。「バタン、バタンっていってたけど、まさか私ら、そんなねぇ。まさか逃げると思わないでしょ。まさかそんな」。その後、高田島(1区)の人たちは、ここにいるのは危険だと考え、避難の準備を始めた。

　しばらくして、集会所に戻って来た人がいた。その人は、「後ろを見たらば、高田島の人が来ない。こんなに世話になったのに高田島の人を置いて、何で自分たちだけ逃げたんだろう」と、罪悪感に苛まれたのだという。美智子さんはさらなる避難をした富岡町の人たちを、「あれはしょうがないと思う。富岡の人たちは、私らより原発に近くって、危険を感じていたんでしょ。私ら高田島は30キロだから、原発のこと、そんなには良く分からない〔1区は川内村でもっとも原発から遠い〕。文句は言えない」と話す。戻ってきた人と

残っていた何人かで、集会所の布団などを片付けた。

　しばらく経って、川内村や富岡町から避難した人たちが郡山市のビッグパレットに、「高田島の人にお世話になりました」とメモを貼っていたことを知った。また何カ月かして、集会所に避難していた人が1区まで来てくれた。「これで何か買ってくれ」とお金を置いて行こうとしたが、「お金なんか受け取れません」と辞退した。突然いなくなった避難者だったが、1区でのことを思いだしメモを残したり、訪ねて来てくれたのは嬉しかった。

4　避難しない決断

　「15日の夜、防災無線で、村長がここにはいられないからみなさんで川内村を出ましょう。全村避難にしますって発表して、それで最後に、『みなさんさよなら、お元気で』って言った。だからみんな、あの言葉で深刻になって、あれ聞いている最中に落ち込んだ。避難しろって言われたら、ここにいるわけにはいかないでしょ」。

　美智子さん夫婦は、バセドウ病を患い以前から具合が悪かったお義母さんとともに川内村に残ることを決心する。

　「うちの父ちゃんが逃げないって言ったから。ばあちゃんを動かしたらダメだから、動かさないでみるって言うから。ばあちゃんは置いていけない。ばあちゃんを連れて行ったら、多分ね、もう死んでたと思う。地震から2年、生きていたから」とその理由を語る。

　同じ1区に住むご主人の姉が、息子と一緒に福島に避難すると聞き、家にいた次男を避難させた。

　「ばあちゃんがね、部屋からリュックサックを一つ持って来て、『これに荷物入れて逃げろ』って言うの。『オレは、家にあるもの食べているから』って」。美智子さんは、お義母さんの前で涙をこらえながら、「大丈夫だよ」と言った。そんな気を遣わせたことを申し訳ないと思った。避難させようとするお義母さんを説得するため、区長さんに頼みこんで、「逃げなくても大丈夫だから」と言ってもらったりもした。

16日の朝になると、避難先が郡山のビッグパレットに決まった。それを聞いた1区の住民も避難をはじめた。車を持っていないお年寄りたちは集会所に集まり、川内村のマイクロバスでビッグパレットに向かった。みんな、避難していくときに泣いていた。何人かは美智子さん夫婦を訪ねて来て、避難先を教えていった。

見送りながら、「私ら、もうみんなに会えないと思った。川内にはみんな、戻って来れないなぁって。私ら、残った人は、あの広島の人たちみたいに放射能で死ぬんだわーって思った。思ったよ。もう完全に思った。それだけ深刻で、気持ち悪かった。私、ここに残るって決めた時点で、これで終わりだなぁって思った」と当時の心境を語る。

5 留まったあとの生活

みんなが避難した後、「毎日、テレビ見ていた。ずっとそのテレビしかやってなかったから。それを見るしかなくて、落ち込んだ気持ちのまま見てたの。あれはトラウマになる。すごいうつになる」。

美智子さんの家の周りの何軒かも、川内に残っていた。「畜産会社の人たちは仕事をしていたので、帰りに寄ってくれたり、(当時の)区長さんも1週間に1度お義母さんの薬をビッグパレットから持って来てくれた」。

地震の直後に薬をもらっておいたことがお義母さんの助けになった。「診療所で、薬だしてくれた。それはすごく感謝している。神様が、私らに味方してくれたんだと思った。その2週間分の薬がなかったら、ばあちゃんはもう大変なことになっていた」。

全村避難から3カ月が過ぎた頃、お義母さんが熱をだしてしまった。

「おかしいと思って、救急車呼んでって言ったの。私じゃどうしようもないから。でも、なかなか病院が決まらなくて。(田村市常葉町にある)青山医院の先生が診てくれるって言って。先生が、(搬送が)間に合わなかったら、そのまま亡くなっただろうって言ってた」。

その後何日かは、美智子さんがお義母さんを車に乗せ、点滴を受けに病院

に通った。

「でもね、とっても大変でダメになっちゃって。そうしたら、先生が『往診しましょう』って言ってくれた。初め看護師が毎日来て、点滴をしてくれた。先生も月に１度往診をしてくれた。先生から、『ちゃんと口からも入れてください』って言われて。ばあちゃんは好きだったオロナミンＣを自分で飲んでたし、お粥も、そういうのはちゃんと食べた」。

お義母さんは自分で動くことができなかったが、ベッドの上で起きあがり、ご飯を食べることはできた。美智子さんは、できるだけお義母さんの近くにいるようにした。

美智子さんたちが食料品を扱う商店を営んでいたことも幸いした。商品の多くは避難して来た人たちに売ってしまったが、少しの野菜と店の冷蔵庫の残りもので１カ月は何とかしのぐことができた。その後は、冷凍庫に入っていた魚を色々な形で調理した。集会所に残されていた野菜や米も始末した。

「ジャガイモでコロッケを作り、周りの家に配ったりした。余ったお米を使ってどぶろくを作り、みんなで飲んだ。白菜は腐ったところをきれいに取って、大きな桶で漬物にした。漬かったものは、ビッグパレットに届けてもらった」。

日々暮らしていくことに必死だった。

「ご飯食べたときに、味がしなかったの。砂を噛んでるみたいで。３月いっぱいは無理だった。髪の毛に栄養が廻らなくて、髪の毛がバサバサになったの」と苦労を重ねていた。そのとき美智子さんは、自分では気づかなかったが相当のストレスにさらされていた。

そうして１、２カ月が過ぎると、何軒かが川内村に戻って来た。困っているだろうと、色々なものを持って来てくれた。みんなが避難した後は、寝る前に二階の窓から真っ暗な外を見て辛い思いをしていたが、少しずつ明かりが見えるようになり安堵した。戻った人たちは、「東京や埼玉の親戚の家にいたんだけど、やっぱりいくら親戚でもストレスになって、アパート見つけてもらって入ったんだけど、それでもダメで戻って来たって」と話した。その後も少しずつ、人が戻り始めた。そして、１区の場合帰村宣言の１年後（2013年ごろ）には大勢が戻り、川内村で最も高い帰村率を示した。

「全村避難後の1カ月、2カ月は、本当に色々な人がお茶飲みに来てくれた。みんな、寂しかったんだね。お店もずっとシャッター下ろしていたら、『寂しいから、何もなくてもいいから開けて』って言われて、それから開けたの。それまでの3カ月位は閉めっぱなしだった。でも何も品物はなかったんだよ」。

商品が入ってくるようになったのは帰村から1年後で、商工会の「あれ・これ市場」が支援してくれるようになってからだ。

6　川内村に残って得たもの

「私ら、お店ばっかりやってたでしょ。ばあちゃんは子供たちを見たりして、夜だって、私ら8時か9時頃にならないとご飯が食べられない。ばあちゃんは、もうその頃寝るから。原発事故になって初めて、ばあちゃんの世話を落ちついてできたかもしれない。ばあちゃんの病気は精神的なもので、薬がないとダメだったの。でも、最後までボケなかったの。先生もそれは本当、ビックリしていた。認知症にならずしっかりしていた。隣の奥さんに、『大変じゃない』って言われても、こうして欲しいって言ってくれるから良かったって」。

美智子さんは、一人で風呂に入れなくなったお義母さんを、背負って風呂場に連れていき入浴させた。して欲しいと言われたことは、全てやってあげていた。

「ばあちゃんも、今までにないこと、色んなことしゃべったの。色んなこと教えてくれた。ばあちゃんもきっと、色々教えておこうと思ったんだよ。昔のこと、東京にいたことや東京で空襲にあって、もういられなくなって実家に戻ったこと。じいちゃんが戦争に召集されちゃって…。私が嫁に来たときのこととか色々。それにうちの子供たちも、ばあちゃんに優しかったから良かったって。すごく、それは強く言ってた。そうそう、今までどうもありがとうって」。

お義母さんと今までにない時間を過ごせた美智子さんは、「ばあちゃん置いて行ったら、えらい目に遭ってた」と、避難せずに良かったと考えている。

お義母さんは、原発事故から2年後（2013年）の春、90歳で永眠した。

「全村避難の後、2、3カ月経ったときに、隣の村の人が、5、6人で、車で会いに来てくれたの。『どうだった、どうした』って。いやぁ、それは嬉しかったね。地震や原発事故があって、人の温かさが分かった。人に優しくしとくと、どっかで戻って来るなって」。

外で人とすれ違うと挨拶し、立ち話をする。

「その辺にいると呼びとめられて、しゃべられて、1時間2時間。どうするっかなぁって思うんだけどしゃべって。また戻って来たりして。目的地まで行けないんだよ」。

普段当たり前のように人とのかかわりを持っていた美智子さんも、人のいない村に残ったときは、放射線被ばくよりも、人とかかわりのない寂しさを抱えていた。それゆえに、わざわざ自分たちを気遣い、訪ねて来てくれたことに感謝し、改めて人の温かさを知った。

また、災害時の義援金について、「かつて何かあるたびに、婦人会の人が集めに来て、1軒1軒が出すの。このお金ってどうなるんだろうって思ったりしてた。でも、自分がもらったときに、あぁこういうの助かるんだなぁって思った。それは実感した」という。

しかし、良いことばかりではなかった。避難先から戻って来た年配者から、郡山で行われた講演会の話を聞いた。

「原発事故になって一番辛かったことは自然が壊されたことだと言ったら、その先生は『じいちゃん、いつまで生きる気なんだ』って言ったって。そういう問題じゃないんだって。生きる生きないって問題じゃなくて、自然にできたキノコや山菜を採って食べたりすることができなくなったでしょって言ってんだけど。都会の先生は、そんなものをわざわざ食べることないだろうという感じなんだって」と、美智子さんは怒りを露わにした。

また、原発災害を受けて、新聞社やテレビ局の人が大勢訪ねてきた。「一時的に人気のあるスターって、こういうことなんだなぁって思った。何かあるとすぐ来て、どうだったか、こうだったかって聞いて。そして、サアッといなくなった」（**写真2-5-4**）。

写真2-5-4　村民を囲む報道関係者（西巻裕氏撮影：2011年5月10日）

7　事故後4年半を経て

　美智子さんたちの生活は、原発災害を契機として大きく変化した。
　「私ら、富岡に仕入れも行けないから、だからもう2人で商売することないでしょう。2人で商売するほど、お客さんもいないし、それがちょっと辛いかなぁ。この商売、あと10年位は大丈夫かなぁって思っていた。それが前倒しになったね。ある人に『補償もらったから良いでしょう』って言われたの。私らもっと働いていたかったから、その人に言ったの。『私ら補償要らないから、全部元に戻して欲しいって。富岡に仕入れにも行けて、隣村の人たちにもいっぱい買ってもらっていたから、だからそういうの全部戻して欲しい』って。そうしたらその人、黙ったっけ」。
　商店は、一部の食料品と日用品は扱っているが、以前のように仕出しは行っていない。「電話はいっぱいくる。でも断るしかない。お刺身は出来る範囲でやるけど、それ以外はできない。前みたいに、私らが作ったものを、みんなが期待するでしょ。その期待には、応えられないから。材料は、中通りと浜通りでは、ちょっと違う。それこそ、いわきまで仕入れに行かなくちゃならなくて。いわきはねぇ、ちょっと遠いんだ。ここからいわきは…。大変なんですよ。

（2015年の）口永良部島の噴火のときも、全島避難になったでしょ。そのときすごく切なかった。もし原発の事故がなかったら、私らずっと遠いところの話として何にも感じなかったかも知んないけど、最近そういうの聞くと思い出して切ない。

　もし、子供たち見ている（育てている）ときだったら、どうしようもなかったかも知れない。どうしていたか分からない。もう、（川内村には）いなかったかも知れないね」と、改めて村に残る決断をした当時の状況を振り返った。

B 帰村と選択

2-6 帰村を促した要因

野村智子／話者：井出弘子

1 家族それぞれの帰村

　この章ではある家族が帰村を決断した要因を記述していく。2-4では医療従事者であった井出弘子さんをとりあげた。ここでも引き続き弘子さんの語りに注目する。とくに弘子さんの2人の母親（義母と実母）との関係に目を向けよう。避難や離村、帰村といった選択と2人の母親の存在が深く結びついているためだ。また同じような状況におかれた妹家族についてもふれてみたい。

　弘子さんの川内村の自宅は、地震による大きな被害はほとんどなく、家の角のタイルが少しはがれた程度で済んだ。しかし、避難していた間に至る所にカビが生え、ネズミも住みついていた。

　2012年1月の寒い時期に、家の水道管が凍って破裂した。それを知ると郡山市の仮設住宅にいたお義母さんは、「やっぱり、帰るわ」と言いだした。ご主人が、「帰村が決まってないから、帰れないんだよ。帰っちゃダメだからね」と、お義母さんを説得し、強引に引き留めていた。しかし、お義母さんは、「放射能で死ななくても、歳で死ぬんだから構わない」といい、川内村に戻ってしまった。その頃、ご主人も郡山からの帰村に向けて川内村役場で仕事をしていたため、「俺も、川内に戻るわ」と、一足早く川内村に戻った。

　一方弘子さんは、2012年4月に予定された川内村診療所の再開準備をしながら、妹夫婦と一緒に避難したお母さん（実の母親）のことを気にかけていた。ここで実の母の避難行動を簡単にふりかえる。

2011年3月11日の段階では、実母と連絡が取れずにいた。実家は、役場の近くにあり、診療所に出勤する前に何度か寄ってみたが、いつも鍵がかかっていた。近所の人にも、ずっと真っ暗だと言われ不安に思っていた。何日かして妹から連絡があり、12日にお母さんを連れて、家族みんなで東京に避難していたことを知った。

妹の夫は、東京電力に勤務し、東京〔東京都文京区〕に単身赴任していたが、たまたま金曜日（3月11日）に川内に戻っていた。夫のもとには東京電力から情報が届き、原発が危険な状態だと知って12日に避難していた。

妹と一緒に避難したお母さんは、1カ月半程東京に住んでいた。しかし、2部屋に家族5人が住むには狭く、夫のお母さんも一緒だったため、妹はさいたま市にアパートを借りてお母さんを住まわせ、面倒を見ていた。2012年になると、妹の夫に病気が見つかり、入院することになった。

妹から、「病院に行くから、（お母ちゃんを）一人で残して行くけど。お姉ちゃん、お母ちゃんどうする」と、相談があった。また、さいたまの娘からも、孫の面倒を見て欲しいと言われていた。お母さんの住むアパートは、娘のところから車で20分ぐらいの距離にあった。弘子さんは、「私が退職すれば、さいたまに行っても両方の面倒みれるかなぁって感じで。母一人残して行くからなんて言われたから、余計に私は退職して、あっちに行かなくちゃなんないって気持ちが強くなったの」と当時の様子を語る。まだ、お母さんを川内に戻す訳にはいかない。役場も定年退職まで、あと2年あったが、構わないと思った。「私は来年3月で辞めるから、4月まで何とか面倒みてて」と妹に答えた。そのとき弘子さんは、お母さんのために仕事を辞めることを決断した。

ご主人の了解を得て、2012年3月で川内村役場を早期退職することにした。弘子さんは、退職最終日の夕方まで川内村診療所の再開準備に従事し、その足でさいたまに向かった。

お母さんは、弘子さんが来るまでの間、義理の妹に誘われて老人クラブの行事に参加したり、近所の面倒見の良い人と一緒に過ごしていた。妹さんも時々様子を見にきていたので、避難先でも寂しい思いをしなかったようだ。

弘子さんは、それから約 1 年間は、お母さんと孫の世話をしながら、さいたま市で過ごした。2012 年 4 月に帰村が可能になると、年寄りはみんな帰っていると聞き、弘子さんのお母さんは川内村の家に戻って何泊かした。荒れた田んぼや夜になっても家の周りに電気がつかない様子に、寂しい思いをしたようだ。しかし、2013 年の 4 月になるとお母さんは、地震で壊れた風呂の修理を口実に川内村に戻った。孫も小学校に上がったため、5 月には弘子さんも川内村に戻った。

2　お義母さんの病気

一足先に川内村に戻っていたお義母さんに、変化が訪れる。

地震発生前のお義母さんは、家で近所の人たちとお茶を飲んで過ごすことが多かった。「家はまるで喫茶店のようだった」。畑仕事として野菜づくりをしていた。弘子さんは、「とにかく寂しがり屋の人だったから、一人ではいられなかったかも知れない」と話す。帰村後は、お義母さんと交流のある近所の人たちも、川内村に戻っていた。

慣れ親しんだ川内村に帰りたくて、やっとの思いで戻ったものの、川内村は以前とは様子が異なっていた。一日も早く以前の状態に戻したい。しかし思うように捗らない焦りがお義母さんの心を痛めた。

川内村に戻った当初は、どこの田んぼもみんな、背丈程の雑草が生い茂っていた。弘子さんのお母さんや妹のお義母さんも雑草の様子を見て、「これだけでも涙がでてくる」と嘆いていた。以前も 5 月から 10 月頃までは、2、3週間に一回ずつ雑草を取っていた。それほど雑草が伸びるのは早かった（**写真 2-6-1**）。

このことをきっかけに、お義母さんはうつ病にかかってしまう。雑草が気になって仕方がない。取らなきゃいけないと思っても、自分の力だけでは上手く捗らなかった。近所の人にも、「ああ、草をむしってもむしっても、全然なくならない。どうすっぺ、どうすっぺ」と言っていた。

お義母さんは、生真面目で、何事にも良く気を配る人だった。とにかく人

写真2-6-1　村内の雑草の様子（井出剛弘氏撮影：2012年8月14日）

より先にやらないと気がすまないような人だった。人の家より自分の家の仕事が遅れると、「ああ、どうすっぺ、どうすっぺ」と言って考え込んでしまう。自分が老いて体が利かなくなってきているのに、「あれもやらなくちゃ、これもやらなくちゃならない」と考える。それで夜も眠れなくなり、ついにうつ状態になってしまった。

　近所の人たちの話によると、お義母さんが一日中草取りをしても、畳1枚分くらいしか進まなかったのだという。弘子さんが川内村に戻り、1日半程で草を全部取り終えたとき、近所の人から「これ見たら、スイ子さん（お義母さん）が病気になることなかったのにねぇ」と言われた。このときばかりは、いつも味方であった近所の人たちの言葉が、弘子さんには重たく感じられた。弘子さんは、お義母さんは元々うつ病を持っていたから、その病気が悪化しただけだと思うようにした。

　それから間もなく〔2013年6月〕、お義母さんは広野町にある精神科の病院に入院した。入院後は、うつ病の症状が改善されていた。外泊許可を取りご主人と2人で迎えに行くと、熱があるから許可できないと医者に言われた。病室に立ち寄って様子をみると、ちょっと苦しそうだったが、マスク越しに会話ができた。その翌日、病院へ行こうとしていたところにお義母さんが亡くなったとの知らせが届いた。医師の診断は、重症性肺炎だった。昨日、一

緒に話しをした2人には、信じられない出来事だった。

3 妹家族の出来事

　妹は、妹のお義母さんと娘（次女）の3人で川内村に住んでいた。単身赴任の夫と長男、長女はそれぞれ東京で仕事をしていた。

　避難してからしばらく経った頃、夫と何日も連絡が取れない状態が続いた。そして連休が明けた頃に、やっと社宅に戻ってきた。地震の後1カ月半程は一緒に住んでいたが、その後夫は福島第一原子力発電所の放水活動に従事していたのだ。

　妹は、「(夫は)もうゲッソリ痩せて、頭はぼうぼう、髭だらけで浮浪者みたいな感じで帰ってきた。自分の旦那だと思わなかった。もう、別人の顔になっていて、玄関で『どなたですか』って聞いたくらい、人相が変わってやせ細っていた」と話した。

　夫はつぎのように語ったという。「まさか自分が(原発の現場に)『行け』って言われると思わなかった。こっちで練習を1回しただけで、そのまま行っちゃったんだ。それで(原発の)中で作業やったはいいけど、もう着の身着のままで、防護服を着たままごろ寝して、食べ物もないんだから」。

　帰ってきてから数日間は休みをとり、また仕事にでかけていった。夫が休みの日には、お母さんを姉妹がいる伊豆や静岡に連れて行ったりした。しかし、その頃から夫は、腰の痛みを訴えるようになった。その後も(原発の)仕事には行ったが、11月になると腰の痛みがひどくなった。病院に行くと、肺にがんが見つかり、それが骨髄、腰に影響を及ぼしていることが分かった。すぐに治療を始めなければならなかったが、仕事を優先したために、入院して本格的な治療を始めたのは2月に入ってからだった。抗がん剤治療が効いたため、3月に一度退院している。

　退院後夫は、妹と一緒に旅行にでかけた。沖縄や、単身赴任先だった八戸や青森、北海道にも行った。妹は、「思い出づくりの旅行ばっかりして、もういやになっちゃった。思いだすと、寂しくなっちゃう」とこぼした。夫は

その後も仕事を続け、仕事が一段落した時点で退職した。それから約1カ月後の2013年12月に亡くなった。61歳だった。

　妹のお義母さんは、お盆などで川内に帰宅した際に、「もう、（東京には）戻らない」と言っていたが、2013年9月に一時帰宅した際、「オレは死んでも帰んないぞ」とそのまま川内村の家に一人残った。妹自身は、子供たちの近くにいたいと思っていた。子供たちも、「お父さんもいないんだし、私ら兄妹がいるのに何で川内に戻るの」と言っていた。お義母さんは、嫁いだ頃に苦労を重ねた経験から、妹を立て自分の息子より妹を信頼し大事にする人だった。妹は、そんなお義母さんを一人にしておけないと、2014年6月に川内村に戻った。

　それから少しして、周りの勧めもあり、少しでも寂しさを紛らわせることができればと、妹は以前勤めていた職場に復帰した。そんな折〔2015年2月〕、娘が不慮の事故で亡くなった。美容師をしていた次女は、避難先の東京で働く先を見つけ、そのまま東京で暮らしていた。5月には結婚する予定になっていた。27歳という若さだった。突然の出来事に、妹は娘の死をすぐには受け入れられずにいた。

　新盆を迎え、色々なことを思いだし寂しくなった妹は、弘子さんに電話をかけてくる。弘子さんは、そんな妹のことをつねに気にかけている。

2-7 帰らない理由と近隣関係

野村智子／話者：吉田悦子

1 避難指示解除準備区域の家族

　一時全村避難となった川内村は、東日本大震災の発生から約 1 年を経た 2012 年 1 月に帰村を宣言した。しかし帰村できたのは、原発から 20 キロメートル以上 30 キロメートル圏内に住む村民に限られ、20 キロメートル圏内に位置する川内村東部は、居住制限区域または避難指示解除準備区域のままである。避難指示解除準備区域であった毛戸地区（8 区）は 2014 年 10 月に避難指示が解除されたが、8 区内の貝ノ坂と荻地区は居住制限区域から避難指示解除準備区域に緩和されただけで、未だ解除の目処が立っていない〔本章の調査・執筆時点ではこのように避難指示区域であった〕。

　ここでは、現在避難指示解除準備地域である貝ノ坂に家を持つ家族に目を向ける〔本書刊行に先立つ、2016 年 6 月 14 日に指示は解除された。本章の内容はそれ以前の聞き取り調査によるものである〕。

　吉田悦子さんは、地震から 4 年以上過ぎた今も、郡山市の富田町若宮前応急仮設住宅で一人暮らしを続けている。

　悦子さんは帰村の意志をもちながら避難生活を送っていたが、最終的に川内への帰村を諦めた一人である。ここでは帰村をしない選択をした人びとに焦点を当てる。帰村しない人びとには、当初から帰村しないと決めていた人ばかりでなく、さまざまな生活条件の変化のなかで、「帰村しない」ことを選択せざるを得なかった人びとがいる。本章では、悦子さんおよびその周囲の人びとの状況と帰村を断念した経緯を追っていくことにする。

2 川内村貝ノ坂地区

　悦子さんが住んでいた貝ノ坂地区は、川内村東部の山間部に位置する。村内でもとくに山深い地区である。昔は林業が盛んで、植林から伐採までを行い、炭や薪も作っていた。貝ノ坂には山の神が祀られており、3月17日は、山の神の日とされていた。この地域では、圃場整備事業により耕地区画が整えられたものの、出荷する程の量は収穫できず、自分たちが食べる分だけの米や野菜を育てていた。

　貝ノ坂地区には、隣接する荻地区と合わせて15世帯が生活していた。悦子さんが子供の頃は、荻にある川内村第一小学校の分校に通っていた。悦子さんのお祖父さんの代に10軒位が共同で学校林を作り、杉の木を植えていた。悦子さんの息子たちが学校に行く頃には立派な林となり、杉を売却したお金でスクールバスを購入し、子供たちを本校に通わせた。夏の盆踊りは、貝ノ坂にある山の神の高台と荻分校の跡地で、毎年交互に行われていた。

　ここでの生活には、近隣の人たちとのつきあいは欠かせない。畑で採れた米や野菜、珍しいものをもらうとおすそ分けをする。町に買い物にでかけるときは、お互いに声をかけ合い、一緒に行かれないときでも、必要なものを買ってきてもらう。近所の農作業を手伝ったり、さまざまな行事を一緒に楽しむことも多く、つねに情報交換が行われていた。また、一忌組合（葬式組）という組織があり、葬儀の準備や炊事などは共同で行い、葬儀費用の積み立ても行っていた。この小さな山間の地区では、生活にかかわる全ての場面で助け合いが行われていた。

3 悦子さんの暮らし

　悦子さんには4人の息子があり、大学卒業後、みんなそれぞれの分野に進み、東京や千葉で就職していた。悦子さんのご主人は、定年退職後に会社を起こし、次男と2人で送電線の架設事業を請け負っていた。悦子さんは貝ノ坂の

家で、ご主人と次男の 3 人で暮らしていた。地震が起こる少し前（2011 年 2 月 28 日）に、ご主人が体調を崩して郡山市内の病院に入院した。

震災前には、普段家で食べる味噌汁の具や天ぷらの材料などは、畑や周りの山から採っていた。たくさん採る必要はなく、そのとき食べる分だけを採った。身の回りの自然には、タラの芽やウドなどの山菜が豊富にあり、畑にはつぎのようなものが植えられていた。。

「お父さん、下請けで北海道の出稼ぎの人ら使うから。北海道から行者ニンニクや何やら送られてきて、ぎょうさん植えてあった。それから、お父さんがいっぱい福寿草持って来て、畑に群れになって植えてあった」。これらのものは、現在はなくなってしまった。「みんな除染で削られちゃったから、がっかりだわ」。

4　悦子さんの避難―地震発生時の様子から

地震発生時、悦子さんは、近所の大和田さんと一緒に富岡町に買い物に行った帰りで、車の天井に頭がぶつかりそうな程の激しい揺れを感じた。あまりの揺れの激しさに驚いた。すぐに動くことは危険と感じたが、一人残してきたおばあさんを気遣い、慌てて川内村に戻った。その後も激しい余震が続いたが、家に大きな被害はなく、物が上から落ちたり、茶ダンスの中身が移動した程度だった。しかし地震直後から、携帯電話がつながらなくなり、次男とは連絡が取れずにいた。

地震の翌日に、半径 20 キロメートル圏内に避難指示が出された。

悦子さんが夕食の支度をしていると、近所の吉岡さんが来て、「こっちにはいらんねえぞー、行かなきゃダメだ。嫁さんの実家に行くから、毛布一枚持って車に乗れ」と言われた。悦子さんは急なことで驚いたが、車の運転ができないため、言われるまま指示に従った。支度中の夕食はそのままに、連絡の着かない次男には、書き置きを残した。そして、コートと通帳や印鑑などを入れた袋を持って、車に乗り込んだ。

避難先は、常葉〔福島県田村市常葉町〕だった。そこでは、一緒に避難した

人たちとみんなで、こたつを囲んで一晩を過ごした。翌朝早く、そこに住む人が郡山市に行くというので、車に同乗し、ご主人が入院している病院まで送ってもらった。病院では付添いとして、泊めてもらうことができた。そして、親戚が住む小高〔南相馬市小高〕に行ってさらに一泊した。小高もその後すぐに避難区域となったが、悦子さんが行ったときには、まだその地域に入ることができた。

　状況を知った長男の会社の社長が、社宅を使えるよう手配をしてくれた。「母ちゃん、こっち来たらいいべ」と誘いを受け、長男の住む郡山市の社宅に避難することになった。

　悦子さんが長男の社宅に落ち着いた頃、毛戸（8区）に住む妹の夫がビッグパレットに避難していることを知り、食べ物や下着を買って訪ねた。しかし、行ってみると多くの人で混雑し、見つけることができなかった。その場にいる人たちに訪ねても、所在は分からない。悦子さんは、そこにいるだけでめまいがして、探すのを諦めて建物の外に出た。すると偶然、同じ行政区（8区）の同級生に会い、少し立ち話をした。「これ、買って来たんだけど、見つからないから置いていくかぁ」と手渡すと、同級生からありがたいと感謝された。

　ビッグパレットの混雑した状況を見て、悦子さんは自分が長男の社宅にいることができて、本当に幸運だと感じた。

5　息子たちの避難―次男と四男夫婦

　富岡町夜ノ森には、四男夫婦が住んでいた。四男は仕事で東京にいたが、嫁は富岡町で働いていた。富岡町は、地震の発生に伴い大津波警報が出され、その後、原子力緊急事態宣言が発令されたため、地震の当日夜には屋内待避指示が、翌朝には避難指示が出されていた。川内村へ避難するよう指示を受け、嫁は友だちの車で、悦子さんの家に向かった。しかし、着いたときにはすでに悦子さんが避難した後だった。乗せてきてもらった車が去った後で、誰もいないことに気付いて最初は慌てたが、諦めて家に入り、お湯を沸かしてコーヒーを飲みながら家に留まっていた。

ちょうどそこに近所の大和田さんの息子さんが、おばあさんを避難させるため、家に戻ってきた。悦子さんの家の明かりを見つけ、四男の嫁を自分たちが行く親戚の家に連れて行ってくれた。そこは、大和田さんの姉の家で、悦子さんが避難した家のすぐ隣だったが、そのときは知らずにいた。

一方、妻が一人だからと心配した四男は、仕事で郡山市にいた次男に連絡し、迎えに行くよう頼んでいた。しかし、次男が富岡町に向かうと、すでに立ち入りが制限されており、夜ノ森まで行くことができなかった。次男は川内村の家に戻り、悦子さんが残した書き置きを見つけ、避難したことを知った。それから悦子さんが作った夕食を、車〔キャンピングカー〕に積んで避難した。最終的には川内村民と富岡町民の避難先となったビッグパレットの駐車場に落ち着いた。

東京にいた四男も、川内村に向かっていた。運よく途中で大和田さんに会い、妻を迎えに行くことができた。その後、一時妻の実家のある前橋市〔群馬県〕に避難している。

夜ノ森に住む四男夫婦を案じていた悦子さんは、避難後にもらった連絡で初めて状況を知り、無事に避難できたことに安堵した。

6　悦子さんの家と近所の人びと

貝ノ坂地区は、国が除染を実施する除染特別地区とされ、除去物等の仮置場が設置されている（図 2-7-1）。

「家もほら、そのままにしてきたから。何も閉めないできたから」と、悦子さんは避難後、何度か家に戻っている。「やっぱり、あんまり草増やしてしまうと、もう来たくないって思うから」と、友人に頼み、お盆の前には 3 日間も草刈りに通った。その友人は悦子さんの妹と同級生で、彼女の兄が悦子さんと同級生だった。川内村に住んでいた頃は、住む地区が違っていたため交流はなかったが、同じ仮設住宅になったことがきっかけで親しくなった。

貝ノ坂の家に戻っても、荷物は持って来なかった。国〔環境省〕の廃棄物処理の方針にしたがい、放射能汚染された家財道具や布団、衣類は廃棄しなけ

金子祥之作成

図2-7-1　貝ノ坂・荻地区の位置

ればならない。息子から「母ちゃん、出し惜しみしてちゃダメだから」と言われた。悦子さんも「出せるときに出しておかないと、お金かかるっぺ」と、家のなかにあった布団や衣類、畳などを処分した。しかし、処分するには惜しいものもある。放射能に汚染されていると言われても、タンスにあった着物は、「包んであるから、どうかなって。洗濯かければなぁ」とずいぶん躊躇した。

　今、悦子さんの家は、外観は以前と変わらないが、なかにあった家財道具や畳がほとんどない状態になっている。

　「小さい家だけど、（ご主人の）お兄さんが、郡山で材木屋やってたから、材料吟味して、秋田杉使って柱建ててあるんだよ。だから、もったいないって言えば、もったいないねぇ」。除染が行われると聞いて、今年（2015年）はまだ草刈りを行っていない（**写真2-7-1**）。

　悦子さんが少しずつ貝ノ坂の家から足が遠のいているのは、近所の人たちの状況の変化もある。地震発生時、悦子さんを車に乗せ避難させてくれた吉岡さんは、敷地内に2軒の立派な家を持ち、四世代、9人で暮らしていた。

写真2-7-1　除染作業中の看板 (野村撮影：2015年8月19日)

しかし、避難生活中に心筋梗塞を起こし、車で病院に通うのは難しいと貝ノ坂に戻ることを諦め、現在船引〔田村市船引町〕で生活している。

また、悦子さんを買い物に誘ってくれていた大和田さんは、悦子さんの親戚にあたる。大和田さんの家も、四世代で8人が暮らしていた。息子たちが大きくなったので、敷地内に新しい家を建てていた。しかし、柱が建てられた頃から資材が運ばれなくなり、建設会社に連絡して倒産したことを知った。テレビに広告を出していた建設会社だった。そのようなこともあり、今は川内村を離れて四倉〔いわき市四倉町〕に家を建て、生活を始めている。新居近くのお寺が、同じ宗派であったため、お墓も移した。地震後そのままにされていた家も、2015年の夏には解体し更地となっている。

悦子さんが頼りにしていた隣近所は、すでにそれぞれの場所で、新しい生活を始めているのだ。

7　ご主人とヤギ小屋

悦子さんのご主人は以前、航空自衛隊司令部の会計隊に所属していた。その後、東京に本社のある東京電力の関連会社に就職し、送電線事業に30年間従事した。定年退職後は、職場関係者の勧めで会社を起こし、次男と2人

で仕事を請け負っていた。

　送電線の架設を行っていたご主人は、関東甲信越地域を仕事場としていた。会社の寮を転々とし、大きな工事のときは2年から3年近く、短くても半年は、それぞれの場所で働いていた。悦子さんも一時期、寮で食事を作りながら、ご主人と行動を共にした。休みの日には、近くの温泉や観光地にでかけ、悦子さんにとって旅行をしているような期間だった。「父さんのおかげでな、運転手いるから色々なところに行けてね」と当時を振り返る。

　ご主人は、仕事の合間をぬって、ウサギやハトの小屋を建てたり、家の前を流れる水路を利用しイワナやアユを飼ったりしていた。退職後も、土地を遊ばせておくのはもったいないと、ヒツジとヤギが走りまわることのできる囲いや小屋を作った。はじめヒツジ5頭、ヤギ4頭だったが、原発事故後に富岡町や毛戸地区(8区)でヤギを飼っていた人たちがそこに連れて来たため、一時20頭以上にもなった(**写真2-7-2**)。

　原発事故後に北海道の支援グループから、餌としてカボチャやイモなどが送られてきた。しかしそれだけでは足りないので、農協で大量に購入し、郡山市から軽トラックに乗せて持って行く。持って行った餌は、購入した倉庫に入れて置いた。支援グループへの返礼として、送られてきた餌の写真を送るルールとなっている。その作業や餌やりは、動物が好きな次男夫婦が行っ

写真2-7-2　人影に近寄ってゆくヤギたち　(野村撮影：2014年10月18日)

ている。「お父さんが飼っていたヤギだから殺せない」と、夫婦は週2、3回川内村に通っている。悦子さんも、お盆や命日には一緒に行き、お墓参りをしている。

　ご主人は、72～3キロある体格のいい人だったが、元々心臓が弱く、毎月医者である甥の病院で検査を受けていた。しかし、貧血状態が1週間ほど続いたため、郡山市内の病院にかかり、2011年の2月28日から入院していた。進行性胃がんで、検査したときにはかなり病気が進んでいた。しかし、手術によって回復し、6月には退院することができた。医師からは、抗がん剤治療を勧められていたが、本人の意思で治療をしない決断をした。退院後、少しだが食べられるようになり、一定の距離を歩けるようになった。ご主人は入院中もヒツジやヤギに会いたがったが、居住制限区域となっている貝ノ坂には連れて行けなかった。息子たちは、同じヒツジがいる郡山市内にある牧場に連れて行った（**写真2-7-3**）。

　また、退院祝いだと大洗〔茨城県東茨城郡大洗町〕の温泉旅館に泊まりに行った。その後も同じ趣味を持つ仕事仲間に会いたいと山辺〔山形県東村山郡山辺町〕を訪ねたり、三男の住む千葉〔千葉県千葉市〕に行ったりもした。

　しかし、10月になると病状が悪化して再び入院することになった。家族にとって幸いだったのは、息子たちがみんな、病院のある郡山市に住んでいた

写真2-7-3　郡山市石筵ふれあい牧場（吉田睦美氏撮影：2011年9月18日）

ことだ。また長男の社宅で避難生活をした悦子さんにとっても、病院までは歩いて行ける距離だった。「お父さんも幸せだったんだわ。子供たちがみんな、ちょうど郡山だっぺ。毎晩顔出してもらえたから。お父さんが『俺は、幸せだ』なんて言ってた」。

そんなご主人も、2011 年 11 月に 75 歳で他界した。

8　仮設住宅での生活

避難者の多くは 2011 年 6 月頃から、ビッグパレットなどの避難所を出て仮設住宅に移ることができた。悦子さんはご主人が病院から一度退院するときに、医者に仮設住宅での生活は無理だと言われたため、しばらくは長男の社宅に留まっていた。ご主人が再入院した 10 月になってから、悦子さんは郡山市の富田町若宮前応急仮設住宅に入居した。この仮設住宅は、主に富岡町や双葉町の住民が入居している。川内村の避難者の多くは、そこから歩いて 5 分程の富田町稲川原応急仮設住宅にいる。入居が遅れた悦子さんは、川内村の人びとと同じ仮設住宅に入ることができなかったが、現在の仮設住宅を気に入っている。仮設住宅の敷地内の北側に土手があり、近所に住む人たちと草刈りをして、花や野菜を植えた。今まで育てたことのない種類の野菜を、種を蒔く時期や育て方を教えてもらいながら育てることが、悦子さんにとって楽しみのひとつになっている。今年育てたキュウリや豆が、想像以上に大きく育ったと満足していた。また、歩いて行ける距離にある稲川原応急仮設住宅には集会所があり、そこにはいつも川内村の人が集まり、お茶を飲んで話をしている。そのような場所があることも、心の拠り所となっている。悦子さんが住む仮設住宅は木造で、2 つの部屋と台所、風呂やトイレが備わっている。縁側もあり、洗濯物も干しやすい。狭すぎず広すぎず、一人暮らしにちょうどいい大きさなのだ（**写真 2-7-4**）。

そして何よりも、都市である郡山の利便性が、悦子さんの生活にとって大きな利点をもたらしている。車を持たない悦子さんにとって、病院や買い物に歩いて行ける便利さと、次男夫婦と同じ敷地内にいられることが、大きな

写真2-7-4　富田町若宮前応急仮設住宅（野村撮影：2015年10月1日）

安らぎとなっている。

9　帰らない理由

「お父さんがいれば川内もいいんだけど、運転出来ねぇからなぁ」。山が好きだったご主人がいれば、貝ノ坂の家に戻ったかもしれない。しかし現実問題として、貝ノ坂は、未だ避難指示解除準備区域となっており、避難指示の解除の見込みは立っていない。もし避難指示が解除されたとしても、近隣に置かれた除染物質の仮置場が、大きな不安のもととなっている。また家も放

射能に汚染され、なかにあった家財道具をはじめ畳までもが、廃棄物として処理されてしまった。家は外形を残しているだけで、ここで生活するのならば、一から作り直さなければならない。

そして近所の何軒かは、家や倉庫を解体し始めている。「うちの息子も、『壊しちまうか母ちゃん、どうせ住めないんだから』って。あの家建てたの、ばあちゃんのこと住まわせたくて、父ちゃんと大変な思いして、頑張って建てた家なんだから。壊さないでおいてって言ったの。母ちゃんが生きてるうちは、置いてちょうだいって。そうしたら、(息子が)笑ってた。家までなくなったら、寂しいよ」。

避難している息子たちは、すでに郡山市を基盤に仕事や生活を始めている。仮設住宅で暮らしている悦子さんは、高血圧症に加えて、ご主人の看病による負担から狭心症を患ってしまった。そのため、人に頼らずに、病院や買い物に行ける環境が欠かせない。川内村での生活には、移動手段としてどうしても車が必要となる。

「色々病気を持っていれば、(川内の)家に帰っちゃったらなぁ。タクシーもないしなぁ。バスは定期的に出しているだけで、なかなか急にな。(診療所の)先生だって泊まっているわけじゃないでしょ」。

いつもご主人の車の助手席に座っていた悦子さんは、「いつまでもお父さんがいてくれると思ったら、違っていた。子供たちをあてにはできないし」。ご主人の他界により、生活する上での足を失うこととなった。

ご主人が亡くなったとき、お葬式は葬祭場で行ったが、悦子さんは葬式組の役員に連絡し、お金の管理や手伝いを頼んだ。

「葬式組には、組長さんと会計、庶務がいるんだ。役員は大体交代で。でも、できない人もいるからな、順番ってわけにはいかないけどね。だから、そこのなかで選んで。1年に1回温泉に行って(会合を開く)。前は当番で、家を回ったの。年寄りが多くなっちゃって大変だってことになって、じゃあ温泉でやろうってことで、温泉に行った。山の神様のお祝いがあって、3月の第二日曜にやるんだ。会費は5000円って決めてな。残ったのは貯金するってことで」。お葬式で急にお金が必要になった人に、融通していた。

「貸してくれっていいづらい人が多いから、やっぱり。お金ねえから貸してっていうのも、嫌がる人もいっぺ、やっぱり。だから、組合で、誰かが亡くなったって言ったら、30万円下ろしてきて、その人に渡すというようなかたちにしてたんだな。使っても使わなくても構わねえ。お葬式終わったら返すということで。助け合い、早く言えばな」。

しかし、貝ノ坂・荻地区で作られていた葬式組は、大地震の翌年の3月に、川内村の五社の杜集会所で開いた会合で、解散を決定し、積み立てられていた資金は、後日みんなに分配された。

いつも頼りにしていたご主人を亡くし、身近にいた人たちがすでに新しい場所に移り住んだことから、悦子さんは川内村には帰らないことを決めた。「どうせ家に帰らないから。復興住宅も申し込まなかったし」。悦子さんは、できるだけ一人で生活を続けたいと考えている。

悦子さんが住んでいた貝ノ坂地区は、川内村のなかでもとくに山深い地域である。そのため、そこで暮らす人びとは、近隣との関係〔ヤシキ内の人間関係〕をとても大事にし、葬式組を作るなど相互に協力しながら生活していた。同じ地域の周りに住む人たちが帰らないと決めたことが、悦子さんの帰らないとの決断につながった。避難指示解除準備区域で、放射線量が高いという環境的要因だけではなく、周りに住む人たちとコミュニティとして生活していけないという社会的要因が決断の大きな理由となったのである。

2-8 三世代家族の分離

野村智子／話者：西山王子

1 震災以前の生活 ― 三世代の同居

　震災以前、西山王子さん一家は、川内村で親、子、孫の三世代が同じ敷地内で生活していた。三世代同居は川内村では一般的な世帯構成であった。だが、震災が家族を引き裂いていく。避難生活を経て別々に暮らすこととなったこの家族について、地震発生時の様子からたどってみたい。

　西山さんは、ご主人と息子夫婦、そして3人の孫娘と川内村下川内（6区）で暮らしていた。孫は、地震発生当時、中学3年生と1年生、一番下は保育園児であった。ご主人は土木建築会社で仕事をし、王子さんは縫製会社に勤めながら近所で米と野菜を栽培していた。息子は、東電の子会社で発電所のメンテナンスに従事し、嫁も王子さんと同じ縫製会社で働いていた。王子さんの娘は結婚し、親子4人で会津若松市に住んでいた。王子さんとご主人は、ともに川内村で生まれ育ち、親戚の人たちも川内村で暮らしていた。

2 地震の発生時の王子さん

　地震発生の日は、中学3年生の孫の卒業式で、息子夫婦は卒業式に出席した。息子はその後、富岡町の警察署に免許の更新にでかけ、帰り道で地震にあった。一方、嫁は午後から職場に戻って働いていた。会社で地震の揺れを感じた直後、建物内部の配管が損傷し、そこから水が噴き出した。嫁は従業員に、「危ないから、みんな表に出て」と指示した。外に出て、その場に座り

込んでいると、停めてあった車が左右に動いているのが見えた。しばらく経って、嫁は子供たちの様子を確認するため家に向かった。

　家に着くと中学生の娘2人は、離れの2階で毛布にくるまって柱にしがみついていた。揺れが怖くて、階段を降りられずにいたのだ。母親を見た子供たちは、「ワァー、お母さん来たー。良かったー」と、母親に駆け寄った。その後嫁は、子供たちを連れて王子さんを迎えに会社に戻った。

　子供たちは「もうババ、おうちに帰ろう」、嫁も「お義母さん、うちに帰んなきゃダメだよ。もううちのなか、めちゃめちゃ」と興奮気味に話した。会社では、仕事を続けられない状態となったので、全員帰宅することになった。

　家に戻ると、屋根の瓦が落ちていた。家のなかも仏壇に飾ってあった花瓶が倒れ、水浸しになっていた。台所も、食器棚の扉が開いて、食器が下に落ちて割れていた。

　王子さんは、食器を片付け、濡れた畳を拭いて片付けを終えた。ご主人は仕事で帰って来られない。これからどうしようかと思案しながら、ふとお墓が倒れていないか心配になった。行って見ると、墓石がずれていた。その日のうちに石屋に連絡して、修理を依頼した。

　家の屋根は、熨斗瓦を7段積み重ねた立派なものだった。7段もいらないので、低くするよう業者に依頼していたが、雪が降ったために延期されていたのだった。

　12日になると、富岡町の人たちが避難してきた。防災無線で食材があったら運んで欲しいと呼びかけがあり、王子さんも家にある野菜を「あれ・これ市場」に届けた（**写真2-8-1**）。

　13日には、家でおにぎりを作り、近くにある手古岡集会所（6区）に運んだ。集会所には、富岡町の人たちに混じって毛戸（8区）の知り合いも避難してきており、集会所の裏口からおにぎりを届けると感謝された。外にいた男性に、「とん汁作ったんだけど、誰か取りに来てもらえますか」と、運ぶのを手伝ってもらった。その集会所には、すでに50人ほどが避難していた。

　携帯電話は使えなくなっていたが、固定電話は通じていた。しかし、東京にいる王子さんの姉や親戚が電話をかけてもつながりにくく、何度かかけて

写真2-8-1 「あれ・これ市場」に持ち込まれた野菜 (西巻裕氏撮影：2011年3月12日)

やっとつながる状態であった。

3　家族の避難と避難生活

　15日の夜、防災無線で自主避難が伝えられ、王子さん家族は避難の準備を始めた。7人が息子さんの車で移動する。米30キログラムと着替えなどでかなりの荷物になった。王子さんは、残っていたご飯をおにぎりにして、息子に見られないように炊飯器も乗せた。向かった先は、娘が住む会津若松のアパートだった。途中、船引町まで行くと、家族みんなの携帯電話のメールやメッセージ音が同時に鳴りだした。

　無事に会津若松市に着いたものの、娘家族4人と避難した7人が住むには狭すぎる場所だった。アパートの近くに大家さんが住んでおり、日頃から親しくしていた。実家から家族が来たことを話すと、空いている部屋を探し、アパートから歩いて5分程の部屋を手配してくれた。その部屋には王子さんとご主人が入居し、とりあえず1カ月分の家賃を支払った。

　車1台では家族それぞれの自由が利かないため、1週間ほどしてご主人と息子は車を取りに川内村に戻った。

　王子さんたちは、アパート暮らしが初めてで、窮屈な思いをした。知らな

い人たちのなかで、近くを散歩するかテレビを観るしかなかった。

「あの当時、テレビって言っても、事故のことばっかりやっていたから。逆に嫌になっちゃった」。

そのうち家が心配になり、川内村の家に戻った。そこから親戚の家に電話をかけると、その人たちも川内村にいるという。家を訪ねると、役場が避難場所を紹介してくれると教えてくれた。早速自宅に戻り、ビッグパレットにある役場に連絡した。すぐに紹介するのは無理だと言われたが、手続きのため会津若松市に戻る途中に役場に寄った。すると、その翌日に役場から連絡があり、泉崎〔西白河郡泉崎村〕にあるカントリービレッジを紹介された。

「とにかく行ってみて、いいか悪いか判断するかって、それで行ったのな。カントリービレッジって、ゴルフなんかやる人の場所だから。部屋も、家族で一部屋もらえる感じだったから。ああじゃあ、ここだったらいいなって言ってな。大広間でみんなでいるんだったら、お金かかってもアパートの方がいいかなぁって思ったけど」。

王子さんたちは、そこに移ることを決めた。その後、何度か会津若松市に通い、借りていた布団を干し、シーツや枕カバーをクリーニングにだした。結局アパートは、半月程住んだだけであった。泉崎は雪が多いところで、雪に慣れない王子さんたちにとって、楽な生活環境ではなかった。

一方、息子家族も、会津若松市で別のアパートに入居した。「息子たちは、アパートに10日間位いたの。でも、（長女の）高校受験があるから、どうしようもないってことで、ビッグパレットに移ったんだけど。私らも『行きたい』って言ったの。そうしたら、『どういう場所だか分かって言ってるのか。ビッグパレットに行って、親父のこと殺す気か』って、息子に言われて」。それは、父親の喘息を心配した息子の言葉だった。「それから、温泉〔役場から紹介された施設で、磐梯熱海（郡山市熱海町）にある廃業した温泉旅館〕に行くって聞いて、私らも（ビッグパレットに）行ってみたの。どういうとこに、いたのかなぁって。そしたらなるほど、入るに入れない、凄い臭いで。『ワァー、お父さんダメだから、すぐマスク持ってくるから』って、凄かったもんね」。

息子家族は、ビッグパレットで4、5日過ごした後、磐梯熱海の旅館に移った。

4　王子さん夫婦の帰村

　ビッグパレットにおかれた川内村役場へ行ったご主人は、そこで会社の人と会った。仕事を再開したので来て欲しいと言われ、しばらく泉崎から通っていた。ちょうどその頃、王子さんは役場の担当者から、「放射能検査をするために、野菜を作って欲しい」と頼まれた。役場は、他に3軒の専業農家に依頼していた。王子さんは家族で食べる分を作っていた程度だが、できなくてもいいと言われ、野菜作りを引き受けることにした（**写真2-8-2**）。

　野菜作りを始めた5月頃から、王子さんは度々川内村に通っていた。留守にしていても、担当者が検査用の野菜を採取することになっていたが、王子さんと顔を合わせると「アー、今日いたー」と喜んでいた。そんなことが嬉しく、ご主人も職場への通勤が便利になることから、一緒に川内村に戻ることを決めた。野菜を作り始めて2カ月後のことだった。

　「家に戻っても、最初は隠れるような思いだった。なんか悪いことでもしてるようで。家は高台にあるから、下の道路に車が通ったり、人が歩いていると、誰か帰って来たのかなぁ。何やってるんかなぁとか思って。何か不安いっぱいで。やっちゃいけないことやった気分。だから日中は、カーテンを開けないで。そうやって生活してた。訪ねてきた従兄に、『野菜作って大丈

写真2-8-2　立派に育った野菜（野村撮影：2015年10月2日）

夫か。放射線量が高いんだよ』って言われたけど、『やってみなきゃ分かんねえ』って言ったの。とにかく、仕事があるって嬉しいから、作ってみたいって思って。息子が、『家に帰ったら、まずは掃除だ』って言ってたから、もうとことん掃除。床掃除から、サッシでも何でも。とにかく、自分の家は自分で守らなきゃダメだって思って」と当時の様子を語る。

　苗は、役場の担当者が届けてくれ、その年はキャベツとブロッコリーの2種類を植えた。畑には、除染のためのゼオライトは撒いていない。親戚に頼んで家や畑、裏山の放射線量を測ってもらい、基準値以下であることを確認した。キャベツは巨大なほどに成長し、ブロッコリーの芯も相当な太さだった。野菜が収穫できると担当者が取りに来て検査し、「大丈夫、食べられる」と報告してくれた。王子さんは、その出来に驚くと同時に検査結果に安堵した。地震の前は米と野菜を作っていたが、まだ米作りには手をつけていない。

　「今は、野菜を少しずつ増やして、自分たちの食べる分と、若い人たちにもあげたい。だから必ず検査はする。友だちにあげんのにもね。自分が落ち込んでいたら、前には進めない。もう起こっちゃったことだから。これを返してって、返ってくるわけでもないから」。

5　息子家族の生活

　息子は会社から、子供たちの学校を優先し、住む場所を確保してから仕事に来て欲しいと言われていた。4月になると長女の高校が決まり、息子も仕事を始めようと、郡山市内にアパートを探した。当時は民間の賃貸住宅を応急仮設住宅として利用できる借上げアパート住宅制度を知らず、敷金礼金を払い、家財道具も自分で購入した。

　息子家族は以前、川内村で離れの2階に住んでおり、子供が大きくなったため、敷地内に自分の家を建てたいと考えていた。しかし、原発災害を受けて、自宅の新築は叶わずにいた。その頃、郡山市の同じアパートで親しくしていた人から、近くで土地が売りにでていることを聞いた。アパートから100メートル程の場所である。早速現地を見に行き、購入を決めた。これで子供た

ちを転校させる必要がなく、親しくなった地域の人たちと離れることもない。一家は2013年4月から、新しい家に住み始めた。

6 川内村の生活

川内村で生活を再開した王子さんだが、不安に思っていることがある。

「病気したときは、どうしようかって。それが一番の心配だよね。今までは富岡に、自分のかかりつけの病院があったでしょう。今は、郡山。突然、具合悪くなってどうしようっていったときに、どうやって行こうって思う」。

王子さんは昨年、坐骨神経痛のために歩けなくなったことがある。

「お父さんの仕事休ませて、郡山に行くってわけにもいかないから、自分で運転したんだけど。足の先までしびれて、車から降りた瞬間歩けないの。車のドアにつかまって、やっと病院に行けたんだけど…。帰りも息子のアパートに寄って、休んでから帰って来た。今までそんなことになったこともないし、薬一つ飲んだことなかった。それがねぇ、やっぱり血糖値とか。好き勝手に食べたりしてたでしょ。仕事がないから。そうやってたから、多分体もまいったんだと思うんだよね」。

近所に住む友人が、みんな川内村に戻って来たため、王子さんは心強く感じている。以前のようにお互い、時間を見つけては、家にお茶を飲みに来るよう誘い合っている。そういうつきあいを通して、気を遣うこともなく楽に過ごすことができる。

原発事故の前は、1週間に一度は富岡や浪江、いわきなどに買い物に行っていた。

「お昼食べに行くとか、友達なんかと遊びながら買い出しに。今は向こうに行けないでしょ。399（号線）通って行くには、道路が狭いし、除染や工事の人たちの車が頻繁に通るしね。だから危なくて、通れない」。

今は、食事や買い物は船引町に行っている。前と比べると遠いけれど、不便だとは感じていない。

地震で壊れた屋根の修理は、当初警戒区域となったため、応急処置も出来

ずにいた。しかし、川内村の大工さんが快く引き受け、大きなビニールシートで覆ってくれた。川内村の避難指示解除準備区域が解除されて、しばらくしてから瓦の葺き替えが行われた。東日本大震災による住宅の応急修理制度の対象に該当しなかったため、修理費用は個人の保険で賄った。

ご主人は現在、体調を崩して仕事を休んでいるが、王子さんは食品検査場で働きながら、野菜を育てている。食品の検査は、2013年まで、7カ所の集会所に間借りして行われていた。2014年に4カ所に減り、新たに専用の食品検査場が設置された。王子さんが戻って最初に作ったときから、野菜は基準値内に収まっている。しかし、山菜やきのこ類は、まだ基準値を超えるものが多い。

「やっぱり誰もが、買って食べるより、家で作ったものの方がいいって思う。だからみんな、家で作るんだよね。食品検査場ができたから、作って持っていって、大丈夫だよって言われると安心して食べられる。自分らが検査しているからかも知れないけど、スーパーに置いてある野菜は、本当に計っているのって思う。私ら、自分で作って、本当に新鮮なもの食べているから。地震のあとスーパーで買ってたけど。今考えてみても、あんなに高いお金出して買うんだったら、家の野菜を美味しく食べた方が良かったよなぁって思って、ついついいろんな種類、作るようになっちゃうんだよね」。

7　ひとつの家族がふたつの家族に

王子さん夫婦は以前、息子夫婦と3人の孫に囲まれた生活をしていた。その頃は、今のように家族が別々に暮らすことは考えてもみなかったことだ。当時、中学3年生だった長女は大学生で、次女も高校3年生になった。保育園に通っていた三女は、小学4年生になっている。

息子たちは、お彼岸やお盆などに、孫を連れてお墓参りに郡山から帰ってくる。

「(息子が)ちっちゃいときに世話になったじいちゃん、ばあちゃんが亡くなっているから、やっぱりねえ。そういうときは、子供たち連れて、線香あげに来ます。そうでなきゃ、離れてっちゃうもの。そうでなくたって、離れ

ていってるのにねぇ。気持ちもだんだん離れられては、私とお父さんが2人でポツンと残されるんじゃ、ちょっと寂しいもんね」。

最近一番下の孫が、春休みを利用して泊まりに来た。近所の子供たちは、誰も帰って来ていない。

「『誰もいないから、つまらないなぁー』って。せっかく泊まりに来てくれたんだから、どこに行こうかなぁって。『いちご園でも行こうかなぁ』って言ったら、『えー、行けんのー』なんて、喜んで行って。『じゃあ、夏休みになったら、今度はジャガイモ堀りに来ようかなぁ』なんて言ってたよ」。

息子も、原発事故からしばらくして別の会社に移り、電気関係の仕事をしている。職場が大熊町にあるため、平日は王子さん夫婦の家で寝泊まりし、週末に郡山に戻っている。「食事作るのが大変なだけで。でも、やっぱりね」と、王子さんは嬉しそうに語った。

王子さんは当初、「若い人をあてにしていてもしょうがないから。若い人は若い人で、健康に生活して家庭を守っていければそれでいい。自分たちは自分たちで、出来る範囲のことをやって、若い人に迷惑かけないで生活しようって思っている。若い人は若い人なりの、これからがあるから」と言っていた。

しかし、盆休みにお墓参りに訪れるだけではなく、息子と平日を過ごし、長期の休みには孫が泊まりに来てくれるようになり、王子さん夫婦は生活に張り合いをもてるようになった。

王子さんには、荻(8区)に住む友だちがいる。そこは第一原発から20キロメートル圏内に位置し、今も避難指示解除準備区域となっている〔2016年6月に解除となった、本章の聞きとりはそれ以前の内容である〕。原発事故後新潟県に避難した家族は、現在も戻れない状況だ。王子さんは、その人たちのことを考えると、自分たちは元の家に戻って来られて本当に恵まれていると感じている。

2-9 子育て世代にとっての帰村

野田岳仁／話者：秋元活廣

1 子育て世代の抱える不安

　原発災害から5年以上が経過し、川内村の帰村者の数は半数に戻ってきている。しかし、その大部分は高齢世代であり、子育て世代の帰村はごくわずかに限られている。このことは村が復興を目指すうえで大きな課題となっている。子育て世代の帰村の目処がつかなければ、将来的な村の存続さえも立ち行かなくなる可能性があるからである。

　子育て世代の帰村を妨げている原因のひとつと考えられているのは、放射線被ばくへの不安である。とくに小さな子供を抱える世代にとっては頭の痛い問題である。もっとも、政策的には居住可能な空間線量に抑えるために、村内空間の除染に注力してきたし、じっさいに線量は大幅に低下している。

　ただ、それでも村のなかは均一に低線量になっているわけではない。そのため、いざ生活を再開しようとすれば、低線量被ばくのリスクとどのようにつきあっていくのかが問われることになる。このことに答えを出すことは容易ではない。若者世代の多くが帰村に踏み切れない理由はここにある。

　にもかかわらず、近い将来の帰村（2017年を予定）を決断し、村で2人の子供を育てることを決断した夫婦がいる。秋元活廣さん〔1972（昭和47）年生〕夫婦である。活廣さん夫婦は川内村（3区）に住んでいた。震災後の2013年に長女が誕生し、2015年には次女が誕生した。現在は、いわき市の借り上げアパートを生活の拠点としているが、活廣さんは週に数回、川内村に通う生活を続け、帰村への準備をはじめている。

活廣さん夫婦は子供が誕生したばかりのいま、なぜ川内村に戻ることを決めたのだろうか。本章では、子育て世代が帰村を決断した理由を明らかにしていこう。

2　責任感や義務感では帰れない

活廣さんは震災前から各行政区で取り組まれていた盆踊りを復活させるなど、むらおこしの若手リーダー的存在であった。なぜこのような活動を行ってきたのだろうか。活廣さんは言う。

「いままで川内村は行政区が8区あって、行政区ごとに盆踊りをやっていたんですけど、やる区とやらない区があったりとか。盆踊りをやらなくなってきた。そんなのおもしろくないなって思って。じゃあ若いやつ集まってなんかやるべって。それではじまったのが盆ダンス。それは震災前からで」。

活廣さんを中心とした若者の有志が盆踊りの復活に向けて始動したのは2006年のことである。翌年の2007年にはじめて盆ダンスを開催した。

盆ダンスとは、昔ながらの盆踊りだけでなく、若者らしいステージイベントや景品付きの抽選会があったり、小さな子供たちが遊べるようにエア遊具が用意されるなど、地元の人たちだけでなく、お盆に帰省する人たちも含めて家族で楽しめるように考えられたイベントである（写真2-9-1・2・3）。盆ダンスは、幅広い世代の人が楽しめるイベントとして好評で、お盆の時期の楽しみとして村の人にも認知されるようになっていた。震災後の2011年には避難先のビッグパレットふくしま（郡山市）でも開催され、2012年からは村内に場所を戻して開催されていた。震災後は、復興関連事業として村からも補助が出るようになっているが、それまでは経費を持ち出しで行ってきた。それでも、このような取り組みをはじめたのは川内村を盛り上げたいという思いからだった。

「震災前から川内村は過疎化が進んでいたので。ただそれが震災で早送りされただけなんですよね。徐々にじゃなくて、（過疎化が）急にポンと来ちゃったので、みんなどうするんだってことになっているんですよね」。

2-9 子育て世代にとっての帰村　151

写真2-9-1　盆ダンス全景（秋元活廣氏撮影：2015年9月2日）

写真2-9-2
イベントを楽しむ子供たち
（秋元活廣氏撮影：2015年9月2日）

写真2-9-3
盆ダンスのステージイベント
（秋元活廣氏撮影：2015年9月2日）

152　第2部　住民一人ひとりが語る体験

　このようにみると、彼が帰村を決めた理由には、過疎化や高齢化が進む村の将来を考えたうえでの決断のようにもみえる。つまり、若い世代のリーダーとしての責任感が働いたようにも理解できるだろう。しかし、決してそうではないと言う。「責任感や義務感では村に帰ることはできない」と語るからである。では、帰村を決めた理由とはいったいどのようなものなのだろうか。その理由を理解するために震災後の活廣さんの対応をみていくことにしよう。

3　震災によって遅れた結婚

　じつは活廣さんにとって3月12日、東日本大震災の翌日には大切な予定が入っていた。その日は、奥さんとなる恵美さんが活廣さんの両親に結婚の挨拶に来る予定だったのだ。活廣さんと恵美さんは結婚の意思を固めており、すでに活廣さんは恵美さんの両親に結婚の挨拶を済ませていた。

　しかし、それどころではなくなってしまった。2人は結婚どころかしばらく会うことすらできない状態となった。活廣さんは川内村に暮らし、奥さんの恵美さんは浪江町に住んでいたからだ。ともに避難生活を余儀なくされた。

　活廣さんは震災後、自身も被災者でありながらボランティアを続けていた。3月11日の震災時は会社のある大熊町にいた。

　「最初会社の駐車場にいたんですけど、大渋滞していたんで、車に乗りながら会社の仲間と3人でテレビをつけてみていたら、宮城県で津波が来ていますと言って、たいへんだなって思っていて。すぐそこに津波が来てるなんて全然思わずに。駐車場の渋滞もなくなったんで、17時くらいに駐車場を出て。たいした不安もなく行けるところまで行こうと思って。ふつうに30分くらいで帰ってきて。アレって思って。電気ついているし。帰ってきたらおやじとおふくろがふつうに飯食っていたんで。『大丈夫だったか？』と聞いたら『コップ2つ割れちゃった』って言って。車庫にいって車大丈夫だったかなって確認したりして。川内村は被害も少なかったんで、手伝いにも行けたというか」。

　翌日の12日からは富岡町からの避難者への対応に追われた（**写真2-9-4**）。「富岡からここにワサッと（人が）来たんですよね。話に聞くと最初は200人

写真2-9-4　富岡町からの避難者への炊き出し（西巻裕氏撮影：2011年3月13日）

だったかな。川内村に富岡町から避難に行くと連絡が来たらしいんですよね。そしたら5000人来ちゃって。川内村の人口よりも多くて。それで各家にボランティアを募集してますと。申し訳ないけど家にある食材も提供してくれないかと連絡があって。暇だし行ってくるかなって自転車で役場まで行って。役場でボランティアの受付してたんですよね。そこに名前書いて。なにやるわけではないんですけど。実際は、ホラ、原子力発電所が危ないって。川内村でも自主的に避難していた人もいたんですけど、みんなたいへんそうだし手伝いに行こうかという感じで。避難所があっちにこっちに分かれていたんでみんなに名簿（避難者名簿）を書いてもらって。そういうことをしていましたね。それを1枚にまとめて。まとめたものをあっちこっちに配ったりして」。

　活廣さんが家に戻ると、たくさんの人であふれていた。「父ちゃん母ちゃんも避難所に手伝いにいったりして。米持ってって。母ちゃんが避難所いったら赤ちゃんが困ってるって。風呂提供して。オレ帰ってきたらすごい人がいっぱいいて、何だ？って思ったら『いま風呂入れてんだ』って言って。電気が止まろうが何しようが水は出るんで」。

　川内村は全国的にも珍しく上水道を整備していない自治体である。住民は個人で井戸をつくったり、山水を利用してきた。活廣さんの家は、裏山の山水を水源とした集落単位の簡易水道を利用していた。水道は電気モーターも

使わず水圧だけで引き込んでいる。当時は停電にはなっていなかったが、災害時には役に立つことを知っていた。

16日には川内村は全村避難を決めた。活廣さんは、両親を船引町に暮らす親戚に預けることを決め、自身は村の避難先のビッグパレットに向かった。

「ビッグパレットはね、4月の終わりくらいまでいましたね。ビッグパレット行ったときは、最初ボランティアはほとんどいなかったんですよね。物資が5分、10分おきに届くんですよ。対応する人がいなくて」。

活廣さんは車で寝泊まりしていた。「ビッグパレット自体も被災していたんで。ガラスが割れたり。大ホールはほぼ使えなかったんですよ。ホールは土日に向けての飾り付けとかがあって。廊下や階段を使って。足の踏み場もないくらいで」。

その後、活廣さんは郡山市を離れることになる。「仕事が来たんですよ。会社から連絡が来て。『長野県に出張できる？』と言われて。諏訪湖の水門の（構造物の）交換だったんで。仕事は重量物運搬なので、タイヤの一杯ついた車で運ぶっていう。で、帰って来るところがなかったんで、ビッグパレットに戻って。その後はまた1週間位したら仕事がはいって。長野に行って。その後は会社で寮というかアパートをいわき市におさえたんで、いわき市に行って」。

6月になると「奥さんがいわき市でアパートを探してくれて、そのアパートに2人で住み始めた」。ようやく、2人は7月に入籍することになったのである。活廣さん夫婦には2013年に長女が誕生し、今年に次女が誕生した。結婚し、家族を持つことで心境に変化が生まれてきたのだと言う。

4　田植え作業を通じて感じた親の存在

活廣さんは、実家の敷地内に家を建てて、両親と暮らすことを計画している。川内村には確かに今暮らすいわき市に比べて線量が高い傾向がある。その意味で、科学的にはいまだ"安全"な場所とは言い切れない側面がある。しかし、そのような場所であるからこそ、"安心"して子育てができる環境に身を移す必要があると考えている[1]。その安心を支えるのは両親の存在である。

写真2-9-5　稲刈り（秋元活廣氏撮影：2015年秋）

「それで最近思ったことがある」。そう言って、話しはじめた。

　活廣さんは2015年にはじめて田植えをした（写真2-9-5）。「人力で。今年はじめて手で田植えをしてみて。そんなたいしたことではないだろうと思っていたんですけど。たいへんで。しかも一人でやってみたんですよ。おやじやおふくろからはたいへんだぞって言われたんですけど。苗作りは余っている人のところへもらいにいって。苗を夜に田んぼに並べておいて。つぎの日の朝5時くらいからはじめて。マァ、かかっても3、4時間かなと。まず苗の株を田んぼに投げておくんですよね。それだけでも1時間位かかるんですよ。もうこんな時間かと思って。ズーと植えていって。10時半くらいまで、だいたい5時間位で半分植え終わって」。

　田植えをするにあたって、父親から色々アドバイスを受けた。「その前の日にガジ棒っていって、30センチメートルの間隔で線を引く棒がある。グランドをならすトンボのような。どこに植えるかマーキングするもの。これをおやじに聞いておいて。木あるし、クギかなんか打てばいいんだろうと。イヤ、竹じゃないとダメなんだと。しかも皮のついたやつ。しなりのあるやつじゃないとダメ。田んぼは平らじゃないからしなりのある竹で引いていかないとダメだと。それを聞いた時に、なるほどと。やっぱり年寄りって大事なんだなと。そんなときに、アァ、やっぱりもっとはやく話を聞いておけばよかっ

たと思ったんですよね」。

　前の日に父親と山に竹をとりに行き、ガジ棒を準備した。夜には、田んぼにガジ棒で縦と横に線を引いた。縦線と横線の交差した点に苗を植えるためだ。

　　「それで10時半くらいになって、もう腰の骨が折れそうになって。これはダメだと思って。半分植え終わったからとりあえず休憩しようと思ってあぜ道に横になっていたんですよ。そしたら、母ちゃんが来たんですよ。『手伝おうか？』って。ところが母ちゃんはひざが痛いんですよ。だから『無理すんな』ってって言ったんですけど。『大丈夫だから』って、やりはじめたんで。エーやるの？少しは休憩させてくれよって。そしたらおやじも来たんですよ。『なんだァー？そしたら機械もってくる』って。3分の2くらいは手で植えて。半分は自分で植えて、ちょっとだけ母ちゃんと一緒に植えて。あとはおやじに機械で植えてもらって。それのときに、ああ、親って大事だなって。なんだかんだ（子供のことが）心配なんだなって。心配で来るんだなって。この歳になって、親の大切さを感じて。マァ、帰ってきたいなって」。

　活廣さんはこの田植え作業を通じて、両親の息子を思う気持ちに自身の子を思う気持ちとを重ねあわせていたのだろう。しかし、なぜ今になって田植えをしてみようと思ったのだろうか。

　　「うちでは来年からは田植えをやらないって言うんで。ちょっとやってみようかなって。それに去年餅つきしたんですよ。で、意外におもしろかったんで、もち米を植えたんですよ。今年植えたのももち米。また餅つきでもしようかって」。

　川内村では高齢や跡継ぎの不在を理由にして、田んぼを維持できなくなる家が少なくない。震災という経験はそれに拍車を掛けているとも言われている。

「たいへんなんですよね。やってみて分かります。何人かで田植えをするのは、楽しいなと思うんですけど。最初っから言えば、山から土とってくるときからはじまるんですよ。で、米になるといくらにもならないんですよね。自分の家で消費するって言ったって年寄り2人なら1俵、2俵あれば十分なんで。やってみて分かる。田の草もとらないといけないし。朝と晩の水やりをしなくちゃなんないので。歳とってからは無理だなって思うんですよ。田んぼに入ってみると、体力をつかうんですよね。足はとられるわ、腰は曲げてるわ、苗箱は重いんで運び方があるわで。歳とってからはきついなって。震災後、母ちゃんはやめたいって、おやじはやるって言ったんですけど、体力の限界を感じたんでしょうね。このへんで借りてつくっても良いっていう人がいるので、その人に貸すつもりみたいなんですけどね」。

活廣さんは、決して思い出づくりに田植えをしているわけではない。活廣さんはその目的をあるインタビューでつぎのように語っている。「楽しみの場には必ずおいしい餅料理があり、楽しみの日は餅を食べる日。今でも川内村には年間40日も餅をついて食べる農家があります。その伝統文化を子供たちにも体験させ、村内外の人と餅料理を味わい広げ、それを土台に餅料理

写真2-9-6　鏡餅づくり（野田撮影：2016年1月16日）

食堂や特産品開発もしたい。そしてまだ帰還できずにいる村外住民にも正月の鏡餅にして届けたい」（全国町村会『町村週報』2937 号）と（**写真 2-9-6**）。

田植えをするきっかけは村を盛り上げたいという思いから生まれたものでもあるのだろう。しかし、田植えの作業は思いがけない気づきをもたらすことになった。「いままで一緒懸命手伝いをしたってことないんですけど。大人になって、なんかその米をつくるとか、作物を育てるということの大事さというか、そういうのをふと思うようになった」。

このような経験を自分の娘たちにも経験させたいと思うようになったのだと言う。そのためには、活廣さんの両親の暮らす川内村という環境でなければならないと話す。

5　子を守る親の責任

「人間関係を形成するはじまりが家族だと思うんですよね。お父さんとお母さんと自分とだけではなく、おじいちゃん、おばあちゃんがいてくれたほうがたくましく育ってくれると思うんですよね」。

この"たくましさ"とはどのようなものなのだろう。活廣さんは言う。

　　「力強いとかではなく、精神的、人間的な力を養わせるのが親の責任だと思うんですよね。それには環境が一番大事だと。放射能がある環境で育てるのが嫌だといって別の環境に行く人もいますし、いやそれよりもこの地域とかそれを大事にと言って育てる人もいるでしょうし。オレはたまたま線量が低くて生活できるところですし、ここで人のつながりのなかで、それを大事にする人に育ってほしいと思っています」。

確かに活廣さんの実家のある 3 区は村内でもっとも空間線量の低い場所のひとつでもある。しかし、そうであっても、低線量被ばくのリスクと向き合うことは避けられない。そのリスクは、たんに科学的な健康被害だけを意味するのではない。将来的な差別や偏見といった社会的被害をも生み出す可能

性がある。このリスクにはどのように向き合えばいいのだろうか。活廣さんはつぎのように語る。

　　「うちはとくに娘なんで、大人になって、福島出身、川内生まれなんていうと、差別、偏見が必ず出てくると思うんですよ。必ず。そうなったときに、考える力があれば、対応できるだろうし、乗り切っていけるだろうなと思うんですよね。誰かがそういうことを言うかもしれないし、誰かが言ったことを聞くかもしれないし。そういうときに考える力があれば対応できる。そういう考えを持つ。そういう子に育てるのが親の責任だと思うんですよね」。

活廣さんのいう"考える力"というのはつぎのようなものである。

　　「輪っていうのかな。つながりを大事に生きていって欲しいなと。人を見る目を養うこと、輪を大事にすることを教えると、ゆくゆくはそのことがその子を守ることになると思うんですよね。オレがいなくなっても。子供を守るっていっても、ずっと守ってられるわけではないから。物理的に守るわけではなくて。人に対する考え、物事に対する考える力をつけさせるというか。それがその子を守ることになると思うんですよね」。

　親が子を守るというと、しばしば親が肉体的に子の身を守ることを想像しがちである。ところが、活廣さんの考えはそうではない。親が精神的な身の守り方を養わせることによって、子が自分自身で身を守る必要があるのだと述べる。その力を授けること、それこそが親の務めなのだと。
　「そのためにはこの環境じゃないと。いろんなことがあってもめげることなく育ってきたので。自分がいままで生きてこれたのはここで育ったから」だと。「人を見る目を養うこと、輪を大事にすること」も活廣さん自身が川内村という場所で生きてきた家族の存在があったからだ。
　「地域のつながりのないアパートで暮らすよりは…。アパートが悪いわけで

160 第2部 住民一人ひとりが語る体験

はないんですけど。どうしても、やっぱり田舎で育って、地域のなか、家族のなかで育ってきたので、そういう教えのほうがいいかなと思うんですよね」。

そう話すと、活廣さんは再び3月12日の出来事に話を戻した。「父ちゃん母ちゃんがボランティアに行って、家でお風呂入れたりしてたんですよね。そういうことですよね。さすがだなって」。「『お風呂入れ』って言って。そのあと何人来たって嫌な顔しないんで。そういうのをみると、よかったなって。直接教えられるわけではないんですけど、そういう姿をみると考えさせられるというか。よかったなと思いますね。そういうのを自分の子にも経験して欲しいと思います」。活廣さんはそう言って、にっこり微笑んだ。

【注】

1 「安全」と「安心」の間には深い断絶がある。清水亮はつぎのように指摘する。すなわち、「安全」とは、科学的な調査によって決められた数値に対して、専門家が決めた一定の基準を当てはめて判断されたひとつの評価にすぎないと。しかし、それらの数値に対して「安心」できるかどうかは、住民の主観的な評価となる。住民それぞれの「安心」に寄り添うことは、平等や公正性の原則を貫く行政の論理とは相容れないが、その論理を超えた配慮の必要性を論じている (清水 2015)。

【引用文献】

清水亮、2015、「帰還と生活安全」似田貝香門・吉原直樹編『震災と市民2─支援とケア』東京大学出版会。

2-10　若者と再離村

藤田祐二／話者：山崎優也（仮名）

1　刻々と迫り来る放射能と仕事

　放射能の危険性に対する不安が社会を覆っていたにもかかわらず、原発事故からわずか2週間後に東京電力福島第一原子力発電所から20〜30キロメートル圏内の川内村に帰村した20代の若者がいた。彼は、社会の流れに抗して世界の多くの人びとが危険だと思っていた地域に帰村したのである。

　ここで考えてみたいことは、なぜこの若者が帰村を決意したのかという点である。覚悟をもって帰村した若者の姿をとらえたい。結論を先取りするならば、彼は覚悟をもって帰村したにもかかわらず、やがて村を再び去ることになる。本章の後半では、その理由を探っていく。

　既述したように、国は原発からの距離と放射能汚染状況をもとに、立ち入りを禁止する警戒区域と、屋内に退避する緊急時避難準備区域を設定し、そこに住んでいた人びとの生活を強制的に制限する政策をとった〔2-1 参照〕。生活圏や生活行動を制限されれば、人は生き方を変えなければならない。そのような時でも、人はそれまで自分自身が成長してきた環境でつちかった生き方と、時代が強いる変化との間で、より"生きやすさ"を求めてさまざまな選択をすることになる。

　本章では、人間の生活を大きく変化させた原発災害という深刻な出来事の影響下において、家族・地域コミュニティ・職場など、彼が生活環境と関係を持ちながら、20代の若者がさまざまな選択をしていく姿を見ていく。

2　震災直後の状況

「震災の時は高田島（1区）の養豚場にいました。とんでもない状態でした。豚は黙っちゃった。餌のタンクも底が抜けてそれを片付けて、とりあえず帰ろうということになって、その日は帰宅しました。

12日に出勤したら、養豚場は水が出なかった。あそこの水は、ポンプでの汲み上げと沢水を山から引いているんで、冬は凍っちゃうんです。当時は冬だったんで、山からの水はストップして、汲み上げた水を使っていたんです。

農場が坂になっているところにあり、その坂の上に貯水槽があって、そこから各建物に水を送っていました。そのタンクの水が空っぽになっていたんです。水をいくら足してもたまらなかったんです。土の中も凍っていて、損壊場所を探すのが大変で、特定するのに2日かかりました。

養豚場の水道の修理を一日中やりつつ、豚を殺しちゃいけないと考えていました。豚は水と餌が混ざっているのを食べるから、とりあえず、水を汲んできてバケツから柄杓で餌の上に水をかけて、エサと水を配管から直接流した。他に豚に影響あったって言えば、うちの農場は豚を産ませる繁殖農場なんですけど、つぎの日やっぱ、流産がありましたね。冬場は、ひと月に1頭か2頭流産だけど、あのときは1日で3頭ぐらい。それから何日か続けて（流産した）という感じでしたね」。

「13日には（原発が）爆発したんです。そのとき俺は普通に外で仕事していて、テレビ見て、ああ、爆発したんだって。それぐらいの感覚だったんですよ。まさか、避難するなんて思っていなかった。でも、徐々に、空間線量は上がってきていたんですよね。それは役場の定時放送で頻繁に放送されていたんですよ。線量を言っていたんで、ああ、徐々に上がってきてはいるなって。

最初の数値は記憶にないですけど、役場の前で10マイクロシーベルト〔μSv/h〕まで上がったって文章に残っている。で、まあ、正直仕事は行きたくなかったですよね。ですけど、職場が近くだったっていうのもあって仕事に行きました。その農場に来ていた人のなかにも、富岡から通っていた人がいたんですが全然連絡つかなくて、どうしたのかなって思っていたら、高田島の集会

場に避難していた。13日には富岡の人たちが上がってきていた〔避難してきていた〕んで、もう、ヤバイ（危険）って」。

　このころになると川内村の学校、役場などの中心施設から避難者受け入れが始まり、徐々に各行政区の集会所でも富岡町からの避難者の受け入れを開始していた。その様子を間近で見るうちに、彼にも危機感が押し寄せてきた。

　「俺が仕事に行かなくなったのは、結局みんなで避難するってなったとき、あれは確か、3月16日ですかね、うちの家族はみんなで避難したんです。それはお昼頃ですかね。

　その日も仕事行って、いよいよ線量がだいぶ上がってきたって、あのときで、役場の前で朝9マイクロシーベルトって言っていたんですね。原発で働いたことある人が職場にいて、『これはちょっとヤバイ（危険）』だろうってことで、当時、携帯電話の電波が入んなかったんですけど、なんとか電波が入る場所に行った。そして、農場長が栃木県の生産本部に電話したら、『いや、避難しないでくれ』って。でももう、みんな『自分の体の方が大事だ』って、『聞いてられない』ってことで、みんなで避難しようってなった。でもあのとき、燃料（ガソリン）もあんまり手に入らなかった」。

　震災当時、川内村内には3軒のガソリンスタンドがあった。一台2000円分に限って給油を行っていたが、人口約3000人の川内村に富岡町の避難者が車で避難してきたのだから燃料は尽きてしまう。3軒のガソリンスタンドでは、どこも給油待ちの車で長蛇の列になったという。

　「佐和屋のスタンドでも、ある分だけ売っちゃったらもうないですって、早かったですね。あの時、12日頃には底つきちゃって、我々も逃げるにも、もう、燃料ある人はいいんですけど、ない人はもう、しょうがないってことで、会社で（燃料を）いくらか貯めてあったんですね。それをみんなで分けて、多く入っている人は抜いて分けた。それで、『元気でね』。って、お昼頃ですかね、『ばいばい』って」。

　「あの日に高田島のほとんどの人は避難した。その前に、富岡の人はほとんど避難していた。避難していったっていうよりは、ほぼ、夜逃げ同然に居なくなったんですよ。で、養豚場で働いていて富岡から来た人だけは、残っ

ていたんですよ。やっぱ逃げようと思ったらしいんですけど、いや、黙って
逃げるの、人としておかしいって気づいたらしく、避難するときは俺らと一
緒に行こうということで、(俺らが)避難することになって、避難しました」。

3　避難地郡山市から帰村する決断

　当時は郡山市のビッグパレットふくしま〔福島県産業交流館〕が一番大きな
避難所となっており、役場機能もこの施設に置かれていた。このような避難
所には支援物資も届いていたが、彼の避難先は、同じ郡山市内でも支援物資
などが届かない家族と親戚の家であった。避難地での生活は食料調達とその
ために必要な車の燃料補給先を探す毎日であった。

　「ウチ(私の家)の家族は、俺の妹と、俺のおばさん、親父の妹が郡山
にいるんで、そこに分かれて(避難した)。俺は妹のところに3月いっぱ
い避難して…2週間だけでしたけど」。

　「ガソリンスタンドにタンクローリーが来ると情報が入れば、『マジ
か!』と思って、夜のうちから並んでいました。車の中で寝て、朝に
なったら少しずつ動き出して、でも、入れられる数量は限定されていて、
2000円分だったかな、平均に行き渡るように。目の前の人が入れられて
も、『ここまでです』って、つぎの人は入れられないってことはあった
みたいです。2回ぐらいガソリンスタンドに並びました」。

　「どこか行こうにもどこもやっていないし、郡山でもほとんど、お店
もどこも開いていなかった。それでも、郡山で生活するには食料が必要
なので、セブンイレブン開いてるなあと思って行っても、何もないじゃ
んって。ドラッグストアに行ってみんな並んでいるから並んでみようか
なと思って、並んで、みんな開店待ちしているんですよ。開店して入り
口でカゴは渡されるんですけど、一人カップラーメン2個までとか、決
められちゃうんです。そんな感じで食料集めていた。そうして食料貯め
るんですけど、やっぱ徐々にしか貯まらないんですよ。郡山ではそんな

ことばっかりやっていましたね」。

　そのような避難生活を送るうちに、彼は避難中の生活に対して、自分は何をやっているんだろう、こんな生活でいいのか、という疑問が心に湧き上がってきた。それは「そんなことばっかり」という語りから読み取ることができる。そうこうしているうちに彼は同じ職場の人が帰村したことを知る。そして若者の周辺の環境変化が、徐々に彼の気持ちを変化させていった。

　　「ビッグパレットに避難している職場の人が戻ったらしいって聞いたんで、じゃあ、俺も戻るかって考え始めた。避難から一週間ぐらいしてから、帰ろうかなって考え始めました。しばらくは妹の家にいて、妹も一週間ぐらいは仕事に行けなかったんです。（その後）やっぱ、〔周囲の人たちが〕仕事に行き始めて、俺だけ仕事しないでいるのもなあって考えるようになった。その時川内村に帰った理由って、郡山にいづらかったっていうのもある」。

　周囲の人たちが徐々に仕事を再開するなかで自分だけが仕事をしないでいるということに違和感を覚え始めていた。そして、彼は帰村して職場復帰することを決意し、家族や親戚に話を切り出した。

　　「戻るって言ったら、家族からは、いや、『ダメダメ』って言われた。そのときおばさんに言われたのは、『そんなにしてまで、帰ることがあるのか』って、おばあちゃんには、『よく考えてみろ』って言われて、ああ、反対されてんだなって思いました。お母さんや妹は分かってくれているようだった。止めなかったです。会社からは帰って来いとは言われませんでした。俺以外はみんな仕事始まっていたんで俺も帰らなければなって（思った）。
　　（みんなに）止められても村に帰るつもりだった。その当時で、役場で10マイクロシーベルト（μSv/h）あった。『もちろん命を捨てる覚悟で』。

それぐらいの覚悟がなければ戻らないでしょ。何を思ったか、一人で戻ったんですよ。31日に川内の家に帰って4月1日から会社に行きました。(職場の人には)『なんで戻ってきたんだ』って言われました。

　ファームの人は十数人しかいなかったんですけど、10人近くは戻ってきていた。でもやっぱり、何人かすぐやめちゃって、5、6人で（仕事を）やりました。でも、週末は郡山に来てました。（家族に）顔見せに帰ったんです。」

　おばさんやおばあちゃんが、まだ結婚もしておらず、これから未来がある彼の人生を心配して「帰るな」と諭すのは当然である。原発事故の影響が安定せず放射線被ばくの危険性があるから避難したわけで、そこに戻るということは、当時の状況からすると一般的には考えられない。労働や避難に対して補償が出るのならば帰村宣言などを待って帰村しても良かったはずである。しかし、彼が選んだのは、ほとんどの村の人が避難して少しの人しか残っていない地元に戻り、労働するということであった。職場に帰れば職場の人たちは若い彼が放射能の危険性がある地域に帰ってきたことを厳しい言葉で迎え入れた。

4　食べる物もガソリンもなく

　「川内村に帰ってきて、生活する燃料はなかったんですけど、そんなに使わなかったんですよ、家から職場まで片道3キロメートルぐらいしかないんでそんなに燃料も減らなかった。その前に、俺は自分の車を置いて避難したんで、（自分の車に）燃料が入ってなかったんです。震災当時、燃料入ってなかったんで、母ちゃんの車借りて会社に行っていたんです。会社で燃料分けたときも、うちの母ちゃんの車に入れたんで、俺はその車で郡山に避難してた。

　うちの父ちゃんが、（ガソリンを）10リットルくらい携行缶に貯めたらしくて、それ持って、あの頃寒かっから水道とか凍結して、破裂しちゃってたん

ですね。それを修理に行くっていうから、乗せてもらって、(川内村の自宅まで)送ってもらったんです。そこから俺一人です。食べるものの不安とかはありましたよね。一週間に一回郡山に来たときとかに買って。だいたいそれで一週間もたせていた」。

「食料は本当にもう、カップラーメン、パン…そんなに量はなかったですけど。4月の半ば頃には安定的に燃料が手に入って、(郡山市の)店の方も始まってきてはいたんで、週末は郡山に行って顔出して、食料見つけて買って、ひどい生活でしたね、食生活は。1年ぐらいは毎日同じです。レトルトのご飯に、あの、レトルトのカレーとかレトルトの牛丼毎日あれです。毎日、毎日。」

「仕事からは午後6時には帰れたしテレビも見れました。当時は本当に人いなかったですよ、真っ暗。でも、確か鈴木商店はいたんですよね。明かりがついているのは、鈴木商店ぐらいでした〔2-5参照〕。静けさはもともと、うちの方は音とかしないんで、それは変わんなかったですけど、やっぱり、遠くに明かりが見えるっていうだけでも違いますよね。それがないっていうのも、なんか、気持ち悪いというか…」。

「いつもの年だったら、6月くらいになると、田んぼのカエルが鳴き始めるじゃないですか。それも、震災の年はほとんど聞こえなかったですよね。田んぼもやっていないんで、水も張ってないんで、田んぼの近くでは鳴いていなかったですね。田んぼやっていれば、ああこんな時期なんだなって分かるじゃないですか。でも、一切やってないんで、もう、春に草が伸びたら伸びたまんま。枯れるまで同じ景色なんで、季節は暑くなったら夏なんだなって、そんな感じでした」。

「家族が帰ってきたのは間違いなく震災から1年以上は経っていました〔実際はそんなには長くないが、環境がそう感じさせていた〕。家族には何回か電話しましたよ。あんたら、息子のこと心配じゃないのかって。ハハハ。だいぶいい暮らしをしていたらしいよ。電話で、どこにいるのって聞いたら、必ず外食していましたから。今日、焼肉みたいな」。「エーッて」。

彼はある覚悟を持って帰村した。職場はともかく、彼が生活する地域の状況は、原発事故以前とは違って決して居心地のいい生きやすい場所ではな

かった。そのような地域にも半年、1年と経過するうちに徐々に住民が帰り始め、祭りもこじんまりと行われるようになった。そして、避難から2年後の2013年田んぼの作付けが行われるようになると、高田島（1区）では豊作祈願の祭りと伝統芸能の復活を計画した。しかし、現役の踊り手である中学生は避難地での学校生活で祭りに参加することができない事態となっていた。そこで、集落では助っ人としてOBである彼に白羽の矢を立てた。

5 復活した祭りの助っ人

「集落の祭りには、踊り手を引退してからはずっと祭りには行っていなかった。祭りが復活するとき、今の区長が直接家に来て、『1人足りないんだ、協力してくれないかな』って依頼に来たんです。自分も三匹獅子をやっていたんで、子供たちが1人足りなくて踊れないっていうのは可哀想だなって、それは二つ返事で『わかりました』って言いました」。

　現役から退いて地域コミュニティから遠ざかっていたが、地域の役に立つ、後輩たちの役に立ちたいと彼は考えた。そして彼は中学3年生の時に引退して、何年も踊っていない三匹獅子の助っ人を引き受ける決断をした。その決断はこの土地に住みながらもコミュニティから遠ざかっていた彼を、コミュニティのメンバーであることを意識させるきっかけとなった。彼は現在の伝統芸能や祭りに対しての考えをつぎのように語ってくれた。

　　「高田島の神楽と獅子舞は重要無形文化財なんですけど、今は地元だけで出来ないじゃないですか。だから、外の人たち〔ボランティアや地域に縁がある人たち〕も集まってやるっていうのも最近〔原発事故直前〕ですね。祭りに対する思いっていうのは、久しぶりに踊ってみて、獅子をやって来た者としては、やっぱりなくしちゃいけないなって思いますね、ずっと継承していってもらいたいなと。来年（2015年）の春は（新しい三匹獅子の）初お披露目ですからね、人集まるんじゃないですか。そういう時は人集まりますよ、（踊り手も）ちっちゃいんで踊りも可愛いですよね」。

写真2-10-1 復活した三匹獅子（藤田撮影：2013年9月15日）

　このとき、このコミュニティは彼を必要としていたし、彼もそのことを実感していて居心地がいい場所であった。祭りの時に会う彼から感じられたのは、俺の踊りを見ていてくださいという自信であった。踊りで相手と戦う場面では堂々と、戦いに負けたときには切なく、そんなことを観客に思わせ、掛け声がかかるほどであった(**写真 2-10-1**)。

　しかし、その聞き取りから8カ月後、2度目の聞き取りに訪れると彼は川内村を離れて、郡山市で暮らしていた。彼は川内村に帰ってからの仕事とその変化について語ってくれた。その語りからは、原発災害による社会環境の変化が彼の行動に影響を与え、また、彼とコミュニティとの関係も変化させたことが現れている。

6　除染の仕事と将来の不安

　彼は帰村した2011年3月から1年間は避難前と同じ職場で働いていたが、その後、職を変えることになった。一方、集落の祭りには2013年秋祭り、2014年春、秋と参加したが、2015年春祭りでは彼の姿を見つけることがで

きなかった。

　「養豚場は 2012 年 3 月（彼の帰村から 1 年後）で辞めたんです。その後、今の除染の仕事に変えたのは去年（2013 年）の 6 月からですかね、富岡町の方に行っているんです。富岡町はもう、インフラはメチャクチャですね。今（2014 年 10 月）は、なんとか、道路通行止めにして所々掘り返して、下水とか直したりはしている。それも人が足りないみたいで、進んでいない。

　養豚場をやめたのは、やっぱり一番は、これ（給料）です、（除染の仕事は収入が）倍になりますね。これから、30、40 歳ってなっていくのに、ある程度先が見えないと不安。川内に来た企業も前にいた会社と（給料は）そんなに変わらないみたいです。企業も結局安定してないんだと思います。

　除染の仕事は反対されていた。親にも心配されて、集落の人たちにも、『何やってんだ』って、言われていた。みんな除染に行っているけれど、やっぱ、俺は若いっていうのがあって、これから結婚して、子供できたときに、なんか放射能の影響あったらどうすんだって。やっぱ、そう言われると不安はあります。社長も（言うんです）『安全だって言われても 100 パーセント安全だっていうわけではない』。『どんな影響が出るかわからない』って…不安はありますね」。

　震災前に原発関連の仕事をしていた川内村住民も少なくなかった。しかし、事故後警戒区域に指定されたため働く場を失ってしまった。村は帰村宣言と合わせて県外の企業と提携して企業を誘致した。だが、原発事故後に新しくできた放射能除染の仕事の給与の高さが、そちらに人を吸収していった。その給与の高さは、危険手当が含まれていた。それでも生活の安定を考えれば給与の高さは魅力的であったのだ。

　放射能除染の仕事は誰かがやらなければならないということを住民は理解しているが、若い彼が除染の仕事に就くことには否定的であったようである。彼も給与が高いという理由で、除染の仕事をしたものの、親や集落の人たち

が心配してくれていることや、将来のことを考えて除染の仕事を退職することを考えはじめていた。

7 再離村と新たな挑戦

郡山市で暮らす事になった彼にこれからのことについて問いかけてみると、「俺もこれから挑戦しようと思っているんです。今月の15日（2015年6月）で除染の仕事やめるんです。理由は1カ月くらい体調が悪い。郡山で新しく頑張りたいんですって社長に言った。郡山での給料はわからないけれども。

原発関連だったらあるんですよ。今以上に、給料が出るところ。内容は、まあ、ほぼ原発内。危険手当がでかいんですよね。しばらくは廃炉まである仕事なんで、行こうと思えば長くはある仕事。線量計がないと入れないんで、交代で入るんで人が欲しいみたいです。技術を持った人とか経験のある人が線量いっぱいになっちゃって入れなくなってるんでミスが起きちゃう。でも、今は原発廃炉に付き合う気はないです。郡山で探してみようかなって思っています」。

「郡山で暮らすようになって一緒に暮らしている2カ月前に知り合った彼女がいる。向こうの実家にも行っているし、川内にも2回くらい連れて行っている。お父さんとも会いました。緊張した。どんなプロポーズしてくれるのかなーって言ってきますよ。出てきてよかった。俺今28です。彼女19です将来のこと考えますよ。結婚考えている」。

彼は、いまだ除染がされていない時期に社会の動きに逆行し、勇気を出して村に帰った若者である。また、過疎が進む地域にもかかわらず、高校卒業後も地域から離れずに地元企業で働いていた。さらに、地域コミュニティも彼に期待しているし、彼も期待に応えようとしている。原発災害という社会的に大きな出来事がなければ、川内村でそのまま生活していたであろう。しかし、現在はかつての避難地であった郡山市で暮らしている。働き盛りの若者にとっては、いわば再離村せざるをえない状況が生まれているのである。

C 復興に向けて

2-11 コミュニティにとっての農業

藤田祐二 ／話者：井出剛弘

1 農業を続けること

　川内村の場合、東京電力福島第一原子力発電所から 30 キロメートル圏内であったため、たとえ帰村できても農業をあきらめてもおかしくない状況にあった。しかし、この地域で農業を営む剛弘さんたちは、深い悲しみや落胆があったのにもかかわらず、農業が被害にあったからといって、簡単に農業をあきらめるという決断には至らなかった。それはなぜだろうか。

　ここでは震災直後から農業に取り組む井出剛弘さんに注目する。剛弘さんは事故当時、高田島 (1 区) の区長を務めていた。

　「富岡の人は小中学校の体育館だけでは対応しきれねえから、すごかった。各区の集会場 (を使うよう) に村で要請したから、どの区の人も容易でなかったぞ (**写真 2-11-1**)。2 区も 3 区も 4 区も、各集会場 (避難者で) いっぱいだったから。1 区でも、浜の方〔富岡町〕から 100 人ぐらい来ていた人たちを、毎日、集会場で世話していたんだよ。避難受け入れの段取り、集落で米集めたり、野菜持ってきてもらったりして、何が何だかわからなくて忙しかった。集会場から溢れて寝泊まりできない人たちは、『ひとの駅』〔廃校になった第三小学校〕や自動車の中で寝ていた」。

　しかし、ある朝、集会場はもぬけの殻になっていたという。「富岡の消防関係もいたから、なんか情報入ったのか、あの人たち逃げろとなったべ。だから川内村が避難する前にいなくなっちゃった。礼も言わないで、夜早々、みんな避難しちゃった。憤慨しちゃったんだけども、あとから何人か申し訳

写真2-11-1　避難所となった集会所（西巻裕氏撮影：2011年3月13日）

なかったって手紙とかなんかよこした。誰でも、逃げろとなれば、逃げちゃう。布団だってそのまま。朝になって、鈴木孝幸君〔2-5 でとりあげた鈴木美智子さんのご主人〕から『区長さん誰もいない』っていうから、『連絡入ったのか』ってきいたら、『わかんねえ』って。ハハハハハ。夜中に情報入ってみんな避難しちゃったんだと」。

「原発が危ないから避難するという人が何人かいれば、集団心理で動いてしまうから、それは仕方がない」と孝幸さんは当時を回顧する。剛弘さんは富岡町民のそんな避難の様子を見ていて、これは簡単な出来事ではないという思いが強くなっていった。なぜかというと、富岡町はこの1区の集会場から車で1時間ほどの距離であり、事態が収束すればすぐに帰ることのできる距離であった。それにもかかわらず、大勢いる大人が世話になった礼を言うこともなく避難するということから、慌てぶりがうかがえたからだ。

一方、川内村役場では川内村と富岡町が合同で避難の話し合いが行われていた。そして、区長であった剛弘さんにも招集がかかった。「そしたら、役場で、区長と村会議員集まってくれとなった。それで、コミュセン（コミュニティセンター）に集まったんだ。富岡の人（役場）もいて川内から避難するとき、川内村もこれから避難したほうがいいべって。区長とか議員が、そんだったら、村長、避難するしかねえって言うことになった。ただ、急に放送で言っちゃっ

たんでは、ダメだから俺らが地元さ帰ってある程度話するまでは、やめろって言って、落ち着いてから避難命令出したんだな」。

「その頃は簡単に考えていたよな、東電の原発事故がどの程度なんて…1週間くらいしたらみんな帰ってこれっぺって考えていたもんな。(村長が緊急放送で)『さよなら』って言ったって考えている人もいるけど、そうは言っていない。村長は悪い意味で言ったんでねえ。受け取る人で違っちゃうからな。『さよなら』っていうのは見捨てたのと同じだっていう人もいるけど、そうではねえって。村長だって、腹決めんのは大変だったべよ。避難させんだもの。重大な責任だわい。なんかあったら、なんだって言われっぺ。あれは間違った判断でなかった。それも、じっとしてられる〔静観する〕問題でねえ」。

「そして俺は最後まで(この1区に)いて自分の車で行った。俺と孝幸君が最後、集落のなかをグルーっとみて。孝幸くんは、ばあちゃんがああいう(動かせない)状態だから避難しなかった。(うちの区では)3人ぐらいは残っていたのかな。あとはみんな避難しちゃったな。避難の後、早い人は2週間くらいで仕事の関係で戻ってきた人がいたけど。生き物関係の仕事(畜産業)なんかは会社に呼ばれるから、そんで来るしかなかったんだべ。家内は、ばあちゃんを連れて長野さ行っていたんだけど、俺だけは逃げねえでビッグパレットにいて、毎日ビッグパレットからこの集落に(通って)来たな、避難しないでいた人もいたから」。

「避難のときはわけがわからない状態、あれは経験した人でないとわかんない。みんな、それぞれに子供たちを頼ったり、親戚頼ったりした。だから、ビッグパレットそのものは全員、全村で行ったんではない。ごく一部だから。ごく一部ったって、半数はいたな。最初、原発事故と聞いて、怖いからダメだっていう人は、3日4日、1週間前から(この区に)いなかった。ここら辺もいなかった、隣もいなかったからな。村が避難する前からいなかったから。だから、本当に寂しかったぞ」。

双葉郡の他の町村の状況を見るにつけ、もし、川内村の放射線量が高い値を示していたら、と考えることがあるという。「いや、な、これで、放射能高いっていうなら、ダメだな。(自分たちは)比較的良かったんだよな。こう

いうこと言ったらなんだけど、向こう（飯館村）は風向きで放射能が高い。あれこっち側、まともに来てたら、はあ、終わりだよ。帰って来るどころじゃない。こんなことしてられない。飯館は後からわかった、あれは、可哀想だった。風向きひとつで（放射能が）行っちゃった、川俣〔川俣町〕までな」。

「原発で仕事していた奴も、あれは距離で決まるものではないって言う。その通りだ、梅雨時期だったら風向きで川内ダメだったな。まともに川内に来ていた。8区の貝ノ坂は（標高が）高いからダメ、（同じ8区の）毛戸は低いからなんとか。入梅時期だったら補償もらって（補償をもらうだけで）帰ってこれなかった。解釈の仕方はあるけど、そういう意味では不幸中の幸いだった」。

風向きひとつで被害の明暗が分かれてしまった、そのような状況下において、川内村では復興計画にしたがって、農業再開に向けた農地の放射能除染を行うこととなった。

2　農地の放射能汚染と除染

田畑が荒れた状況を見て復活は難しいと多くの住民は感じていた。この地で育ってきた者たちにとって、集落の全部の土地が荒れた風景など見たことがなかったのである。放射能の除染作業は公共施設が2011年5月からはじまり、農地は秋からはじまった。その様子をある夫婦は以下のように言う。

「公共施設の除染はその年の5月。除染ていうか掃除、今考えれば、掃除ですね。まあ、一応、除染というかたちでやっていたんですけど。マスクして、タイベックス〔放射線防護服〕着て、ああ、当時はタイベックスは着ていなかったかな。そのあとです、本格的な本当の除染ていうのは、その年の11月から本当にタイベックス着てやったんですね。草刈りは、その年の秋、10月から草刈りした。2011年の10月からで、その光景はいかにもなんか…」。

「そういう仕事があるよっていうことで、その仕事、出たんですよ。5、6、7、8月まであったんですね。その時はタイベックススーツ着ないで、

ただマスクして、まあ、除染なんですけど、掃除みたいな感じ。あらゆる集会所とか、『ゆふね』〔川内村の医療施設。2-4 参照〕とか、学校全部、お盆前までやったんですね。あのときで、30 人くらいいましたね。川内に帰ってきたけども、何にも仕事がすることないっていうことでね（それでこの仕事をした）。その年の 10 月から草刈りが始まった。やっぱりそれも、個人じゃなくて雇われてね。まあ、復興対策事業なんだっぺなあ。その頃には、10 月頃には（何人かが）ポツポツ戻り始めていたんだものな」。

　行政が帰村宣言（2012 年 1 月 31 日）を行う前に自主的に帰村していた人たちが少しずつ除染作業とも掃除ともつかない作業をしていたと言う。その後すぐ、米作りのための農地除染が本格的に開始された。除染の方法について剛弘さんが語ってくれた。

　「1 年目の農地除染は、ゼオライト、カリとかで放射性物質を吸着させて、深耕って深く掘ったんだな。収量は下がらないくらいの深掘りな。ゼオライトは機械でまいたんだ。トラクターに積んで、2 メートル以上ある機械に穴が空いていて、飼料入れて。1 反あたりゼオライト 60 キログラムくらい落としていくの、スーッと撒くんだ（**写真 2-11-2・3**）。そのあと機械で 30 センチメートルくらいの深耕。20 センチメートルぐらいでは除染できないから、深く掘った。いつものとはロータリーそのものが違う。機械は誰も持っていないから、川内村の組合で買ったんだ。除染する前の木のように（大きく）なった草はトラクターにつける草刈機で粉々に刈り取った（**写真 2-11-4**）。普通はそんなもの使わないから、国の責任で原子力の補償で、機械も導入した。国がカネだしてアルバイトの人たちに草刈りをさせた」。

　剛弘さんは、除染作業の深耕に対して「本当はな、3 年に一回くらいは深耕したほうがいいんだ。毎年浅くてはダメなんだ。3 年とか 5 年に 1回は天地替えって、深耕したほうがいいんだ」と語った。

　深耕を行えば長年かけて作ってきた土がダメになる可能性があったは

2-11 コミュニティにとっての農業　177

写真2-11-2
ゼオライト散布（井出剛弘氏提供）

写真2-11-3
ゼオライト散布（井出剛弘氏提供）

写真2-11-4　除染前の農地の草刈り（井出剛弘氏提供：2012年8月23日）

ずである。しかし、「本当は…」と自分の気持ちを納得させて農地除染にのぞんだ。除染一つを取っても受け入れたくないものを、受け入れざるを得ない状況の中での農業の再開であった。そのような状況下であっても、この集落で農業を続けることが剛弘さんにとって、とても大事なことだったのである。

「試験田を作付けしてデータを見て大丈夫だから、今年から、やろうかって、それでもみんな帰村しているわけじゃないから、戻って来てい

る人で、やってみようかって言うことで、2013年からやっている。この集落は結構作付けしてある」。

3 気力と体力減退という被害

避難から2年間は農業が行われなかった。川内村では2011年は作付け禁止、2012年は放射性セシウムを見るための試験田の作付け、2013年になってようやく農地は除染されて作付け禁止解除となった。

しかし、放射線量の数値に対する不安や避難によって作付けが進まないことは容易に想像できる。けれども、農業を本格的に再開できない原因はもっと深いところにあるようだった。その困難を集落の人びとの語りからみてみよう。

まずは、休耕田の荒れた様子である。「先祖から受け継いだもの(田畑)は草だらけになって、2年ぐらいほっぽっておいて、原発でみんな避難させられて、田畑は草が身長ほどの高さと、親指ほどの太さになって見るに見かねた状態だった」(M氏)。

「もう、草ぼうぼうだわない、全然手付かずだしね、手入れ何にもしないし。まあ、あの時は刈ってもダメだって、言われていたんだ」(W氏)。

「なんにもねーよ、草との戦いだよ、帰って来ても(畑を)つくれなかった、川内の田んぼがみんな荒れたときは見んのも嫌だったな。夏過ぎて草が焼けるとまた(いっそう)みすぼらしい」(AK氏)。

「これ、また使えるようになるのか?って思った」(AYさん)。

つぎは、農業を再開するときの、気力について。「60歳超えた人が、体が、3年休んだら戻れねえって、これを、農地を荒らさないで、『やるんだア』、『やるんだ』て言う"気"ですよ。その気が抜けっちゃってから、100パーセント元には戻れねえって。そっちの方がでかい。体もだけど、体よりも気持ちだから」。

「兄弟5人に、『野菜もらっていくよ』とか『米送るよ』とか、贈ってあげて、喜んでもらえるから作っているんだ。それが、検査値はND(検出限界以下)だ

からって 0 ではないわけですよ。そうするとあっちも、孫には食べさせたくない。そうすると、あげられない。あげられない米だ、野菜だ、作ってられねえ。だんだん、だんだん縮小していく。逆に、自分（の分）だけならいっそうのこと全く作るのよそう、と言う人もいる。だから、風評被害はおおきい。大丈夫だから作れ、大丈夫だから作れと上の人は言うけど、大丈夫だから作れったって作れないさ、この気持ちはどうやったって吹っ切れない」。

「うちの姉さんらは自分だけ食べて孫には食べさせないって言って持っていったけど。俺から、あげよう。また来年、来たら作ってあげよう。ていう気が抜けちゃった。こればっかりはでかい」。

「ここら辺の年寄り、やっている畑って言うのは、娘、外孫にあげるために作ってんだよ。自分で食うために作ってんじゃねえよ。だから、"作るつらさ"がある。せっかく作っても誰も食べねんだな、って言う気持ちは、かわいそうだ。そこが一番つらいとこだな」。（AK 氏）

最後に、短い避難生活から早々と 1 区に帰って農業を再開した人の体力について。「オラも、避難地の東京から来たときは働くの嫌だったもの。俺もみんないる所（避難先）に行くかなって思ったこともあった。みんな仮設住宅から帰ってくると、めんごく（可愛く）お化粧して、オラ、真っ黒けになって、なんだか嫌になってってったな。みんな色んなものもらって、お化粧から何からな。その頃、オラ本気になって働いてよ。帰って来た頃は、ちっと働くと体が震えていたもの」（EK 氏）。

2 年間の休耕の被害は、おすそ分けができないことによる人間関係の崩壊、それらが元になって、気力を失うことにまで及んでいた。そして、気力を振り絞って再開しても、体力が戻らなかった。多くの住民が語るのは、年を取っても農業ができるのは毎年、毎年農業をやってきたからだという。震災前は、毎年、今年はダメかなと思っても、春になれば"不思議な気力"が戻り、体が動いていたのだという。しかし、2 年間の休耕のあとは、春がきてもこの"不思議な気力"は出なくなってしまった。

そのような状況下で集落の田んぼ全部が作付けされるはずもなく、休耕田がまばらにある状態であった。このようななか、ようやく農業を再開し、作

付けされた田んぼには害虫が襲いかかった。

4　休耕田からの被害

　2013年10月4日（金）の福島民友新聞につぎのような見出しがある。「カメムシ被害深刻・近隣から飛来拡大か」「全体での対策必要根本的対策難しく」とある。どういうことかと剛弘さんに尋ねると、カメムシはイネの穂を吸汁して黒い斑紋を作り玄米の品質を損なうのである。

　　「カメムシは耕作していないところと、耕作してあるところが交互にあると良くない。あれは、葉っぱにたかって（へばりついて）いるから、周辺はきれいにしておかなければダメなんだ。田んぼのすぐ脇は山にしておいたんでは、作付けしている田んぼだけ消毒して草刈っても、容易でねえ（ダメな）んだよ。イノシシなんかも周辺に荒らした土地とか、茅とかなんかあった場合は、そういうとこにたむろって（集まって）いるから。田んぼにすぐ入っちゃう、そういうこと無えようにしなければ、農業はダメ。だから、みんなで、集落で一斉にやんなきゃ（農業を再開しなければ）ダメなんだよ。俺んとこやったから、こっちはいいべって言うんではダメ、ずーっといっぺんにやんねえとな。虫はまたそこさ行くから。難しいんだ。だから、田んぼ作りは簡単でねえんだぞ。」

　剛弘さんが「ずーっといっぺんにやんねえとな」と言うとおり、みんなで行う農業ができなくなってしまうことも、続けることを決断した農業者からすると被害である。それは、「ユイ」と「ユイ返し」で成り立っていたコミュニティの危機でもあり、この地域の生活を形作っていた基盤である農業の危機でもある。剛弘さんは、なんとかして集落の農業を維持し続けるために、川内村議会にも農業への補助について働きかけている。個人としては、休耕してしまいそうな田んぼを借り受け、13軒もの家の田んぼを剛弘さんができる限り耕作している。ここまで述べたような多様な被害はあるものの、とにか

く、農業ができるようになったことは剛弘さんにとって喜びであった。集落の人たちのさまざまな思いを知りつつ、剛弘さんは田んぼの作付けを再開した。

5　復興のために奪われた農地

作付けは再開したが、被害はさらに続いた。一つは、剛弘さんが作付けしていた田んぼが村の復興のために住宅地、商業施設の建設予定地となってしまったのである。

> 「震災前の川内村は基幹産業が農業だったから、畜産、酪農、葉タバコ、って収入源の一番の源だったから、農地はなくしたくないわけだ、農業委員会ではな。それでなくたって、村では、工業団地だなんだって、農地潰しているわけだから」。
>
> 「ああいうの作るのは農地から替えたほうが楽なんだわな。川内では水田とかは潰さないで、山がこんなにあるんだからな、そういうところにやれって言っているんだよ。農地をバンバン、バンバンつぶして、200万円出して借り上げて。みんな潰してるから、潰すことに農業委員会では反対している。農地っていうのは簡単には転用はさせたくないんだ」。

村の復興の過程で剛弘さんにも同様の被害が回ってくることになった。剛弘さんは自分の地区よりも標高が低い下川内地区の親戚の田んぼも作付けすることになった。その様子を、剛弘さんの奥さんは、「どんな米ができるのか楽しみなんだって」「遠いのに、行くんだよー」と語ってくれた。しかし、楽しみにしていた田んぼも翌年には作付けできなくなってしまう。

> 「下川内に災害公営住宅できたでしょ、5区の宮ノ下、あそこ（の場所は）俺が（田を）作っていたんだよ、いとこのところだから。震災後、最初の年にあの7反歩作付けたんだ。それが、災害住宅になるっていうから、

俺は反対したんだ(**写真2-11-5**)。ダメだって、役場の課長と、でも、最終的には(いとこの田んぼで)俺の田んぼでないからな。それで、村の発展のためには仕方ないってことで、村の言うこと聞いちゃったからなあ、『俺はダメだ』って言ったんだ。ソバ畑もそうだけど、田んぼも、村ではああいういいところをみんな潰しちゃう。商業施設を造っているところ、あそこも俺は作っていた(**写真2-11-6**)」。

「こういうのは議会にかからないから、行政と個人の話だ。そのとき課長にダメだって言ったんだ。みんな農地としていいところなくなっちゃった。こんなんで、田んぼ潰すなって言ったんだ。そしたら、いやここが場所がいいんだっていうんだ」。

写真2-11-5　災害公営住宅 (藤田撮影：2015年8月23日)

写真2-11-6　商業施設予定地 (藤田撮影：2015年8月23日)

「いいわな、ここに、仮設住宅あるし、あの一角を村では中心にしたかったんだべ。いい田んぼだったんだよ。俺反対したんだけど、俺も色んな立場上反対できないから、土地の所有者も、娘3人だから、娘しかいないからな。村の復興するんだったら、協力するしかないべって、俺も、じゃあ、そうするべって、そんで、出来上がったんだよ。あくまでも反対していたら出来上がらなかったよ」。

剛弘さんは、「1区のここらさなんかやらせないよ！」。さらに、声を震わせて言った。「やらせられないよ、それだったら農家潰されっちゃう」。

6 放射線量全袋検査と農業継続

心配事は絶えずあったが、自分の土地での農業は再開し、2年が過ぎた。消費者の不安を払拭するため、福島県の米は全量全袋検査が行われている。生産者の個人名入りである。全袋検査は放射能汚染されていない米だけが流通することを保証するものである。しかし、その全袋検査にも問題があるという。そして、全袋検査は米価にも影響してしまっていると剛弘さんは語る。

福島第一原発から30キロメートル圏内の農業は世間一般では放射性物質があるから農業が復興できないと考えられている。もちろんそれもあるだろう、しかし、土地が痩せる可能性がありながらも農地の除染もおこなってきたし、流通している放射性セシウムは検出限界以下である。剛弘さんは米の放射能全袋検査について、その数値よりも、それを行うことが結果的に福島の米は危険かもしれないとの宣言につながることを懸念する。全袋検査をやめれば、農協を通さず業者と交渉ができると考えている。そうすれば、また以前のように米の価格が多少なりとも上がると期待している。

「ここは同じ川内でも収量取れねえから、1反歩よくやって約7俵位だから。下（下川内）の方（5、6、7区）では9俵から10俵とれる。それで、米が安かったらやって行くのは大変だ。収量とれないところに、1

俵7000円や6000円では嫌んなっちゃう。業者に頼んで、刈ってもらって、除草剤だ燃料だなんて言ったら、ぶっ倒し〔大赤字〕だ、やんねえ方がいいぞ。

　俺も、みんなの状況分かっていても油代と機械代くらいは貰わなければならないべ、電気量だって大変だからな。だから、(自分の田を)作る人も、我ら頼まれてやる人も大変だ、本当だ。頼まれても、本当困っちまうんだ、タダでもやれないし、採算が合わないとわかったら、刈らないほうがいいくらいだなー。でも、作ってから刈らないわけにいかないし…。俺はなんとか機械とか自分の持ってるからなんとかなる。しかし、俺もこれ、あれだぞ、320俵とったんだ。でも、経費かけて思った値段で売れないんだもの、全然ダメだ」。

　「今まで（震災前）だって、（農協を通さない）業者販売は1万1000円くらいで、売っていたんだから。だから、農協に委託する人は誰もいなかった。これ、震災なっちゃったから。(放射)線量検査しなけりゃなんねえべ、全袋検査。全袋検査しなければならないから、農協さ持って行かねばなんねえ。なんかあったら、補償問題あっから農協に持っていけば、農協で全部やってくれるから。だから、業者に売らなくなっちゃった」。

　「落ち着けば、業者もまた買いに来てくれる、だから、いつまで県で全量検査やっかだな。止めれば、元にもどる。そうしたら、米屋さんは毎年買ってきたから、いい米だって、だからこれ、1万1000円ならどうしたって、もうちっと高くなんないかって、800円くれえ出して行くかって、普通の米なら交渉ができる」。

　全袋検査は米業者との交渉の機会を奪ってしまっていた。それに加えて、放射能汚染は除染作業というそれまでなかった仕事を作りだした。それは、離農を加速させてしまうという被害をもたらすこととなった。

　　「避難で2年、田んぼ耕さなかった。今年もやらない人がいるし、今年作っても安いからこの集落でも来年作んねえって言う人、俺知ってい

るだけでも5、6人いるな。結局、山の奥の方の田んぼなんて不便なところは誰も借りてやる人いねえべ。この辺りも耕作放棄地出てくるな。だって、大変だべ、60キログラムが7000円では、誰もやらねえ方がいいってなる。だもの、若い人たちは除染〔作業〕さ浜〔富岡町など浜通り地域〕に行ったら、1万6000円になんだもの、米なんか作っていることねえわい。夫婦二人で働いて80万円にしかならないなんて、何にも百姓すっことねえべ」。

「嫁様もらう歳の人はいるのに働くとこがないのも問題なんだ。対策として、お見合いとかもやっていて、費用出すから外国に行って来いって準備していた矢先に震災になっちゃった。そういう話してたら、みんな避難でバラバラになっちゃった、本当にダメになっちゃったな」。

そう残念そうに語る。ここまで述べてきたように、剛弘さんたち農業者と農業を中心としたコミュニティの活動への被害はいくつも重なっていた。

7　被害があっても農業を続ける

「人の心も変わったしな。とやかく人のこという人もいるようになったし。言うことねえよな、そんなことな。いや、困ってんのはみんな同じなんだから、商店は商店で苦労してっぺしな。農家は農家で苦労しているし。色んな立場でみんな苦労しているわけだから」。

人の心が変わったということ、そのことを剛弘さんは原発災害による被害とみなしている。農業が中心の生活感覚を持った地区において、農業が衰退すればコミュニティの団結力が低下し、コミュニティの団結力が弱くなれば農業の衰退につながるという関係があるという。農業もコミュニティも潰すわけにはいかない。農業を続ける責任が剛弘さんにはあった。このような声は、集落内でも聞かれた。

AK氏は言う。「自分の代で（土地が）荒れるっていうのは許されない。それだけ土地への執着は凄いんだって。生活が楽になるからって道路通すって

言ったって、この農地に執着ある人はなんでかんで（どんなことがあっても）動かない。土地への執着は、やった人でなければわからない。この田んぼは（むかし）自分の親が食う米ねえって、それで米を買って食べていた。だから、この辺は水がかかる（水を引くことができる）土地は全部（開墾して）田んぼにして来た。俺だって（親やおじいさんに）申し訳ねえと思うもん。それ（先祖の思い）が残ってんだよ」。親やおじいさんが開墾をしてきた苦労を見聞きしているために、その苦労を自分が踏みにじることはできないと考えている。

剛弘さんは、先祖を軸にして集落と農業との関係を語る。「農業やめちゃったら大変だ。田んぼが荒れて、山放題〔荒れ放題になって山に戻ってしまう〕になっちゃう。だからやっぱり我々は、先祖から受け継いだ田畑は山にするわけにはいかないわけよ、自分の代ではな。後は若い世代になればそれはわからないけど」。

このように見てくれば、剛弘さんが自分の土地だけではなく、13軒もの他人の土地を預かってまで耕作するのは、自分の家の利益追求とは異なった意味、また前出の害虫被害対策として多くの田んぼ耕作するのとも違った意味があることがわかる。

　　「自分の土地だけではなく、他の家の農地を耕すのは、頼まれたら、やらなければならない。俺も世話になってきたからだ。親戚だからダメだとも言えない。もともとは"ユイ"でやっていたんだから。農業を通じて、まとまっているところがあるな。お互いに共同でみんなでやっていたから、絆っていうのがあった。おにぎりに味噌つけてな食べながら（田の仕事を）やっていた。田を荒らせないから田を作ってくれて言われればな、やっぱな、作るしかないわな。それに、安いって言ったって、やればやっただけのもの（収入）にはなるからな。大金は取れなくたってそれはそれなりに。百姓が好きなんだな、俺な」。

こうした語りからわかるように、剛弘さんの心の深層にしまってある責任感が土地を耕し続ける原動力になっている。それはコミュニティを守るとい

う責任感である。震災時や震災直後は区長としてコミュニティを守る責任を果たしていた。そして、大好きな「百姓」をすることによっても、コミュニティを守る責任を果たしていたのである。

「バイパス通りの右側の田んぼは俺がほとんどやっている。俺の分だけでも6町歩ある。これ作んなかったら景観悪くなっちまう。この道路のわき作んなかったら景観変わっちまう。震災後1年、2年はこの辺り、草だらけだった。でも今は、みんな作付けした田んぼでふさがっている。

「この集落で農家なくなっちゃったらダメだっぺ。この集落で農家なくしちゃったら。ま、近い将来どうなるかわからないけれど、この集落は自然が豊かなところで、米作りやらなかったらどうしようもない。農家がなくなったら、この集落はまとまりがなくなって、崩れちゃうだろうな。そしたら、高田島（1区）の景観変わっちゃう。そうすると生活も変わる。住んでいられるかどうか。草生えた風景のところに、そんなところに、住むために帰ってはこない。3年も4年も放っておいたら、柳なんて、腕の太さくらいになっちゃうからな」。

「でも、2年くらいだから、そんなに太くならなかった。そのかわり、草とかなんとかが、すごかったからな。背丈以上に伸びちゃったから（**写真2-11-7**）。除染の時、すごかったよ、背丈以上あったから。あの景観では誰も帰ってこない」。

「この集落の道の両脇は田んぼの風景がいいんだ（**写真2-11-8・9**）。これからの季節、色が変わって黄金色になる。それが気持ちがいいんだ。景観だけ見たら、刈るのがもったいないくらいだ。それが農家の生きがい、楽しみなんだな」。

8　働く文化と意味

高田島（1区）には避難せずに酪農を続けたHさんという人がいる。Hさんは言う。「昔は少しの利益が出れば働いた、それなのにみんなどうしちゃっ

写真2-11-7　背丈以上に伸びた草（井出剛弘氏提供）

写真2-11-8　道路脇の黄金色に実る田んぼ（藤田撮影：2015年10月2日）

写真2-11-9　井出氏らが作った田んぼ（藤田撮影：2015年10月2日）

たんだ」と。Hさんの指摘は、震災後に集落の人びとの農業への考え方が変わり、農業から離れることを憂いたものである。

　集落内で農業への考え方に変化がみられるなかでも剛弘さんは、土地は親から受け継いだもの、先祖から預かっているものと考えているし、断言している。農地は個人の所有物ではなく先祖から連なる家の財産であるからである。しかも、区長を務め、1区を守る責任を背負った剛弘さんは、1区の先

祖たちから、集落の土地を受け継ぎ預かっているものという感覚をもっている。自分は一時的に預かっているものだから、個人の勝手で荒らすことができないという考え方である。預かりものは自分だけのものではないから、誰かに託すことになる。開墾者から分かれた親戚、子孫。それができない場合、開墾した仲間の家となる。だから、頼まれれば、やらないわけにはいかないのである。そう考えると、剛弘さんの行動は納得ができる。

　「農家の使命」のひとつには、大事な預かりものを荒らさずに、また誰かに受け渡す役がある。だからこそ、人のかかわりが大事である。剛弘さんは、農業を通じて人が住むのに心地いい景観を守ろうとしている。剛弘さんやここに暮らす住民が景観に満足するのは、綺麗だからという満足感だけではない。先祖からの預かり物を、今年も作付けした、ダメにしなかった、荒らさなかった、という安心感もあるのだ。

　最後に、剛弘さんは筆者に力強く言った。「藤田君な！色々悲しいことがあるけど、俺は、くじけねえんだからな！絶対！くじけねえんだからな」。

2-12　除染を拒否した篤農家

野田岳仁／話者：秋元美誉・秋元ソノ子

1　なぜ農地の除染を拒否したのか

　原発災害は放射能汚染というかたちで人びとの生産と生活の場を奪い去っ
てしまった。政府は人びとの生活の場を取り戻すため、土壌に含まれる放射
性物質を取り除く"除染"に取り組んできた。

　じっさいに、除染は効果がある。汚染された土地の表土 5 センチメートル
を剥ぎ取ることによって、放射線量は大幅に低下するからである。このよう
に除染は放射能汚染の有効な対策として高く評価されている。人びとは、生
活空間はもちろんのこと、生産の場である田畑の除染を求め、一刻も早い農
業の再開を望んできた。

　ところが、農地の除染は農業の再開を目指したものであるにもかかわらず、
かえって農業再開の足かせになってしまっているという指摘もある (NHK「お
はよう日本」2014 年 6 月 13 日)。川内村においても、このことを予見するかの
ように政府の農地の除染に強い抵抗を示し、最後まで除染を拒否した人物が
いる。川内村 (3 区) で農業を営む秋元美誉さん〔1943 (昭和 18) 年生〕・ソノ子
さん〔1944 年 (昭和 19) 年生〕夫婦である。本章では、農業の早期再開を願っ
た農家がなぜ田畑の除染を拒否したのか、その理由を考えてみたい。

2　農地の放射能汚染

　川内村においては、放射能汚染によって政府から 2011 年度の稲の作付け

を制限することが指示された。2013年には作付け再開準備指示が通達されるまで実質的に作付けが禁止されていたことになる。にもかかわらず、川内村では周辺地域にさきがけて2013年に86軒の農家が農業を再開することができた[1]。なぜ早期に農業を再開することが可能となったのだろうか。それを可能にした存在として人びとから語られるのが美誉さん夫婦なのである。

美誉さん夫婦は川内村を代表する専業農家である。1995（平成7）年からは有機農業にも取り組み、村では誰からも一目置かれる存在である。原発事故以前には5町歩の田んぼで稲作とそばづくりをしてきた。また家畜として牛を12頭育てていた。美誉さんは、東日本大震災および原発事故が発生すると、17日には奥さんのソノ子さんと母親の3人で船引の娘の家に避難したものの、1週間も経たないうちに一人戻ってくることになった。なぜなら牛を残していたからである。避難して3日間船引からエサをやるために通ったが、ライフラインは整っていたので、村に戻ることにしたのである。7月にはソノ子さんと母親も戻ってきた。

村に戻った美誉さんが気がかりだったことは、稲の作付けができるかどうかということだった。秋元家は500年余り先祖代々農家を営んできた。作付けができないとなると先祖に申し訳が立たないと気をもんでいた。4月に入ると政府から作付け制限の指示が通達された。しかし、美誉さんはそれを拒否して作付けをすることを決めた。

「先祖代々田んぼをつくってきたわけよ。そこにはいろんな災害があったと思うよ。でも、それを乗り越えていまがあるわけだから」。

ソノ子さんもつぎのように続ける。「こういうことがあったけど、ここで逃げるんじゃなくって。まだまだ続いていくって。ここで逃げたならば、ここまで先祖が築いたものがなくなってしまう」。もちろん不安はあった。しかし、後に詳しく述べるように作付けをしない選択肢は考えられなかった。種籾は2月には手に入れていたし、いつものように準備はもうできていたからだ（**写真2-12-1**）。それに周囲の人たちの支援にも勇気づけられた。以前から川内村にキノコ狩りに来て親交のあった東京の知人たちが作付けするなら応援すると背中を押してくれた。東京の知人たちは、作付けするなら、田植

写真2-12-1　原発事故の翌月の種まき作業（西巻裕氏撮影：2011年4月17日）

えから一緒にやりたいということだったのでじっさいに、田植えを教えながら一緒に行った（**写真 2-12-2**）。

「結局、農業で生きてきたし、今後も農業をやるわけだから。ちゃんとしたデータがでて（放射性物質が検出されて）禁止するというなら理屈がわかる。けれど、ただやみくもに禁止はおかしいのではないか」。作付けするならば、きちっと記録をとろうということで、東京の知人たちや村の仲間たちが写真を撮ったり、空間放射線量も定点観測をすることで、初年度からの作付けに取り組んでいったのである〔4-2 2011年作付け記録を参照〕。

写真2-12-2　原発事故後はじめての田植え（西巻裕氏撮影：2011年5月15日）

3　前を向くために記録をとる

　周囲の人たちの協力をえながら、記録をつけながら稲の作付けがはじまった。田植えから収穫まで1日たりとも記録を怠ることはなかった。とはいえ、記録をつけ続けることもまたたいへんな労力のように思える。しかし、意外にも苦ではなかったのだという。なぜだろうか。ソノ子さんは言う。「結局、有機栽培は記録が必要なんですよ。前からやってるから、苦にもなんないし。とにかく記録を残さないとなんないよねって」。

　有機農業に取り組んできた美誉さん夫婦にとって、記録をつけることは日課だった。だから記録をつけることは全く苦にならなかった。「国も役場も記録はとってくれない」。周囲に農業を再開する人などいなかったからだ。だからこそ、きちっと記録をつけていくことで各方面から情報が集まってくるのではないかと考えていた。政府は作付けを禁止しているわけだから、そんな状況下で作付けをしているとなれば、その情報がほしいだろうと。予想

は的中した。

「県の人たちがやってきて。福島の農場試験場で検査したいって。全部野菜を持っていかれた。たい肥で作った人は誰もいなかったから」。次第に福島県や川内村の担当者が情報交換のために秋元家に集まるようになっていたのだ[2]。「まずこの記録をとっておくことがわれわれの目標だったから。もうダメになったからって、逃げてて誰もやんなかったら前に進めない。(放射性物質が)でたらでたなりに対応すればいいじゃないって」。

記録をとりはじめると、当初の不安はいつの間にか解消されていた。美誉さん夫婦は、前を向くために記録をとってきたのだ。

では、なぜ作付け制限の指示がだされているにもかかわらず、作付けを行ったのだろうか。その答えは、作付けを１年先延ばしにしてしまえばその分、生活再建が遅れることになってしまうからである。

「誰かがやんないと。前さ、進めない」。だから、作付けをして放射性物質が検出されれば、そのための対策を考えることができる。ただただ何もせず、じっと待つことは受け入れられなかった。原発事故が発生したその年は、25アールだけの作付けを試験的に行った (**写真2-12-3**)。ただし収穫しても放射性物質が混入される可能性が高いと考えていた。しかし、正しい情報を得る

写真2-12-3　田植え後の田んぼ (西巻裕氏撮影：2011年7月13日)

ためにも自分で作付けをして、その対策を考えようと試みたのである。

4 目の前の農地を青くするために

このように述べると、美誉さんは農家としての適正な経営判断の結果として 2011 年度から作付けを実施したようにも聞こえるかもしれない。しかし、決してそうではない。この作付けを決めた判断の背後には、地域の農地をいかに再生するのかという考えがあった。

農家にとって、生産の場である農地が再生できなければ、誰も帰って来れなくなってしまうと考えたからだ。農業は毎年同じことの繰り返しだ。それが体に染みこんでいる。1 年でも 2 年でも遅れてしまえば体が鈍ってしまう。そして、きっとその前に気持ちが切れてしまうのではないか。そんなことを考えていた。

そこで、美誉さん夫婦は原発事故から 3 年で目の前の農地を再び青くすることを目標に掲げた。目の前の農地とは秋元家の田んぼだけではない。3 区から 2 区へと広がる広大な農地が青々と以前のようによみがえらせることを夢見た。

そのためにはどうすればいいか。3 年という短期の目標をつくったのは、時間が掛かればそれだけ、農地を手放す人が増えるのではないかと考えていたからである。「土地っていうのは、自分のものではない。みんなの土地なんだから」。周囲の農家が作付けを見送るからこそ、早期に作付けをしなければならないと考えたのである。

作付けをはじめると、期待通り情報が入ってくるようになった。田んぼは 25 アール分作付けをし、畑では事故が起こる前年に収穫したものと同じ種類の野菜をつくった。それでなければ放射能による汚染状況を比べることができないからである。このように、一刻も早い農業の再開を願って稲の作付けを行うことを決めたのである。では、作付けが制限されるほど放射性物質によって汚染された土壌でどのように作付けに取り組んでいったのだろうか。

5 たい肥による土壌改良

　美誉さん夫婦は化学肥料に頼らない、昔ながらの農法を続けてきた。有機農業をはじめた当初は、これからは化学肥料の時代なのになにやってんだと笑われたりもしたと言う。しかし、田んぼでできたものは田んぼに返す。これを続けてきた。原発災害が起きたからといって農法を変えるつもりはなかった。

　田んぼの基本はたい肥を入れた土作りにある。いつものように家畜の牛糞のたい肥を田んぼに入れるようにした。その牛糞からは幸いにも放射性物質は検出されなかった。

　「うちではウシのエサを北海道から取り寄せていた。それを倉庫に密閉していたから」。だから田んぼに入れることができたのである。このたい肥が土壌にある放射性物質の吸収にも効果をあげていくことになる。

　村で唯一作付けに取り組んだ秋元家には情報がひっきりなしに入ってくるようになった。県の農業試験場からは土を深耕（深掘り）をすすめられ、15センチメートルほど土を深掘りするようになった。そして、放射性物質のセシウムは成分がカリウムと似ていることを教えられた[3]。そうすると、土壌にカリ成分を多く入れれば、放射性物質の吸収を抑えることができるのはないかと考えるようになった。

　作物は土壌のカリ成分を吸収するため、その過程で放射性物質が吸収されてしまうのである。そうであれば、その吸収を半減させようと考えた。だから、カリ成分を含むたい肥をいつもの2倍多く入れはじめた。稲をつくるためにカリ成分として放射性物質を100ミリグラム吸収するとすれば、そこにカリ成分を含むたい肥を200ミリグラム分入れる。そうすれば、稲はたい肥からもカリウムを吸収することになる。すなわち、数字上では、作物のカリ成分の吸収分のうち、セシウムから半分、たい肥から半分カリ成分を吸収することになる。たい肥をいつもの2倍土壌に入れることによって、放射性物質の吸収を半減させようと考えたのである。

　田んぼへ投入するたい肥は原発事故前までは1反につき2トン。事故後は、

写真2-12-4　収穫された稲　（西巻裕氏撮影：2011年10月22日）

倍の4トンを入れた。県の試験場からは、土壌中にゼオライトという化学肥料を入れることをすすめられていた。しかし、それはダメだと断った。土をつくるのは化学肥料ではできないからだ。農業をはじめて以来、いかに土が肥えるかということを考えてやってきた。土を肥やすには有機質を入れなりればいけない。

しかし、「化学肥料は無機質。それは石油を入れるのと一緒。サプリメントも同じ。成分が違う。それでは土は肥えていかない」。だから、昔ながらの農法を続けたのだ。9月には収穫を迎えた（**写真2-12-4**）。作物を放射能検査にかけると放射性物質は見事に検出されなかったのである。

6　農地の除染の拒否

原発事故から2年目の2012年からは田畑の除染が3カ月計画ではじまった（**写真2-12-5**）。田畑の除染は、川内村が主体となり、土地所有者および耕作者と協議しながら進められた。田畑の除染は土壌に含まれる放射線量によって3段階に分けられる（**表2-12-1**）。

表2-12-1　農地除染作業手順

	土壌に含まれる放射線量	対策	手順
①	0〜3000Bq/kg 未満	深耕	除草→深耕ロータリー→ゼオライト・ケイ酸カリ散布→通常ロータリー
②	3000〜5000Bq/kg 未満	反転耕	除草→プラウ耕→砕土→ゼオライト・ケイ酸カリ散布→通常ロータリー
③	5000Bq/kg 以上	表土剥ぎ取り	除草→5センチの表土剥ぎ取り→覆土→ケイ酸カリ散布→通常ロータリー

　美誉さん夫婦は村で唯一農地の除染を拒否した人物である。農地の表土を剥ぎ取ることも農地に化学肥料を入れることも到底受け入れられるものではなかった。

　「土を捨てることは自分の体の皮や肉を捨てること」を意味するからだ。土をつくるのにどれだけの時間と労力がかかるのか。それを身を持って実践してきた美誉さんにはそのことを許すことができなかった。

　「土っていうのは、1センチメートルできるのに100年かかる。田んぼにしても5センチメートルつくるには500年かかる。先祖の人たちがつくりあげてきた土を簡単に捨ててしまっていいのか」。山の表土は落葉が腐葉土になって、1センチメートル幅の土になるまで100年を要するといわれている。農地の5センチメートルの表土を剥ぎ取るということは、先祖が500年に渡って手を入れてきたその苦労を捨てることになる。「先祖の血と汗と涙を投げるわけにはいかねぇ」。こういう気持ちだった。

　化学肥料を入れ、表土を剥ぎとった代わりに山砂を入れることになれば、農地は悪化してしまう。そうなると、農家の農業再開がむしろ遅れてしまうのではないかと考えていた。だからこそ、「田んぼで作物をつくって、そこに（放射性物質を）吸収させて、土から放射性物質を取り除いていけばいいのではないか」。自分で記録をつけて除染に頼らず、むしろ作物をつくり続けることで農地の放射性物質の除去は可能と考えていたのである。

　原発事故から2年目（2012年）には田んぼを60アールに増やして作付けを行った。放射性物質が検出されなかったため、たい肥の量を1反2トンに戻した。前年は川からの水を取り込んでやったが、事故から1年が経過し、放

写真2-12-5　田畑の除染（野田撮影：2013年12月10日）

写真2-12-6　アイガモ農法（西巻裕氏撮影：2012年8月14日）

写真2-12-7　ボランティアが集う稲刈り（西巻裕氏撮影：2013年10月6日）

射性物質が川に流れ込んでいるとの情報もあった。したがって、放射性物質の流入がより少ないと考えられる沢水を引き込んでみることにした。

そして、原発事故前のようにアイガモ農法も再開することにした（**写真2-12-6**）。5月にヒヨコを買ってきて、1カ月ほど室内で育てる。大きくなったら6月上旬には田んぼに放つ。2年目も稲からは放射性物質は検出されることはなかった。そして、アイガモからも不検出だった。

これは意外なことだった。「最初はおっかなかったな。（鴨からは放射性物質が）出っかなと思った。沢水を飲んで（育って）いるから。ところが、出なかった」。3年目もアイガモ農法に取り組んだ。面積は300アールに増やした。4年目の2015年にはアイガモを90羽に増やした。原発事故前の200羽には届かないが手応えを感じつつある。

原発事故から3年。目標であった目の前の農地一面には青々とした景観が戻ってきた。そこには、除染に頼らず昔ながらの農法を続けてきた美誉さん夫婦の存在があった。避難していた農家も秋元家の1年目からの作付けの記録をみて、農業を再開しようと決断した人も少なくなかった。この記録があったから安心して農業を再開することができたのだ。行政もこの記録を参考に、早期の作付け解除を決めたとも言われている。川内村では周辺地域に先駆けて2年目には20軒の農家とともに試験栽培をした。このときの苗は美誉さんが作ったもので、農家はこの苗をつかって、それぞれの田んぼで作付けを行った。3年目には86軒の農家が作付けに取り組むことができた。秋には、あちこちで稲刈りをするいつもの景観が戻ってきたのだ（**写真2-12-7**）。

7　農家にとっての生活再建とは

冒頭に述べたように、農地の早期再開を目指してはじめられた除染がいまむしろ農業による地域の復興を妨げることになっている。美誉さん夫婦の実践に学べば、農地の除染は農地の土壌環境を悪化させてしまうことになる。農地の表土は作物を育てるためにもっとも栄養分を含むものであり、それを捨てることで土がやせることになってしまうからだ。

表土を 5 センチの剥ぎ取る代わりに、農地に投入される山砂では土壌が荒れてしまう。いったん土砂が投入されれば、もとの土壌に戻すためには数十年から百年単位の時間のロスを覚悟しなければならない。このことは農家にとって命取りだ。しかし、美誉さん夫婦はむしろ早期に作付けを行うことで、土壌中の放射性物質の除去ができると考えていた。たい肥を入れて土壌改良しながら、作物の放射性物質の吸収量を半減させてきた。このように表土の剥ぎ取りと化学肥料を使わない、農地の除染を実践してきたのである。

政府は、農地の除染に山砂を使うことが農業再開の足かせとなっていることを認めている。しかし、農業のためではなく、「住民の早期の帰還」を目指して、空間線量を下げるために村内空間の除染作業を急いできた。ところが、人びとはたんに空間線量が低下したからといって帰還するわけでもなかった。農家にとっては、生産の場が再生できなければ、そこでの生活再開など到底考えることができないからだ。川内村では、政府の除染計画を拒否し、それとは異なる農地の土壌改良に取り組む篤農家の存在によって、農業の早期再開が可能となっていたのである。

【注】

1　86 軒の農家によって収穫された米は全量全袋検査された結果、全体の約 99.9 パーセントは 25 ベクレル〔Bq/kg〕未満、残りの 0.1 パーセント（福島第一原発から 20 キロメートル圏内含む）も 25 ベクレル以上 50 ベクレル未満となり、全量全袋出荷可能となった（川内村「広報かわうち」No.578、2014 年 1 月 1 日発行より）。

2　美誉さん夫婦による作付けはその後、記録をつけていたこともあって、村や福島県と連携しながら実証圃としての作付けと位置づけられている（川内村災害対策本部「かえるかわうち　かわら版」No.17、2012 年 1 月 15 日発行より）。

3　放射線植物生理学者の中西友子によれば、カリウムはセシウムと化学的挙動が似ていることから、カリウムには土壌中のセシウムの吸収を抑える二重の効能があることを指摘している（中西 2013）。ひとつは、土壌中にカリウムが十分にあれば、稲による放射性セシウムの吸収量は半分以下に抑えられること。ふたつ目は、たとえ放射性セシウムが吸収されたとしても、穂へは移動しにくいことを明らかにしている。

【引用文献】

中西友子、2013、『土壌汚染―フクシマの放射性物質のゆくえ』NHK 出版。

2-13 自然を離れて生きる

金子祥之／話者：久保田安男・久保田キミエ

1 平穏な生活の背後にあるもの

　本章では、望んでいた帰村を果たすことができた人びとが、ようやく平穏な生活を取り戻したにもかかわらず、「心の底まで朗らかにはなれない」と語る理由を、ある夫婦のライフヒストリーから検討してみたい。

　放射能汚染が深刻な問題となった地域社会では、いつも、言い知れない生活不安に襲われてきた。それはチェルノブイリでもそうであったし、米ソ冷戦下の核開発施設の周辺地域、あるいは核実験場に隣接する地域でもあらわれていた。目に見えず、感じることもない物質による深刻な汚染は、そこで暮らしていくうえで、大きなストレスとなるからである (たとえば A Tønnessen and L Weisæth 2007 および本書 2-14)。本章が対象としているのは、こうした放射能汚染がもたらす生活不安である。

　生活再建を果たすためには、被災者が抱えている生活不安の中身が検討されなくてはならない。大きなストレスを抱えたままでは、生活再建を果たしたとは言えないからである。汚染による不安は日常生活のさまざまな場面にわたっているから、ひとつの要因ですべてを説明し尽くすことはできない。生活全般にわたる多面的な考察が必要とされよう。

　ここではそのひとつの試みとして、「生業」という対象に絞って生活不安の理由を考えていきたい。生業(subsistence)とは、広く仕事を意味する言葉であるが、とりわけ農山漁村における伝統的生産活動を意味する用語として使われてきた。生業という対象を選んだのは、それが人びとの「生活の自立と自

存の基盤」(Illich 1981=1998：2) となっているからである。人びとの生活基盤としての生業がいかなる困難を抱えているのかをこそ、まず検討しなくてはならないと考える[1]。

そこで本章では、生業をとりまく不安を検討していくことになるが、はじめに世代間で大きく生業が異なっていることを確認しておきたい。昭和30年代まで、川内村は炭焼きを中心とした山仕事の村であった。木炭の需要がなくなって以降は、水田稲作が農業の軸となった。若い世代になるほど、富岡町など浜で会社勤めに就くことが一般的となる。放射能汚染により生業とそれへの思いがいかに揺るがされたのか、一組の家族のライフヒストリーから検討していこう。

2 仕事熱心な農家

久保田安男さん〔1934 (昭和9) 年生〕・キミエさん〔1940 (昭和15) 年生〕は、仕事熱心な人である。東山 (7区) で兼業農家として一家で農業に取り組み、1町5反歩の田畑と、4棟のハウスを使って農業を行ってきた。安男さんは定年まで会社勤めをし、妻のキミエさんが中心となって農業を担い家計を支えた。キミエさんは「母ちゃん農業」に積極的に取り組んでおり、このあたりで機械を使って農業をした最初の女性でもあった。もちろん安男さんや息子夫婦も仕事の休みを利用して農業を支えてきた。

2人がどれほど農業に力を入れていたのか、農業への考え方にもあらわれている。「農家は、ただやればいいんじゃダメだ。知識もってやんなきゃ。米だって、野菜だって、花だって、いいもの作って出さなけりゃダメ。人に喜ばれるような品物。それやるには、努力せにゃなんねぇから。先ざき読んでやんねけりゃダメなんだ」。

1958 (昭和33) 年にキミエさんが嫁いできたころ、川内村全体が山商売で生計を立てていた。安男さん一家もそうした家のひとつであり、炭焼きを主生業としていた。「うちでは山に助けられたんだ。炭窯っていうのあんでしょ。炭焼く。あれ、2つも、3つも持ってやったんだ。夜、お月夜の晩は、夜中

に木伐って、炭焼いたんだ。月明りで。それほど働いた」。炭焼きのほかに水田稲作、畑作、養蚕を行って、いくつもの生業を組み合わせて、暮らしを立てていた。

やがてエネルギー革命により木炭の需要がなくなり、炭焼きは下火となった。それからは畑作を中心とする農業に精を出す。折しも耕地整理が始まり、機械を使った農業ができるようになった時期であった。初めに取り組んだのは、トマト栽培である。川内村にトマトが入ってきたときから手がけ、品評会でも高い評価を受けるまでになった。軌道に乗ったトマト栽培を拡大させるため、ハウスを建てた。ところがこの直後、思いがけず水害が起きる。その年の収穫がなくなっただけでなく、青枯れ病が発生し、トマト栽培は断念せざるをえなくなった。

その後はトルコキキョウの栽培をはじめた。こちらも丁寧な仕事ぶりが評価され、栽培をやめて10年になる今でもなお、「花はやってねぇのか」と声をかけられることがあるという。体力的にきつい花卉栽培は、2005（平成17）年まで続けたが、じつはもっと早くに見切りを付けようとしていた。

「さぁ止めるかなと思ったら、東京から孫さ来て、『ばあちゃんの仕事はいい仕事だな』って言うんだ。『なんで』って言ったら、『きれいな花で匂いは良いわ、綺麗だわ』、そう言って飛んで歩いてんだ。ハウスん中、蝶々みてぇに。咲いたときは綺麗だが、咲くまでが大変なんだ」。

孫の一言が、花卉栽培を続ける動機となっていた。しかし体力的に厳しくなり、ホウレン草の栽培へと切り替え、震災前まで続けていた。このようにトマト、トルコキキョウ、ホウレン草と特産となる商品作物の栽培に挑戦し、苦労と工夫を重ねながら農業に取り組んできた。

ところが、その"農業への真剣さ"が、東日本大震災では、思わぬ事態を引き起こすことになる。

3　隣近所がいなくなる

2011年3月11日、巨大地震が発生する。川内村では地震の被害は軽微で

あったから、安男さんの身の回りでは地震による被害はなかった。2人は普段通りの生活を送っていた。翌12日になると、富岡町からの被災者が避難してくる。安男さんとキミエさんは、この時、富岡町が津波で甚大な被害を受けたため、避難してきたものと思い込んでいた。「区長様が『富岡から公民館に避難してきてる』って言って、津波で避難してきてるとばっかり思っていた。震災の前の年（2010年）は豊作で、米はとったんだ。だから、米を2俵ついて公民館さ持っていった」。「婦人会の人ら、ご飯炊いたりなんかしてるなんて言ったって、3月は野菜も何にもない時期だから。ねぇべからと思って、ほうれん草を持って行ったりしたんだ」。

　2人がいつものように農作業をしているうちに、集落内では若い人たちを中心に自主避難の動きをとった。2人がハウスでの作業を黙々と続けるうち、いつのまにか隣近所はいなくなっていたのである。そんななか、2人は依然として農作業に精を出していた。「おらはハウスさばっかりいたから、みんな逃げんの知らねぇでいたんだ」。「そしたら隣の奥さんが、『屋内退避だからハウスばっかりいねぇで、うちの中にいるんだ』って言う。だから、『なしてだ』って聞いてみると、『東電（福島第一原発）爆発しただど』なんて言わってよ」。

　結局2人が避難をしたのは、川内村では最も遅いグループに属する16日のことであった。このとき、7区に避難してきた富岡町の被災者も感謝のメッセージを残して、更なる避難をしている（**写真2-13-1**）。状況が呑み込めず役場に駆け込むと、ちょうど全村避難の議論していた。残っている村民をバスで郡山のビッグパレットへ避難させることが決まり、その手続きがとられた。安男さんは、集団での避難ではなく、息子を頼って避難することに決めた。車にはほとんどガソリンが残されておらず、バイク、農機具、わずかに残されたガソリンを汲み出し、川内村を離れた。

　息子を頼ると決めたものの、このとき息子の避難先がわからなかったから、当てのない旅であった。「どこさ行ったらいいか当てがねぇ。福島行ったらいいか、郡山行ったらいいか」。走り回っているうちに、三春町で車のタイヤがパンクする。おまけにガソリンも底を尽きかけていた。近くのスタンドに駆け込むと、もうガソリンは残されていなかった。幸運にも、ちょうど郡

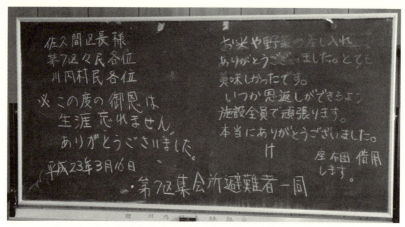

写真2-13-1 いまも消さずに残されている避難者のメッセージ
（金子撮影：2015年6月7日）

山市からタンクローリーが出たため、待っていれば給油できると伝えられた。到着まで2時間かかって、それからガソリンをスタンドに注入するのに1時間待たなくてはいけなかった。気づくと2人の後ろは、長蛇の列である。「おれの後、並んで。ずーっと、50台だか100台だかわかんね。いや並んだ並んだ」。

給油を待っているうち、郡山市内に単身赴任をしていた次男と連絡がとれ、スタンドで合流することができた。安男さんは言う。「いやおれ泣いてた、本当に。あんときは。いままで郡山さも行ったことねぇ、福島さも前は行ってたけど、最近行かねぇで、百姓ばっかりやってたから。どこさ行ったらいいかわかんねって」。こうして郡山市の息子の家での避難生活が始まった。

4　息子の家での避難生活

郡山市の家は、単身赴任用に借りたアパートであったからワンルーム（1R）であった。その部屋に多いときで6人が寝泊まりした。安男さん夫婦と次男に加えて、娘（長女）が子供を2人連れて避難してきていたからである。娘たちはやがて、新潟へとさらなる避難をしていった。この窮屈な思いをしても、ビッグパレットに集団避難した人たちの苦労に比べれば、ずっといい状

況だったという。

　アパートからビッグパレットまでは歩いて行ける距離だったので、2人は毎日のようにビッグパレットに通っていた。「ビッグさ、なんぼ通ったかわかんね。段ボールのところさいたって通った。2人で家にいたってつまんねぇべ。ビッグさ通って。富岡の人、大熊の人、川内の人集まっているところ行って話をして。親戚だの知り合いだの知っている人がいたから。毎日行ってたんだ」。

　息子のアパートという比較的恵まれた環境にいながらも、心労は絶えなかった。「いくら息子のところさいるって言ったって、誰もいねぇ。友達もいねぇ、何にもいねぇ。慣れないところに避難すると、やれストレスたまったとか、やれ認知症になったとか。あれは本当なんだ」。高齢になってから、全く知らない場所に用意もなく連れていかれるのは、体力的にも、精神的にもつらいものだった。

　できるだけ家にこもらないようにと、2人は散歩を始めるが、それさえもトラブルのもととなった。「夕方ころ散歩して来っかだなんて行くと、『不審者だ』なんてな。やっぱり地元さいる人は、夕方、うすらうすら歩いてるから、気になるんだな。それから夕方『歩かんねぇな』って言って」。

　こうして2人は、自宅から離れた五百淵公園の遊歩道を歩くようになる。ところが、その場所は高濃度の汚染をしているホットスポットであることが明らかになった。当時、五百淵公園の空間線量は、川内村の線量よりも高い数値 (2.32-2.33 マイクロシーベルト〔μSv/h〕)[12] を示した。国の基準値の10倍にあたる線量であった。こうして散歩はあきらめざるをえなくなる。

5　避難時の気持ち

　郡山市にいたとき、キミエさんは日記につぎのような歌を残している。先の見えない避難生活を送らざるをえなかった時の心境が良くあらわれているので、そのいくつかを紹介したい。

「何もする／気力がなくて／日が暮れる」

「友もいず／話す相手も／いまはなし」
「さみしさに／耐えきれなくて／携帯とる」
「故郷に／帰る日を／指折りて」

キミエさんは、話し好きで、初めてあった人とでも、すぐに打ち解けることのできる性格の持ち主である。自ら「楽天家」と言っているほど明るい性格の人だ。日記にはその日その日の心境を書きつけていたという。「この楽天家がこんなこと書いてるんだから、よっぽどひどかったんだな。どれくらい経ったら帰れるのかもわからない時期だから」。避難先の土地では、新たに人間関係を作り直さねばならず、苦労を打ち明けられるような「心の中まで明かされる人がいない」ことがつらかったのだという。

次男の家での避難生活は約2年に及んだ。次男はつぎのような表現で、両親を気遣っていた。「息子は夜来て寝るだけで、昼間は会社さ行くべぇ。そして晩方、食われるようにしておくと、『いやぁ、家政婦頼んだようで良いから、いつまでもいてくれよ』って言われて」。2人は「いい気になって2年くらいいた」のだという。次男も両親がつらい思いをしていることに気づいていたから、2人をつれ旅行に出かけるなどできる限りのケアをしていた。

6　ムラに帰村するまで

郡山市での避難生活を続けながら、震災から半年が過ぎた2011年秋ごろ、2人は川内村の自宅に戻り始めた。そのとき見た自宅の光景は、2人にとって忘れられないものとなっている。

「ムラ（集落）さ初めて帰ってきたときは、草生いちゃって、背丈は1メートルも2メートルもあるツキミソウとアワダチソウ、あれが一面だった。『どうしっぺ』って思ったもんな」。日記には、「背丈ほどものびし雑草をどうすればいいのかな」と、自分たちが大切に世話してきた田畑が、荒れ放題となっている様子に、困惑する心情が記されている。眼前の光景はまさに、「不耕作田／ツキミソウだけが／花盛り」だったのである（**写真2-13-2**）。

写真2-13-2　草だらけの川内村（西巻裕氏撮影：2011年7月10日）

　集落に帰り始めたきっかけは、人のいなくなった土地で、我が物顔で咲き誇る雑草への対策であった。「草が生いちゃって、道路も草いっぱいだから、道路の周りだとか、堀だとか草刈ってくれよだなんて言われたんだ。まだ郡山さいたけど、行ったり来たりして」。草刈りの声掛けをしたのは、7区の区長だった。震災前の道普請と同様に、集落ごとの共同作業によって草刈りをし、交通経路を確保しようとしたのである。

　ところが、区長が声掛けしても、共同作業に集まる人はほとんどいなかった。理由は大きく2つあった。1つは避難先がバラバラであったこと。「郡山ばっかりでなく、新潟さ行った、群馬さ行った、東京さ行ったって、みんな散り散りバラバラになっちゃって、集まる人いねえの」。

　そして2つ目には、放射能に汚染された土地や雑草にふれることに難色を示す人が少なくなかったことである。「『放射能あるとこ帰って、掃除する人があるか』なんて騒がれていたんだ」。その結果、安男さんをはじめ、集落内の年配の男女が集まって、草刈りを担った。「誰もいねぇんだから。年寄りでもやってくれよなんて言うから、おれ親方になって。いままで毎年機械使って草刈ってたから。女性の人たち5、6人集めて」。「やぁひどかったぞ最初。山手の方の田んぼまでも全部刈ったんだから。道だの、田んぼの土手だの、堀だの」。「アワダチソウに鎌入れるなんて言うと、涙もくしゃみも一

緒に出て来るようだ。花粉で。いやひどかったあれは」。

雑草だらけの道普請は、2011年秋と2012年の2年間続いた。初めの年は、数日だけ自宅にいて帰るということを繰り返していた。その当時は、空間線量が高く、室内を汚染させないため、家の戸も開けられない状況だった。「家さ入ればカビ臭いし、今度戸開ければあんまり開けるなって言うべ。放射能入るから。出ていくときは締め切っていくから、またカビ臭くなって。風入れるかなと思っても、外の空気が入ると高くなるんだよな線量が」。

村長による帰村宣言が2012年1月31日に出され、その後、2012年6～7月の除染が始まった。川内村は他の自治体に先駆けて除染を行った。言い換えれば、この時点で除染はまだ手探りの状態であった。

「(除染の)機械やる人は、全然やったことない人ばっかり。あの頃始まりだから、なかなか慣れねぇ人ばっかり。機械壊れても直しようをしらね。だからおれさ、直してあげたんだ」。

川内村と郡山市の往復を続けるうち、一時帰宅した人たちと再会する。そうして束の間の再会を喜ぶが、夜になると近所の明かりが消えてしまうのは、とても寂しかった。「電気つかねぇってのはさみしいんだ。今日はあそこの家と、ここの家の電気がついたから来てるななんて。誰が来てるかなんてわかんねぇから」。

近所には、一足早くひとりで帰村を決めた年輩の女性がいた。「おら来て一晩泊まって、朝帰るわな。『今夜は電気つかねぇのか、いやいや今度はいつ来んだ』って。『早く帰ってこ』って」。促されるように戻ってきたのは、2012年8月のことだった。7区は20キロ圏に近接し線量が高い場所もあったため、100軒強があるなかで、この時点では戻ってきた家は1割にも満たなかった。「息子が建ててくれたばかりの家はあるし、田畑はあるから。まるっきり投げっちゃう(放置する)わけにはいかねぇから」。

田畑への思い入れと、自宅を守るという現実的な判断のもと、2人は帰村を決意する。

7 農業をやらない決断

心労を重ねた避難生活を記述してくると、川内村へ帰村し、平穏な生活を取り戻したことが、2人にとっていかに大きな出来事であったか理解されよう。帰村率の低かった7区においても、2016年初時点で、約半数の家々が戻ってきている。ハード面でも、さまざまな対策が行われている。学校や診療所の開設、雇用の場として新たな企業の誘致、水田の除染と農業の再開、そしてショッピングセンターの開設も間もなくのことだ。

しかしながら、平穏な生活を取り戻したようで、安男さんキミエさんは、本当の意味で平穏な生活を取り戻したとは言えないと考えている。「帰村してみんな元気になった。元気になったようだって、心の底まで朗らかになった人はいねぇみてぇ。帰ってきたからいいべなんてみんな思ってっかもしれないけど、大変だど」。

見た目にはかつてと変わらない暮らしが取り戻されるなかで、一体、安男さんやキミエさんにとって、何が問題となっているのだろうか。

2人はこれまで情熱を注ぎこんできた農業から、手を引いてしまった。「4年は山さもろくに入んねぇし、田んぼもろくにやらねぇしな」。川内村ではすでに、水田の作付けが行われるようになっているし、農業の再生に向けての努力も進められている。着実に条件は整いつつある。しかし2人は農業をやらない決断をした。

だが当初から、農業をあきらめていたわけではない。避難指示が解除され、川内村に戻ったとき、初めに気になったのはビニールハウス (**写真 2-13-3**) のことであった。「ここ解除になって、帰れなんて言ったっぺ、そして、おれハウスが心配で。ハウスの中、ほうれん草が上まで届くようになっていたの。育って花咲いて」。ハウスの天井につくほど育ったホウレン草を刈り取り処分した。ハウス内の線量を調べると、外に比べて低い数値を示したことは、2人にとって何よりの喜びだった。

止める決断をしたいまも、そう簡単にあきらめられないでいる。だから2人は、いまでも「田んぼを手元においている」。7区では多くの家が、自家で

写真2-13-3　ビニールハウスの現状（金子撮影：2015年9月14日）

の耕作をあきらめ、ライスセンターに田んぼの管理を委託している。自ら耕作している家は、わずかに数軒である。安男さんは、稲作を行いたいと思いながらも、実際には高齢の2人だけではどうにもならないことも理解しており、そのためソバをまいている。ソバの刈り取りは川内村が行うため、「ただ田畑を荒らさないようにだけ作ってる」のだという。子供たちは、これまでの2人の働きぶりを知っているから、「これからは、家とわが身体守ってくれればいい」とだけ言っている。

　農業を再開したい気持ちがありながらも、それができずにいるのは、体力的な問題だけではない。そこには放射能汚染が横たわっている。

8　「食い心」の悪さ

　震災前までの2人の経験を知ると、「農業を再開しないのか」と問いかけたくなる人は、少なくない。私もそのひとりだ。集落内でも、またかつて取引を行ってきた人たちからも、その声がかかっている。そのときキミエさんはつぎのように答えている。

　「いまやんなくなって、『やんねぇのか』と聞かれる。年取ったから。

体力さついていかねぇし…。いや、お金になるっていえば、欲出して頑張れっけんど、安心といえるものができねぇから。自分で食うのも嫌なのに、人さ食わされめぇ。だからやんねぇ。子供らだって持ってっても食わねぇのに、他の人に売るなんてことはできねぇ。やんねぇ。いやいや自分で食うの嫌なのに、買ってもらうなんて嫌だ、おら。」

　2人は農業にこだわりをもってきた。そのこだわりが、市場でも買い手にも評価されるいい品を作ることにつながっていた。ところが放射能に汚染されたことによって、安心して食べることのできるものが作れなくなった。言い換えると、自分たちが自信をもって出荷できる作物を作ることができなくなったのである。キミエさんは続ける。

　　「川内にだって気持ち悪がって、地元のもの食べねぇ人もいる。年寄りは、ほれ、『おれ、先がねぇ』なんてみんな食うけど。子供たちに食べさせるのはダメだから。風評だ風評だっていうけど、地元の人だって気を付けて食わねばしゃあねぇからな。測っただなんて言ったって、なぁ。やっぱり食い心（くいごころ）は悪いわ。ねぇって言っても（食品基準値100ベクレル〔Bq/kg〕以下で食べてよいと言っても）、なんぼでも汚染されていると思ったら嫌だ」。

　農業への強い思いがあればあるほど、震災後は農業から遠ざかる決断をせざるをえなくなっている。自分で納得できるような作物が、もう作ることができないと考えているからである。いくら放射性物質が食品基準値を下回っていても、「おいしく食べることができない」と言う。味は震災前と変わりないとしても、もう“気持ちよく食べる”ことができないからだ。自分自身や身内でさえ躊躇してしまうものを販売することなどできない。キミエさんは、そう考えている。

　しかも食品汚染が引き起こしたのは、農業への意欲の低下だけではなかった。

9　消えた「ヤマの楽しみ」

いま、2人が楽しみにしてきたヤマとのかかわりも、あきらめざるをえなくなっている。2人はキノコ採りの名人である。若いころは、あえて別々にヤマに入っていた。それぞれ自分の「なわばり」がヤマにあり、それを夫婦の間であっても知られないように守ってきたからである。2人はそれほど深くヤマとかかわってきた。先に述べたように、先代も山商売で生きてきたから、キノコ採りが上手い人だった。キミエさんはいう。「おらは農家だから、趣味が何にもないから、ヤマさ行ってそんなの採ってきたりするのが楽しみでヤマに行ってきた。だけど、もう行かねぇや」。

キノコは「凄まじい放射能汚染」[3]におかされていた。「仮設さモニタリングあったから。そこでやってもらったら高くてダメだって。最初は測るだけ採ってきて、やったらダメだった」(**写真2-13-4**)。キノコの汚染は、川内村との避難先を行き来している間から明らかになっていた。いまなお食品基準を超えるものが多く、せっかく帰村を果たしてもヤマには行く気にならないという。「いやいや、はぁがっかりしてたわよ。こんなにヤマに行きてぇと思ってるのに、採ってきたって食わねぇべし、なぁ。行ってみようか…、いやどうせダメだ。行かねぇなんて」。

写真2-13-4　食品検査場（西巻裕氏撮影：2011年12月6日）

除染などさまざまな努力の結果、田畑で採れる作物からは放射性物質がほとんど検出されなくなっているのに対して、ヤマの食物はいまだ高線量のものが多い。キノコの汚染は、ほかの食品に比べて高い傾向があるが、同じ種類のキノコであっても場所によって線量は大きく異なる。「全然違ぇから。ほんとにちょっとのところでも。放射能の飛んだときの加減で、強く落ちたところと、そうでないところとあるんだっぺな」。同じ川内村でも食品基準値内に収まっているキノコもある。

しかし、2人がキノコを採集してきた場所は7区の集落の持ち山であり、20キロ圏内に近い場所である。「おら採ったのはみんな高いんだ」。この安男さんの言葉に象徴されるように、7区の集落の持ち山は、川内村でも線量が高く、そのためキノコにもひどい汚染が生じている場所が少なくない。

ここで注意したいのは、2人のとらえる問題は、たんにキノコが「食べられない」という問題だけではないことだ。いまヤマの幸をめぐっては、家ごとに判断が分かれている。「1キログラムも一回に食わねぇから食べていいっていう人もいる。いるけども、食わねぇっていう人は食わねぇ。おらもあんまり食ったら悪ぃかなと思って食わね」。帰村した人のうち高齢者世帯では、気にせず食している人もある。だが2人は、キノコを食べないと決めている。

キミエさんはまた、ヤマのものに対するムラの人びとの態度の変化をこんな風に語っている。

　「『くれっか（あげようか）』って言ったって、みんな『いんねぇ』っていうからな、おっかながって。灰がついたみてぇに洗えば落ちるっていうわけではねぇから。洗えば落ちるっていうならいいが、目に見えねぇんだ。『（専門家に）おっかながることはねぇ』なんて言われたって、やっぱり気持ち悪ぃ」。

2人がヤマを楽しみにしてきたのは、ヤマから採ってきたものを配って歩けば、近所や親戚、そして離れて生活する子供たちに喜んでもらえるからだ。ところが、そうした楽しみは、完全に失われてしまった。「美味しく食べら

んねぇべ、自分だって美味しく食べらんねぇのに、まさか他の人にな…」。

放射能は農作物、そしてヤマの産物を汚した。たしかにそれは、金銭的に補償可能かもしれない。しかし、食を介した人間関係、すなわち2人が築いてきた信頼や信用をも汚してしまった。そのことにより2人は、農業に再び取り組むことも、そしてヤマへかかわることもできずにいるのである。

10　子供の生き方を決める

安男さんとキミエさんは、生業という観点からみたとき、ムラに住み地元の環境を利用しながら生計を立ててきた。けれども2人の息子たちは、違っている。土日を使って、安男さんたちが行う農業を支えていたものの、自分自身の生業は会社勤めである。働き盛りの世代である子供たちが震災を契機にして、どのような影響を受けたのかみてみよう。

震災を契機にして、人生設計が大きく変わらざるをえなかったのは、とりわけ長男息子である。長男は、川内で安男さんたちと同居しながら、富岡町にある東京電力の子会社に勤めてきた。震災が起きたときは、福島第二原子力発電所内にいて、コントロールを失いそうな状況を必死に食い止めていた。

「第二でも電源もねぇべ。機械もねぇべ。それで浜通りの機械はみんな水さ入っちゃったから。小名浜のほうで貸してくれるって言ったって、誰もとり行く人がいなくて、あっちから送って来てもとりに来る人がいない」。そんな中を、「自分で出かけて行って持って来ていた」。この仕事に誇りをもってきた。

じつは川内村に住む人びとの多くが、原子力産業に何らかの形でかかわってきた。そのうちもっとも多いのが、安男さん一家のように息子世代が原子力産業に従事し、親世代が農業を行っているというパターンである。つまり、安男さんのような家族構成・就業構成をとっていた人は、川内村ではごく一般的であった。

震災のあと、息子の勤めていた子会社は、整理合併され消滅した。加害企業となってしまった東京電力は、会社の経営合理化を進めざるをえず、こうして整理を行っていくことも当然の流れであると言える。新会社の待遇は、

かつてと比べれば雲泥の差だと言う。だから、長男息子は整理後の会社に残る選択もあったし、あるいは、違う仕事に転職する選択もありえたわけである。

いまキミエさんは、はたして息子の生き方の選択が、「自ら選んだもの」であるのか、それとも「選ばざるをえなかったもの」であるのか、心残りがあるという。長男息子がこれからの生き方を決めきれずにいたとき、キミエさんはつぎのように言ったそうだ。

　　「息子も行きたくなかったっぺが、おれ言ったわな、『みんな困ってんのに、何にもわかんねぇ人行ったってわかんねぇし、いままで世話になってただから、行って収束させなきゃ、しゃあねぇべ』なんて。それから、『いままで一生懸命にやって、みんながこんなに騒いでんのに、嫌だから辞めるわけにはいかめぇ。命かけたって、行って体張って、廃炉にするまで頑張るしかあんめぇ』て言ったの」。

キミエさんの言葉は正論であるし、筋が通っている。そうであるからこそ、息子にとっては、原子力にかかわりながら生きていく決断を迫るものになってしまったのではないか、と感じている。「我慢してやるしかねぇ」という状況に、自分が追い込んでしまったかもしれないと。

息子のこれから先の生き方を自分が決めてしまったのではないか、そう思うと「おらも『言わなきゃよかったな』と思うが、これもしゃーねぇわな。だから心も清々とはしねぇけども、くよくよしていても仕方ねぇから、ヘヘラ、ヘヘラっているの」。

11　廃炉までの作業を誰が担うのか

こうして長男は、弟(次男)に、「お母さんら世話にしてくれよな」と言い残し、東京に出た。いまは東京電力の子会社に勤めている。2人が郡山市で避難生活を送っていたとき、次男息子が、色々なケアをしてくれたのは、長男の覚悟を汲んでのことでもあった。

「長男は東京さ行って、次男息子に助けられたど。おらは百姓ばっかりでどこも見学してあるかねかったけど、土日休みになると、どこさか連れてくからなんて。そっちこっち。福島さ嫁さんの実家あるんだけど、そっちには嫁さんと息子と娘といっから。

福島さ行って泊まったり、あとは花見させてんからの、温泉させてんからのって。うん、慰めてもらった。助けてもらった。群馬の方だ、伊勢参りまで行ってきた。そうじゃなきゃ、うちの父ちゃん鬱になってるところだった」。

家族は離れ離れになった。長男は事故の責任を自分なりに引き受けて、東京電力の関連会社に勤め、次男は事故後の心労の多い避難生活・帰村後の生活をサポートし続けた。そのおかげで、なんとか今も健康に生活することができているそうだ。

廃炉までの長い過程を考えると、暗い気持ちになると言う。「ほんでも廃炉になるまでには、どれだけかかるんだか。30年も50年もかかるだなんて言ってるもんな。申し訳ねぇなって言ったの。いま『おぎゃー』って生まれた子に片付けさせねばならねぇんだもんな。われわれは、はぁ、いねぇっけんど、若い人たちに負担かけるようで」。

そう、事故の責任を引き受けながら暮らさざるをえなくなったのは、何も息子たちだけではない。

「働いている人のこと考えたら、請求も何にもできね。なぁ。あの中で今働いている人、おらの甥っ子も働いている、親戚の人らの子供も働いている、これもこれも、あれもあれもなんて請求できねぇ。若い人たちが、線量あっとこ、マスクさかけて、線量計つけてパンクするまでやって、いまやってんだから。頑張ってんの見っと、何にもできねぇぞ」。

家族や親戚や知り合いの息子たちが、廃炉にするための戦いに挑んでいる。

いや、挑まざるをえなくなっている。彼らの周りには、「片付け仕事」「後始末」が残されている。2人は身近な人たちが困難な仕事に命を投げ出しているからこそ、些細なことで東電へ賠償を請求し「補償」をもらうことに抵抗を感じていると語っていた。

12　一生を振り返って

このようにみてくると、帰村できたからと言って、そしてインフラが整ったからと言って、生活上の困難が解消されたわけではないことがわかる。ただ2人は悲観してばかりでもない。安男さんは言う。

　「でも川内村はよっぽど良いんだ。富岡(富岡町)の方の、家が流さったり、建ってるって言ったって、入ってみられない、ネズミが入ってるだなんて言ってるよりは。富岡だの、大熊(大熊町)、双葉(双葉町)だの、まだ帰って来ねぇんだ。かわいそうだよ〔2017年4月1日より、一部地域で避難指示が解除された〕。土地の賠償だの、金もらったなんて、そんな問題じゃねぇんだよ。今まで住んでたところの土地を離れて、他へ行くって言うのは」。

自分の生まれ育った場所に帰ってこられただけでも、ありがたいことだと感じている。このような考え方に至ったのは、被害状況を比較して、"自分たちがマシである"ということよりも、この悲惨な経験を、「自分の一生」に位置づけて、考え始めているからだ。

　「一生のうちには色々あるわ。『こんちくしょ』と思って、歯を食いしばってすごさんきゃならない時もあるの。甘い考えばかりじゃ、暮らさんないからな。しょうがない。ある程度、お金はとらなきゃならないし、食べることだってやらなきゃならないし。こうやっていかなきゃ生きていかれないから。甘い考えばかりでは」。

1人の人間が生きる過程で、押し寄せる困難にはさまざまなものがある。思えば2人の農業も苦労の連続だった。もちろんそこでの困難と現状とは比較にならないが、2人は、その困難のひとつに、原発災害を位置づけはじめている。「人生色んなことがあるから、押し切らねぇと」。そう言って、この困難と向き合いながら生きていく覚悟を示してくれた。

13　帰村者の抱える晴れない気持ちとは

望んでいた帰村を果たした人びとが、「心の底まで朗らかにはなれない」と語る理由は何だったのであろうか。

安男さん、キミエさんが携わってきた生業は、農業とくに商品作物栽培というメジャー・サブシステンスと、ヤマに入って山菜やキノコを採るというマイナー・サブシステンスであった。そのどちらも、身の回りの自然環境と向き合いながら、人に信頼されるもの、人に喜ばれるものを作り出すものであり、それに2人は情熱を傾けてきた。

原発による放射能汚染は、人びとが何世代にもわたって手を入れてきた身近な自然を汚した。それだけでなく、2人が作り上げてきた食を介した人間関係を崩し去った。子供たちに、自分たちが採ってきたもの、作ったものを食べさせることはできなくなった。いくら食品基準をクリアしていたとしても、それは2人にとって意味をなさない。自分が自信をもって、お裾分けをしたり、販売できるものではなくなってしまったからである。それが放射能に汚染されるということであった。だから2人は、自然を離れて生きることを選ばなければならなかった。

2人の抱える不安は、この地域の将来を担う若い世代の生業に対して、より強いものになっている。廃炉に向けた作業は、震災前の「夢の生業」としての原子力産業から転倒し、いまや「片付け仕事」「後始末」となってしまった。放射能汚染により被害を受けた人びとが責任感から、あるいはこの土地で生活をしていくために、さらに危険な作業に飛び込まねばならないという矛盾

がそこには存在している。しかも原子力産業にかかわり続けることを強いてしまったかもしれないという後悔が2人の心に残っている。

【注】

1　生業を研究領域としてきたのは、民俗学・人類学である。近年の生業研究は、生産技術や生産技法の研究段階から、その主体（個人や集団）にとっての、生業の意味付けを探る方向へと展開している。たとえば、民俗学における複合生業論（安室2005、2012）は、家にとっての各生業の意味付けを探っている。またマイナー・サブシステンス論（松井1998）は、楽しさといった行為主体にとっての内面的価値を明らかにしている。本章の記述は、おもに後者の視点から、生業を行なう人にとっての内面的価値に注目している。

2　郡山市の広報紙（広報こおりやま第618号、2011年11月発行）より、除染前の数値を引用した。なお除染後は、2地点の線量は0.84マイクロシーベルト〔μSv/h〕と1.50マイクロシーベルト〔μSv/h〕となっている。

3　『福島民友』2014.8.6

【引用文献】

松井健、1998、『文化学の脱＝構築―琉球弧からの視座』榕樹書林。

安室知、2005、『水田漁撈の研究―稲作と漁撈の複合生業論』慶友社。

―――、2012、『日本民俗生業論』慶友社。

A Tønnessen and L Weisæth、2007 (2000)、チェルノブイリのストレス影響、丸山総一郎〔訳〕、ストレス百科事典翻訳刊行委員会編『ストレス百科事典』丸善出版。

Ivan Illich, 1981, Shadow Work, Marion Boyars.（玉野井芳郎・栗原彬訳『シャドウ・ワーク』岩波書店）。

2-14　復興政策と地域振興策の衝突

藤田祐二／話者：新妻一浩

1　政策の副作用

　政策はときとして、思いもしない副作用を生活の現場にもたらすことがある。新妻一浩さんは、村会議員を勤めるなど集落（4区）のリーダー的存在であり、また1990年代からソバ作りを行ってきた人物として知られている。それはただのソバ作りではなく、地域内でグループを結成し、地域活性化を目指した活動であった。地域に根差した産業によって、川内村の活性化を進めようとしてきた。しかしながら、原発事故にともなう放射能汚染により、新妻さんたちの活動は、見直しを迫られることになる。

　新妻さんは、いま行われている除染と補償を中心とする復興政策が、むしろ地域の復興を妨げているのではないかと考えている。なぜ復興のための政策が、地域に住む人びとの復興を妨げているのだろうか。本章では、復興政策の問題点を、地域活性化に長年取り組んできた人の立場から考えてみることになる。

2　放射能汚染と生活不安

　放射能による汚染は、目に見えない。そのため、汚染状況の把握は、機器をつかった測定に頼らなくてはならない。こうした目に見えず、感じられない放射能の汚染は、そこに住む人びとに、大きな不安感を生じさせている。またときには、測定方法や測定結果などに対しても疑問を抱かざるをえないこともある。それがたとえ国による測定結果であったとしても。

たしかに放射線量は、集落内のモニタリングポストを見れば、どの程度汚染されているかを一目で把握できる。ポストの値は、新聞やウェブでも公開されている。とはいえ、生活空間の線量を、つねに把握するのは困難である。放射線量を知りたければ、「役所はホームページを見てくださいって、言うけど、老人なんか見ることができない。あんなことは気休めに言われているような感じ」だと一浩さんは言う。また川内村の線量として取り扱われる数値にも疑問を感じている。「国がテレビで発表している数値はあてにならない。川内の場合、一番線量の低いところに置いたポストで発表している。役場の後ろにあるポスト、そこは川内村でも一番線量が低いところなんですよ。そこの数字出してくるから…」。

放射線量を下げるために除染が行われた。川内村の場合、20キロ圏内およびそれに近接する土地が特別除染地域に、それ以外の場所は汚染状況重点調査地域に指定された。どちらも国が予算を負担するが、前者は国主体、後者は地元自治体が実施主体となる。これらの成果によって、自宅周辺の線量は、大幅に低下した。しかし、住民の生活圏全部が除染されたわけではない。たとえば、山、川、などは除染対象外である。家々が離れた場所では普段の生活の範囲、隣の家に行くにも、山へ出かけるにも除染されていない土地を通る事になる。「20キロ圏外でも6区からいわきに抜ける村道の沿線は1.5とか2.5〔μSv/h〕ある。分校の後ろの道。国道399号線でも、いわき市小川に抜ける谷地なんかは、線量が高いところがある」。

また一度の除染でどれほど効果があるのかと疑っている。「除染したところは確かに線量がないよ、でも、川内はみんな平地ではない、谷あいだから、家はみんな低いところに造っている。だから、その周りを除染しても、雨風があれば、上から落ちてくる。家の周りが山ですから、雨樋、水路なんかを測ると（線量が）高いの。だから、どうしてそれが、完全に安全だって言えるのか？」そう感じていると言う。

除染によって、急に線量が下がったことにも、不信感を抱いてしまう。「簡易の測定器で測ってないないって言っても、ちゃんとした測定器持って来て測ってもらわないとダメだ。核種によって半減期が違うんだから。最初は3

から4〔μSv/h〕あったのが、今、0.2から0.1だなんて、そんなにいっぺんに0に近い数字になってしまうのかって、疑問もある。そんなこと、信じられない。除染したからなくなったって言うけど」。

家で寝泊まりする事はできても、生活するにはつねに放射能の不安がつきまとう。そう話す住民も少なくない。このように放射線量は、生活していくうえで、重要な情報であるから、多くの人が神経をとがらせている。

---

3 帰村宣言への不信感

「村長は最初、必ず帰ってきて下さいって言って歩いた。我々が議会で帰ってこいって、その人を強制的に帰村させるような表現はおかしいって言った。その後、帰れる人から帰ってくださいって、言葉変えてきたんですね。これで、はっきりわかるでしょ。だから、言葉で、ごまかすって言ったって、なかなか、住民が納得するかっていうと、納得しないから。5割は帰っていますって言ったって、実際帰っているのは5割なんていませんから。だって、みんな、仮設住宅や借り上げアパートにいる人がいっぱいいるんですから。村役場の職員も郡山から通っている人もいれば、船引から通っている職員もいますから。川内に帰ってこないでね」〔2016年初時点での状況〕。

「いくら村長に反対しても、『帰ってこなければ除染できない』って。人間が危険をおかしてまで、危険なところに帰るっていうのはおかしい。除染をし、測定してOKならば帰って下さいっていうのが普通でしょ。(そう発言すると)そしたら、細野大臣、枝野長官は『こんな風光明媚なところに、住まないっていうのはない』。そういうこと言うんだ。ビックリした。そしたらば、もう一回手をあげたらば、俺のこと村長は絶対指さないんですよ。じゃ、別の人って言ったらば、『今言った新妻さんと同じ意見だ、なんで除染しないしないところに帰らせるの。そんなに帰れっ、帰れって言うんなら、村長や大臣が来て住みなさい』。なんて、そんな風だった」。

「風光明媚とか関係ないでしょ、風光明媚だけで生活できるのかって。風光明媚なところを汚染させたのは国や東電だから、もうちょっと考えなけれ

ばならないって言おうと思ったら、私にもう、喋らせない。手をあげた人が、次々と私の意見に賛成してる。みんなそう思っている。だから、一概に帰ってきたからいいとか、帰ってこないから悪いとかでなくて、その人の自主性に任せるしかないんですね」。

ただ一浩さんは、そのように帰る／帰らないの判断が、自己責任という言葉で片付けられてしまうことに、強い憤りを感じている。「自己責任って東電は言えないですよ。言ったらおかしいですよ。だって、汚染しておいて、〔これまで住んでいた場所に帰るかどうかが〕自己責任だっていう、そんな無責任なことはおかしいですよ」。

放射能汚染への住民の憤りは、議員である一浩さんにも向けられた。「その辺が我々は、みんなにいろんなこと聞かれたり、話さなきゃならない。そうすると、(無理に説明しようとすれば) 我々だって嘘言うしかなくなっちゃう部分はあるわけでしょ。嘘言いたくないから、わからない、とても判断がつかないっていう答えしか出せない。あとは、東電に聞いてくれって言うしかない。そうすると、無責任だって言われる。無責任って言われたって、東電と国が情報出さないんだから」。

このような放射線の不安や帰村宣言への不信感を抱えながらも、一浩さんは帰村宣言後、覚悟を決めて帰村した。

4　不安を抱えながらの暮らし

「帰村宣言して、1500 人帰るって話もあったが、実際は 600 人くらいだ。子供らは小学校が 70 人くらい、中学校が少し少ない。避難前の川内の児童・生徒数は 300 人位だった。それが今では、小学校、中学校、保育園合わせたって、50 人いないから。なんで、帰ってこないかっていうと、一番は放射線量が怖い。なんぼ少ないって言ったって、川内は直接放射能が降り注いでいる。除染したから、大丈夫だから、帰ってこいって言ったって、それは家の周り (20 メートルの範囲) だけ。除染したところからちょっと一歩出ればわからないから」。

「とくに子供のいる世帯にとっては、汚染による健康被害への不安は一層

大きくなる。我々は年寄りだから、放射能によって死ぬことはないにしても、色々な障害が出るってことは小さい子供たちには無視できない。村長はチェルノブイリに行って、行った時は『口をふさぐほどびっくりした』って言ってたんだ。色々な病気になって、甲状腺癌だとか、癌だとか、血液の病気だとか、すごい状態の人がいて、『こんなひどいことは考えられない』って言っていた」。

汚染された土地で不安を抱えながら暮らすことは、病巣をかかえているようだと一浩さんは言う。

　「みんな頭の中に、心の中に病巣を持っているんですよ。だから、若い人たちの中に死ぬのが多いんですよ、自殺したりね。それと、川内で今まで（避難前）どれくらいの人が亡くなっているかというと、年間4、50人だった。それが、避難後、100人近くになっている。これは自然の病死ではないと思うんだよね。先月なんか毎日お葬式だった。それはね、直接放射能の影響ではないにしても、あるいは、あるかもしれないけども、それは公表しないからね。自殺者が多い、結局、放射能に対する恐怖心、そういうのがつねにある。心にもっているから、やっぱり、それで体調を崩したりする人が多いわけね。はっきり言えないから我々も声を大きくしてそれを言うわけにはいかない」。

死者が増えているという事実のすべてを、放射能が原因となっていると断定的に言うことはできない。ただ、ここで確認しておきたいことは、モニタリングの結果からたとえ客観的に安全と言われていても、放射能に汚染された土地で暮らすことには、つねに不安感と不信感がつきまとっていることだ。

このような困難さを覚悟して帰村した一浩さんに、さまざまな困難が襲い掛かる。それは生活のすべと、これまで行ってきた地域活性化の成果が失われたことであった。まずは、一浩さんたちの活動がどのようにして地域活性化策となっていったのかを見ていこう。

5　みんなの夢—ソバ栽培が軌道に乗るまで

　ソバ栽培は当初、一浩さんが個人的に始めていたが、1995（平成7）年当時、減反した土地を「農地として使い続ける」こと、そして「地域活性化」のために16、17人でソバ作りのグループを同じ行政区（4区）のメンバーで立ち上げた。さらに、村の行政も減反した農地の問題解決のため、グループの提案を受けて、渡邉尊之前村長（1988~2004年在任）がソバを減反奨励品種にした。「葉タバコの栽培も作付けが低下して、300軒近くあったのが、2、30軒に減少していた。土地を遊ばせっておくわけにはいかないと、大豆とソバと小麦を作るようになった。これを、川内村全体で、減反した土地や、葉タバコ栽培をやめたところに奨励した。1反歩、いくらだったか奨励金を出して始まった」。というのも1反10アールあたりの収量が米の10俵に対して、ソバは2俵くらいしか生産できない。農家としては経済的に苦しいため、奨励金をつけたのだ。

　メンバーらはグループを立ち上げたときに夢を描いた。「『川内をソバの里にしよう』、『ソバをいっぱい売ってハワイに行こう』、っていうキャッチフレーズでグループ作った。ハワイに行けなかったけれども、ハハハ、沖縄と北海道には研修も兼ねて行ったね。」

　グループの活動はソバ畑を作るところから始まった。グループで栽培する利点は労働力が集約されるため、より広い土地を利用して栽培することができることである。まとまった耕作地として、一浩さんはかつて村の牧畜・酪農政策でかかわったある牧草地が思い当たった。そこは川内村の行政区で言うと8区にあたり、福島第一原発から20キロメートル圏内にある鍋倉という場所であった。

　「あれは村の牧草地だったの。個人個人の土地でなくて村が酪農家のために作った村の土地。家畜の頭数を増やして、酪農の村にしましょって、河原武（1959~1972年在任）村長が考えた」。

　グループ立ち上げの頃にはウシの飼育は下火となっていたため、牧草地は荒れてしまっていた。それをグループで借り受けたのが、鍋倉地区の5町歩

の元牧草地である。「川内村にまとまった土地っていうのはなかなかないですね。牧草地だからこそ、広い。グループの主な畑が鍋倉だった、そのほかにも作っていたけれど、一番大きくまとまっていたのが鍋倉」。現在、一浩さんは 4 町歩ほど作付けしているが、分散した土地である。「そっちに 1 反歩、そっちに 3 反歩って作っていますが、そういう作り方は作業が大変なんです」と、分散した農地での苦労を語る。

まとまった土地が見つかったため、メンバーは牧草地からソバ畑に転換するために働いた。兼業農家がほとんどで、平日は給与所得の仕事をしてソバ作りは土日を利用しての作業であった。

「最初の人数は 16、7 人、みんな仕事があったから土曜日か日曜日に集まって、朝の 5 時ごろから起きて、畑の中に生えていた木をチェーンソー持って行って切ったり、一カ所に集めて燃やして、畑を耕して種をまいた。朝から夜まで働いたな。そうやって畑にしたの」。こうした土地への働きかけがあって、"この土地は自分たちが開いた自分たちの土地だ"という思いと、"グループの夢"が詰まった土地となっていった(**写真 2-14-1**)。

しかし、栽培は最初からうまくいったわけではなかった。ソバが出来るようになるまでには畑作りなど、さまざまな苦労があり毎日が勉強だったという。「栽培はうまくいったり、いかなかったり、色々あったな」。その頃の県

写真 2-14-1　グループの蕎麦畑 (井出寿一氏提供)

の担当にはソバ作りの専門家がいなかったのではないかと一浩さんは振り返る。「ソバには肥料はいらない」なんて担当者は語っていた。そして一浩さんは、「肥料なくてどうやってソバが育つんだ」とやりあったという。

「その後、ソバの専門家が来てね、肥培管理を指導してもらって、1反歩平均2俵採れるようになったという。ソバの1俵は米とは違い1俵45キログラムで、2俵で90キログラムになる。「最初は採れたり採れなかったり。会津の下郷町とか山都町の人とお互いにソバが足りないなんて言えば流通しあったりして、交流しながらやっていたんです」。

栽培が軌道に乗るまでは大変な苦労があったが、グループの活動は軌道に乗り、ソバにもブランド名がつき固定客がつくようになっていた。かつて、夢を描いたグループの活動は地域活性化として叶えられ、ハワイに行くという目標まではもう少しのところだったのである。

しかし、そのような時に放射性物質が拡散される環境汚染が起こり、避難を余儀なくされグループは離ればなれになってしまった。それでも、村では農地の除染を少しずつ進めている。作物へ放射線を吸収させないための方法も施されている。

　　「ソバの畑には、ゼオライトだとか、塩化カリウムだとかって、そういう放射性物質を付着させる薬、農薬を撒いて（対処している）。それで放射性物質を付着させて、作物が吸い上げないようにしている。ふだん使っている肥料にも塩化カリウムは入っていますから。ソバの栽培を再開するときにこれをやった。地面が真っ白になるくらいの量を入れているの。だから、放射性物質は、そういう対処をしたところでは出ない（検出されない）」。

2014年10月1日には20キロメートル圏内の避難指示区域は再編され、グループの畑があった鍋倉地区は避難指示解除準備区域となった〔2-1参照〕。これにより、農作物の栽培の再開に目途が立った。加えて、国・県・村は復興政策に力を入れ、農地除染を進めているのだから、地域振興策であるソバ

栽培は再開できているのかもしれない。筆者はそう考え、ソバ栽培の再開について聞くと、一浩さんは語気を荒げて言った。

6　ソバ栽培の困難—「ソバ畑が仮置場になった」

「ソバ作りの再開？それが問題なんだよ。8区の鍋倉に共同のソバ畑が5町歩あった。その共同で作っていたソバ畑が、（除染で生じた大量の残土の）仮置場になっちゃった」。

すでに見たように、この土地はもともと村の所有地であった。それを一浩さんらが、5年更新の契約で借り受けてソバ畑にしていた。村も案内看板をソバ畑のアピールをしていた（**写真 2-14-2**）。川内村行政はその土地を除染したゴミの仮置場に設定したのだ。所有権は村のものであるため、そこをどのように村が使おうと問題はないかもしれない。

しかし、一浩さんたちにとっては苦労してソバ畑にした土地であり、そこを使っている自分たちのことを無視して勝手に取り上げられることに納得ができなかった。つまり、法的な所有権に対して、土地を耕し、ソバを栽培していた自分たちの利用の実績を尊重するように主張した。ソバ畑があった鍋倉の放射線量が高いとか、警戒区域内にあったということとは別の問題であるようだ。なぜなら、放射性物質が検出されない栽培方法を確立しつつあったからである。

　　「鍋倉のソバ畑、看板あるでしょ。今はあそこに、フレコンバック〔フレキシブルコンテナバックの略で除染によって出た残土を入れる大型のバック〕に（入った）除染物を山ほど積み上げて、畑は使えないですよ。もう、ずーっと」（**写真 2-14-3**）。
　　「行ってみればわかるけれども、すごい量の除染物が重なっていますから。地域振興ではじまったソバ作りが復興政策で妨げられちゃった。村の職員が、除染物を置くのに、山を切り開いて置くのはめんどくさいから、農地におきましょうっていう（事だ）。ずいぶん喧嘩もした。ただ、それ

写真2-14-2　ソバ畑案内板　　　　写真2-14-3　仮置場になったソバ畑
（藤田撮影：2015年7月18日）　　（藤田撮影：2015年7月18日）

は村の土地ですから、ウーン…。村の牧草地だったの。それで、小作料5年で、契約5年更新でやってきた。震災起きた時は、契約期間がまだ、3年半くらい残っていたんですよ。それを、無理矢理とっていかれちゃったの。結局、除染物を置くから。置き場所にするのにそこ（の場所）がいいって。俺は、誰がそんなこと決めたんだって、"我々が使っている農地"をそんな、除染物重ねて。もう半永久的に使えないでしょって」。

「『返さない』って俺らは言った。そしたら、『返さないなら、取り返すから構わない』っていうんだ。村の土地だから、あんたら返さないっていったて取り返すからって。5年更新で小作料は払っていた。3年くらい契約が残っていた。」

交渉のなかで、一浩さんたちは代替案をつぎのように提案した。「本当は、貝ノ坂からもっと奥に行くと、何十町歩ってある程度平坦な国有林がある。そこの木を切って除染物を持っていくようにしろって言ったら、木を切ってならすのに時間かかるからダメだって。『だめだ』、『いい』、『だめだ』って、2年も3年もかかって喧嘩しているうちに、（残土を）置くようになっちゃった。その間やる気だったら国有林にフレコンバッグ置くようにできたはずだ。住

民の意向っていうものを無視できないから、そういう意見を言ったんだけれども」。

村としては除染の際に生じる残土、木の枝や、その他のゴミなど除染物を保管する土地を早やかに確保することが、帰村を進める過程での重要な案件であった〔口絵写真ⅶ参照〕。そのようなことも理解できなくはなかったが、一浩さんの怒りと行政への不信感はおさまらなかった。

　　「国だって、国有地を有効利用しなさいって言ってるでしょ。ブルドーザーでちょちょっとならせば終わりだから。2年経って荒れているって言っても一回ブルで押せば終わりだもの。だけど楽なほう（牧草地）を選んだわけね。もうちょっと強く言いたいのは、3年間だけ置かして下さいという（行政の主張）。3年すぎたら中間貯蔵施設に持って行きますからなんて、中間貯蔵施設が決まってなかったのに、どこに持っていくんだって話な。そしたら、『じゃあ、どこに持っていけばいいんだ！』って逆に居直っているんだよ」。

仮置場の交渉時点で中間貯蔵施設の場所は全く決まっておらず、一度仮置場に指定されてしまったら永久に農地は戻ってこない。そう考えてしまうのも当然であろう。

　　「それから5年が過ぎるけれども、約束した時から2年オーバーしているんですよ。中間貯蔵施設だって、話が…。石原伸晃大臣が、あとはお金の問題でしょなんて言っちゃったから〔環境相、中間貯蔵施設交渉「最後は金目でしょ」発言、日本経済新聞2014、6、17〕。みんな怒っちゃって。地元の人たちは、お金のことばかりじゃなくて、開発の問題だとか、整理の問題だとか、色んな問題があるのね。そんな話をしないで、お金さえ払えばいいのかなんて、酷い話になっちゃったから、話は決裂しちゃった。のびのびになって、やっと最近了解した人も何人か出てきた」。

一浩さんのソバ作りは減反した田んぼなど、バラバラの土地で個人的に再開している。その土地も放射能の心配からは免れない。仮置場のゴミは5年以内に中間貯蔵施設に移動するという約束であるが、フレコンバックの耐用年数は5年であるので、5年を過ぎても移動しなければバックが劣化して汚染物が漏れ、畑は汚染される危険性が出てきてしまう。

村内には50年前に一浩さんが担当した福島県の第一、第二パイロット事業、合わせて300町歩を超える牧草地がある。避難時に牛は薬殺されてしまったため、一部は仮置場になってしまった。仮置場になった他の牧草地をソバ畑として利用する話もあるが、メンバーから自発的にそば栽培の意欲がなければ、鍋倉の牧草地をソバ畑に転換した頃のような苦労を乗り越えることができないと考えて、代替地のことを話すことができずにいる。

このような意欲の低下は、毎年続いてきた作業の停止、その間に年を重ねて再始動することが億劫になってしまったことによる。それは、聞き取りでも頻繁に耳にする言葉であった。

「他にも牧草地あるんです、私が50年も前に担当した第一開拓パイロットの200町歩は仮置場にはなっていない。それは置くって言ったんだけど、私、うんと反対したの。その他の家も反対して。こっちにおけば簡単ですからね。200町歩の土地って言ったらなんでも置けるわけですから。第二開拓パイロットの120町歩は仮置場になっちゃった。どうしてもみんなやりたいっていうならば、ソバ栽培できるところありますから、だって、3町歩や5町歩あればイベントに使うくらいのソバは取れますから。量産はしていないけれども。作っているところあるんです。」

「意欲がなくなっちゃったから、本当は第一開拓パイロットの牧草地のなかの、一部を畑にしてもらって栽培するかっていう話もあるんですけど、それもみんな本気にならないから、村の方に話していないんです。村では一度話をしているんですが、途中で話が止まっちゃっているんです」。

メンバーは自分たちの汗が落ちたあの土地以外での活動再開は考えられないだろう。帰村という復興政策の産物である除染物の保管場所確保のために、グループが20年もの間、自分たちが手をいれて丹精込めて作り上げた畑を失ってしまったのである。つまり、彼らにとっては、生活の復興が犠牲になってしまったと言えよう。

　一浩さんが問題だと考えている事は土地の問題だけにとどまらない。つぎに、放射能の影響がもたらす流通の困難を見ながら、復興政策と地域振興策の矛盾を考える。

7　流通の困難―信頼できる測定

　土地の問題などでグループでの活動は休止していたが、一浩さんは個人的にソバの栽培やキノコの栽培を再開した。ところが、栽培できてもなお流通に対する困難が待ち受けていた。放射性物質を測定しなければ出荷できないという問題である。また、測定したとしても、世間が言葉には表さない、こころの奥底にしまい込まれた感情が流通を困難にしていた。一浩さんは世間の行動から敏感にそのことを分析していた。

　「川内村に放射性物質を測定する装置があるんですけど、その装置でND（検出限界以下）になってもソバを出荷、使用することができない。なぜかというと、精度が悪いの（十分でない）。県が持っている装置のところに持って行って測るのが正式なの」。

　それは、ソバに限った事ではなく川内村で生産して、流通させる野菜などの作物全てにおいて適用される。自分で消費するものについては集会場に置かれた検査場で測定したものを自己責任で消費して良いが、お客様に商品として提供することはできない。知り合いに配ることも本来はできないと言う。

　なぜかと尋ねると、「放射線測定は簡易測定器だからダメなの。だったら、そんな信用できないもの設置しておくなって議会で言った」。それに対する返答は、「川内にある測定器でND（検出限界以下）だからって安心して野菜食べてもいいって言っているけれども、人にあげたり、販売してはダメですよ」。

「ならば、どこに持って行って測ればいいのか」とさらに質問した、すると「県に持って行って測ってきなさい」との回答であった。

　「例えば、キノコ栽培しているでしょ、放射能測定するとND（検出限界以下）なんですよ。お客さんが欲しいって言うから、そこで測って、販売するかっていうと、『とんでもない話だ。あれ出したの誰だ』って、見た人からうちに抗議の電話が来るわけよ。じゃ、どうすればいいんだって聞くと『ちゃんと県に、測定するところあんでしょ』って言われる。それだったら、『それと同じ測定器を川内村で取り付けろ』って言ったんだ。そしたら、交渉してみますって言っていたが、おそらくダメだ」。
　「県の施設を川内村に置いてもいいけど、東電で責任を持ってここ川内村に設置しろって。だって、いちいち、ここから県に持って行ったり、来たりしていたら、作物は悪くなるし、キノコなんていうのは時間が限定されているんですよ。ちょっと2、3日すぎるとダメになっちゃうんですね。そうすると販売できなくなっちゃう。持って行ってもすぐには測れないし。4、5日かかる。そんなことしていたら、放射能は安全だけれど、食べたら危険になってしまう。賞味期限の問題がダメになっちゃう。そういうことではダメだって」。

　キノコやソバなど栽培した地域の資源は、売り物であると同時に、人と人をつなぐために用いられるモノであるとも言えよう。それらは、新鮮でなければ人をつなぐモノとしての意味を持たなくなる。本来なら以前のように、検査などせずに人にあげたい所であろう。しかし、最低限、生産したその場で安全性を担保したいのである。生産者は欲しいと言われるモノを作り、消費者が喜ぶ顔を見て、生産者は嬉しくなる。消費者は丹精込めて作ったモノは単に美味しい、不味いといった味ではなく、生産者の真心を受け取るのではないだろうか。
　そのような関係が崩れ、さらには、村民同士があたかも監視をし合うかのようになってしまっている。これらは放射能さえなければ起こらなかったこ

とである。せめて、生産の場では責任を持った放射性物質の測定ができる環境を必要としていた。手近で測定できるようにすれば、解決できる問題でもあると一浩さんは指摘している。

とはいえ、簡単に解決できそうな問題ばかりではなかった。危険性を判断する基準として一つは前述されているように数字を基準としたものがある。それは計測機器が弾き出す数字を基準に判断するものである。しかし、人はその他にもそれぞれの個人が持つ判断基準がある。この基準は言葉にしなければ表出されることがないが、ときに行動となって表出することがある。その行動は生産者にとって強烈な衝撃を与える。

　　「今、米も食べてもいいですよ、ってなっているけれども、確かに大丈夫ですね、それは我々の考えでね、一般世間の人が買って食べてくれるかって言うと、そうでないですからね。東京にいる友達が、福島の物産展開いているから、米買ったんだって、その友達が言うには『私は持ってきて食べたけれども、私の友達は（川内出身でない人）買ったんだけれども、途中に置いてきちゃったよ』って、結局義理で買ったんだ。結局福島の米は食べられない。そういう頭（考え）があったんでしょうね。持って帰んなかった。『米どうしたの』て聞いたら、『あら、忘れてきちゃった』って。そういう風な言い方をしたって。だってこれだけ放射能が降りそそいでね…」。

このようなことは、震災後の避難のときから、車にいたずらされたり、土産物が高速道路のパーキングのゴミ箱にあふれていたりしたことで福島県民に知られていた。福島県内のモノは前述のように、時に手間をかけて測定し、安全基準としては合格したモノである。それでも、人びとの役に立つことなく捨てられてしまうということは、それぞれの人のこころの奥底で安全とは信じられないモノであることを表している。

「乾麺は『あれ・これ市場』〔村にある野菜や漬物など、地元の品物を扱う直売所〕で売っていますが、震災前は、千葉とか、東京、茨城の人が、200と

か 300 とかいっぺんにまとめ買いして、お客さんが、親戚のうちに持ってい
くとか、あとは、職場で分けるっていう人もいた。そういう販売もしていた。
震災後ないですね、それも被害だね」。しかし、一浩さんは消費者の気持ち
をすくい取り、しょうがないことと納得する。

　　「大丈夫だって言ったって、普通一般の人がそれで納得してくれるかっ
　て言ったら、買う人が、消費者がそこまで、認識してくれないですよね。
　米の場合、スーパーで出回っていない。それは、売れないから、政府で
　買い上げて持って行っている。だって、うちにとっておいてもしょうが
　ないでしょ、売れないやつは、全部政府で買い上げしているわけ。昔の
　供出米と一緒だね」。
　　「この震災と原発事故がなければ、特産品を作って販売している商工
　会のグループ、それは、漬物、食品加工だとか、そういう物、あとは梅
　の梅干し、梅の加工、野菜の加工品を『あれ・これ市場』にいろんな物作っ
　て出してた。それが、ダメになっちゃったでしょ、やっと今再開できるっ
　ていう状態になってきた」。

　放射性物質が降り注いだ地域のモノであるということが、たとえ検出限界
値以下であったとしても、消費者の購買意欲の低下を招いている状況がある。
このような状況がある以上、より慎重に対応する必要があるのだが、川内村
には商品流通に用いることのできる測定機器が設置されていない。もちろん、
測定によって食品流通の問題がすべて解消するわけではない。だが、自分た
ちで測定できる条件を整えなくてはならないと、一浩さんは考えている。
　つぎに一浩さんが指摘するもっとも深刻な問題をとりあげる。それにより、
「ソバ畑が仮置場になってしまった」ということを訴える意味がより明確にな
るはずである。

8　共同の困難

　グループのあるメンバーは、筆者がソバ作りのグループに関心を持っていることに対して、とても嬉しそうであり、グループのことについて農作業を中断して教えてくれた。土地に落とした汗の分だけグループ活動の記憶が楽しいものとなっていたのであろう。本項では、ソバ栽培をグループで行う共同作業について考えることになる。

　　「震災前はね、それこそみんな、色々な活動に参加して、色んなイベントがあればみんな参加して、出し合って、色々活動していた。ところが、震災後そういう活動が一切なくなっちゃった。あっても、活動が1年に1回か2回。どうしても出なければならないものにだけ出るくらいで」。

　震災後グループで集まることが極端に少なくなったことを一浩さんはつぎのように考えている。

　　「一つ目に、グループのメンバーの中に避難して帰って来ない人がいる。二つ目に、村で仕事出してる草刈りだとか、国の除染作業に従事する人が会員の中に何人かいる。そうすると、放射能の関係（の仕事）は1日に1万3000円くらいの賃金が支払われる。普通ここで(川内村)働いたって、6000円から7000円くらい、肉体労働で8000円くらいが普通なんだけども、(自治体や国の除染作業は)1万円以上もらえるという魅力。これに惹かれると思うんですよね」。

　また一浩さんは、「グループのイベントに参加したって金なんかそんなにもらえないのに、それに参加するぐらいなら、村の仕事に参加したほうがいいっていう考えの人もいる」と話す。一浩さんがイベントの予定を連絡すると、「そんなの、こっちの仕事忙しいからダメだ」と返ってくることもしばしばあると言う。その返事からソバ作りのグループ活動よりも、除染作業が大

事になったんだなと考えてしまうと言う。

　除染作業は地域を復興させるために必要不可欠な対策である。しかし、それは地域を活性化する産業ではない。地域の資源を活かしながら、地域が活性・発展する方策を考えようとしても、人的資源を除染に取られてしまっている現状があった。それでもイベントになればメンバーは全員集合とは行かないまでも、つねに何人かは集まることができた。しかし、共同作業がなくなってしまったことによる影響がではじめた。グループは復興祭などの時に共同でイベントに参加している。しかし、現在はグループでソバの栽培をしていないため、ソバ粉を分けてもらって参加しているのだ。一浩さんは個人的にソバの作付けを再開したが、グループの14人のメンバーは自家消費の分に1反とか2反歩を作付けするのみである。したがって現在では共同でソバを作っていない。

　共同作業の消失はみんなで進めてきた地域振興策であるソバ作り消失の危機を招いている。「今まで共同作業でやっていたでしょ、それが、このままでは気持ちがバラバラに離れていってしまうんですよ」、と残念がった。現在は「みんなそれぞれ勤めが変わっちゃって。なかなか集まらない。集まるのはいつも7、8人」。そう言った後に「除染に人を取られたこと、鍋倉のソバ畑が仮置場になったことで、結局共同作業がなくなっちゃったんだね。それで心がバラバラになってしまった」、と繰り返し話す。

　顔を合わせなくなったことで「人の、お互いの意思の疎通が図られないっていう問題が起きた」という。「川内村にいる人は話していますからね。（意思の疎通が）まだありますが、避難して帰ってこない人ね、そういう人たちとの意思の疎通はどうしようもない。時々電話では話ししますが、直接会って話すのでは伝わり方が違いますよ」。

　以前は共同作業を行う中で「一生懸命やって収穫しましょう」と、同じ想いでメンバーが繋がっていたが原発事故の避難後は意思の疎通ができにくくなり、メンバー間の関係性が薄くなってしまった。

　「どうしようもない。避難して帰ってきていない人もいるんです」と声のトーンを落とした。「ただ、もう一つは放射能に汚染された地域には行きた

くないっていう人もいるでしょ、それも問題だと思う。これは金額の問題ではないと思う」。「無理に帰ってこいって言えないですよ」。

地域振興の担い手であったグループは未だ復活してはいない。人が動かなければ地域振興も動かない。一浩さんが悲しみ、肩を落とす問題の本質は、復興政策にあった。その影響で共同のソバ畑は仮置場になり、メンバーは放射能除染に取られて、共同作業がなくなってしまった。そして、同じ目標で活動していたメンバーの意思疎通が低下して活動も少なくなってしまったのである。

9 復興対策と地域に根差した産業

村の復興対策についてどう考えているのか一浩さんに質問した。川内村では帰村宣言と同時期に復興対策として、住民の声から、放射能除染と企業誘致策を行ったという。震災前には多くの川内村民が浜と呼んでいた原発のある双葉郡の町村で働いていたが、震災後は避難指示区域になった職場が営業していないため、川内村に企業を誘致したのだ。生活再建のための収入を得る場を川内村行政は準備したのである。

村が誘致した企業はコドモエナジー、菊池製作所、家具工房、キミドリ、養護老人ホームの5つである。しかし、人が帰ってこない状況の中で企業の運営は、一浩さんらのグループ同様働き手の問題があるようだ。そこで、企業を誘致しても働き手がおらず企業運営ができないために、住宅団地を造成し企業の担い手となる人口を増加させるという政策をとるように主張した。

「企業が来ても、ここでは作業する人がいないでしょ、どうすんだって村長に聞いたら、『いや、企業が考えることだ』ていうんですよね。うん、それは、そうだ、でも、菊池製作所の社長に聞いたらば、いや、村長さんがなんとかしますから来てくださいって、言ったから来たんですよ。村長も社長もお互いに同じことを言っている、そしたら話おかしいでしょ、企業誘致は政策になると思いますか」。

一浩さんは、「誘致した会社だって人がいない問題がある。郡山と比べ

て、または、避難前の浜の仕事の給料と比べて賃金が安い問題がある」と言う。避難先の郡山市での賃金の方が高ければ川内村に帰って働かない。あるいは、原発立地自治体で働いていた時の賃金と同等でなければ川内に村に帰って働かないという。生活にかかる経済的負担は変化していないのだから、当然と言えば当然である。

「例えばね、川内の企業に勤めた人たちの住宅を作り、タダで、そこに住ませる。震災前と同じ金額かまたは、東京にいる時と同じ給料払ってくれるなら、ある程度可能性は出てくると思う」というのだ。

地域振興のためのソバ作りのメンバーは、他に仕事を持つ兼業であった。メンバーのうち、基準以内の放射能被ばくは安全であると考える人が賃金の高い放射能除染の仕事につき、放射能被ばくは不安だと考える人は生活を維持できる賃金を求め都市部である避難先での仕事を探すことになった。

新妻さんは除染していない村が帰村宣言することに否定的であった。しかし、議員という立場もあって覚悟を決めて帰村している。覚悟を決めて帰村したからには元どおりの地域活性化のためのソバ作りの活動を再開したいと考えていた。その土地は村の所有とはいえ、作付けと収穫を繰り返し、写真コンクールなどのイベントも行い、5年更新を何度か繰り返しており、あたかもグループの土地のように考えていた土地であった。

そのような背景から、新妻さんらのグループには地域振興のためのソバ畑を返さないという言い分があったが、みんなで作った共同のソバ畑は復興のための除染によって仮置場になってしまった。共同の土地を奪われたことにより共同作業の継続の可能性がしぼんでしまった。

一浩さんは、震災前から地域活性化に取り組んできた。それはソバを用いた地域に根差した産業による活性化であった。すなわち、一浩さんは、地域に根差した産業こそが本当の意味での地域活性化につながると考え、そのような実践をしてきたのである。農林業が不振に陥っていた川内村でソバに可能性を見出し、ようやく新しい地域に根差した産業が生まれようとしていたところに原発災害が襲った。

原発災害は、その新たな産業の可能性をまず放射能汚染によって奪った。

汚染によって、作物を作ることが難しい状況が生じたからである。だが作物を生産することそれ自体の問題は、徐々に改善しつつある。そのようななか、新たに問題になっているのは、震災対応のあり方である。すなわち、食品リスクや放射線量を低減するための復興政策によってもその可能性は奪われようとしている。さらに一浩さんは、企業誘致による復興政策の重要性を認めながらも、地域に根差した産業を創出することこそが、地域の再生につながるという信念を捨てていない。共同が困難になりながらも、ふたたびソバに活路を見出そうとしている。

第3部
現状と将来に向けての対談

3-1 地元のリーダー・井出茂さんとの対談

聞き手　鳥越皓之（2014 年 8 月の対談）

1　避難者がやって来る

鳥越　東日本大震災の翌日、3 月 12 日の朝は、川内村にとっては、福島第一原子力発電所の事故とかかわりはじめる時刻ですが、地域のリーダーであり、旅館を経営されている井出茂さんは、役場の人たちと異なった対応をされたと思います。どのような状態だったのでしょうか。

井出　朝の 6 時ごろだったかと思うのですが、村長から私に連絡がありました。それは私が、「いわなの郷」と「かわうちの湯」とコテージなどを管理している「あぶくま川内」という会社の代表取締役をしていたからです。

　富岡町〔川内村に隣接〕からの避難者を受け入れるために「準備をしてくれ」という依頼の電話でした。

　電話を受けてすぐ、現場に行ったのですが、驚いたことに従業員がすでに来ていて、準備の片付けをしていました。それは村長から電話を受けてすぐ、マネージャーに連絡を入れたからだと思うのですが、マネージャーがしっかりしていて、「じゃあ、厨房設備は使わせないことにするから、とにかく、触られて困るものは全部押し込め」とか「あとは誰が入ってもいいように、うまく片付けろ」と、そのように指示が出ていた。そういうことで、温泉は何百人入ったべ。200 人ぐらいかな。

鳥越　あそこはそんなに入るんですか。

井出　入るんですよ。大広間と、いくつかの小さい部屋がありましたんで、そこにもうぎゅうぎゅう詰めになって入ってもらった。

鳥越 避難してきた人たちへの炊き出しはどうしたのですか。

井出 炊き出しは温泉施設ではなくて、施設のすぐ下の道路脇にある「あれ・これ市場」という直売所でしました。「あれ・これ市場」の従業員と、それからボランティア。もっとも、ボランティアといっても被災地の富岡町民がボランティアになってくれました。あそこは直売所だから、品物がありました。そこでおにぎりを握りました。

鳥越 でも、「あれ・これ市場」にはそんなに多く米はないでしょう？

井出 米はないです。米は秋元美誉〔2-12 参照〕さんが出してくれた。

鳥越 個人的に？

井出 個人的に。炊き出しのために、放送で呼びかけたんですよ。「お気持ちのある方は、あれ・これ市場に持ってきてください」と。……ところが、困った現象が起きたんです。あの頃は、寒かったですよね。

鳥越 3月ですからね。

井出 はい。「あれ・これ市場」に行くと、あったかいものが振る舞ってもらえる、他のところは冷たいのが出る〔おにぎりだけ〕、「不公平だ」っていうんです。それで「あれ・これ市場」の「炊き出しは止めろ」という圧力がかかったんです。

鳥越 まあ、平等精神ってことでしょうか、よい言い方をすれば。

井出 でもそれは、平等ではなくって、不平等ですね。こういう非常事態のときに、全ての人に平等ってことはあり得ないし、できるときに、できることを、できる人がやっていくっていうのが、やっぱり一丁目一番地だと思っていたんです。「僕はどんどんやれ」というような指示をしてね、そこでどんどんやってもらっていたんですね。ところが、このような話があって、作りかけのとん汁を途中で止めたという経緯があるんですね。

鳥越 もったいない話ですね。

井出 もったいない、……もったいないですね。

鳥越 まあ、しかし、そういうことは起こりますね。私は阪神淡路大震災の被災者だったから、同じような経験をしました。平等にしなければいけないというので、役所の方から、ボランティアにクレームがかかってね。「全部

の数が揃わないうちは被災者に配るな」という指示ですよ。同じ形ですよね。目の前に物があって、緊急なのに配ってくれない。

井出　うん、そうですね。同じですね。そうなんですよ。で食べるものもまだそこにたくさんあったんですよ。あったし、シートをかけて、僕らは保存していたわけですから、大根やら芋やらなにやら大量に持って来ていたのが、その時点で、そこでの炊き出しは止めろと〔他の場所はおにぎりだけだったので〕。

鳥越　米を持っている人は、何俵かが家にあったんですか？

井出　ありましたね。秋元さんは大量に出してくれましたよ。

鳥越　ということは、何俵かを出したんですね。

井出　そうですね。あのとき、5俵位出しましたかね。しかも、保存していた玄米を精米して、白米にして出してくれました。

2　安全性と自分たちの避難

鳥越　ところで、個人的な気持ちでいうと、どんな感じでしたか。原発災害で、12日の朝に富岡町の人が押し寄せて来た。原発の恐怖心とか、そういうのは起こらなかったんですか。

井出　あのね。そのときは、まだなかったんですよ。なかった。

　ところが、テレビをみていると、1号機が爆発しましたよね〔12日15時36分〕。映像を見ましたよね。それから一気に緊張感が高まったんです。それから、携帯電話がつながらなくなった。今まで上空ヘリが飛んでたのが、一切、上空飛行禁止になってヘリが飛ばなくなった。で、僕も役場の災害対策本部に時々顔を出していたんですけれども、唯一ある一台の携帯、あの衛星電話。これでのやり取りがまったく上手くいかないという状況のなかで、まあ、正直言って見捨てられた感覚をみんな持ったと思いますよ。固定電話も携帯電話もつながらない。

鳥越　つながらなくなったんですか。初めは電気も来てましたし〔13日に電話不通〕。

井出 そうですね。電気はずっとあったんですよ。携帯電話が途中でつながらなくなるんですね。

鳥越 なぜですか。

井出 富岡の交換機がやられたんですよ。

鳥越 でも、しばらく交換機はちゃんと作動していたわけですよね。

井出 そうです。それからですね。ぷっつり、切れてしまったのは。

鳥越 電気がダメになったんでしょうかね。

井出 電気がダメになったってのもありますね。あと何で携帯電話が切れたのか分かんないんです。au も NTT も全部使えなくなった。

鳥越 それと、ある段階で物資が入らなくなりますよね。そのことは受けとっていた側からすると、「どうしてか」という疑問はなかったですか。

井出 ありましたね。……「なんで来ないんだろう」って。

鳥越 屋内退避になってからですよね〔屋内退避指示は 15 日午前 11 時〕。

井出 4 号機が爆発〔15 日午前 6 時〕して、それから屋内退避になりましたよね。それからですよね。それで後から聞いたら、NTT も何も工事に来ない。要するに 30 キロメートル圏内に入るなっていう、そういう指示が出てたんですね。

鳥越 それは誰が、どういう形で出したんでしょうか。

井出 あれは自主規制じゃないですか。新聞社も 50 キロメートル圏内に入るなっていう、メディアの規制がありましたよね。だから入れなくなった。まあ、無視して入ってきた人間も何人かいましたけどね。直接ここに来た人間もいた。共同通信なんか来てましたよ。

鳥越 私らもメルトダウンって言葉をテレビで初めて知ったんですけれど、地元の人も分からなかったでしょ、いろんなむずかしい表現があって。また原発がどうなっているか、という情報についても。

井出 あっ、それ、分からなかったな。

鳥越 テレビの解説かなんかで、ありましたよね。全体的には、安全っていうニュアンスでしたよね。

井出 だけども、誰も信用してなかったな。安全だってことは、もうあの時

点で。

　こういうこともあったんですよ。4号機が爆発して、爆発したので16日に川内村の全員が避難をしますよね。本当は15日に避難しようかって話もあったんですよ、会議の中で〔井出茂さんは村会議員でもある〕。

　そうならなかった最大の理由を僕は今でも憶えています。亡くなった遠藤勝也〔富岡町長〕さんが、衛星電話で経済産業省の原子力保安院に電話をするんですよ。電話で「大丈夫か」って聞いたら、相手が「絶対大丈夫です」って、保安院のナンバー2が答えたんです。それを受けて、遠藤勝也さんは、「保安院が絶対大丈夫だって言ってんだから」ってなったんですね。

鳥越　しかし地元のみなさんはこの意見に否定的だったのでしょう？

井出　僕は保安院の発言を全く信用してなくて、そうじゃないって思って、村長とも何度か話しをした。「村長そうじゃねェよ。安心・安全ていうのは、やっぱトップである村長が決めることだし、東京電力に決めてもらうことではないよ」って。村長も何度か会議をもつんですね。14、15日の間で。14日の日に会議をやったときは、まだ避難をするということは決めてなくて、もう一度会議をやったときに、「いよいよだ、避難しよう」っていうことになって、「じゃあどこに行く」って話になったんですよ。

鳥越　会議をするって、どういう人たちが集まるんですか。

井出　川内村役場の課長クラス、それから富岡町役場の課長クラス以上の人たちが集まって、総合災害対策本部を立ち上げた。

鳥越　村会議員とか町会議員の方々は全く加わらないんですか。

井出　入ってないです。ただ最終の会議のときに、「お前も入れ」って私は言われたのですが、「いや、入らない」と言って断りました。要するに議員として、議長も、富岡の議長も入ってないのに、なんで僕が入れるんだ、と思ったのです。

鳥越　じゃあ主に行政のトップ、幹部クラスの人で決めていくという形だったのですね。

井出　そうですね。全くそうですね。行政だけでしたね。あのときはね。

鳥越　茂さん（井出茂）は民間の代表者みたいなもんじゃないですか、この村

では。行政以外の人たちの考えっていうのは、どういうものだったのでしょうか。

井出 まあ、直接住民と話し合うってことは、こういう状況のなかではできなかったですね。お互いに連絡のしようがなかったから。各行政区〔川内村には8つの行政区がある〕の区長さんたちを集めるにしても、集めることが不可能だった。

鳥越 どうしてですか。

井出 要するに、連絡の手段がなかったのです。

鳥越 各家とむすびついている防災無線もあのときは使えなかったのですか。

井出 防災無線は通じてました。で、防災無線で呼びかけるんですよ。あの15日の夕方に、呼びかけるんですね。で、行政区長、それから村会議員、集まることのできる人たちは集まって、役場の大会議室で、「これから避難をする」ということを、村長が表明するわけですよ。

鳥越 それでね。あのとき、「じゃあみなさんお元気で、さよなら」と、村長が挨拶の最後に言ったそうですね。

井出 「さよなら」とは言ってないんです。

鳥越 そうですか。村内で伝わってる話ではね、「それではお元気でさようなら」って言われたそうですが。

井出 「さようなら」。……あのね。どこでどんな風に間違っちゃったんだか。「さようなら」と言ったということで、それは後で村議会でも問題になった。

野党議員から、「おかしいんじゃないか」という吊し上げを村長はくったわけですよ。でも、録音をちゃんと聞くと、「さようなら」とは言ってないんです。「お元気でまた、お会いしましょう」って言ってるんです。

鳥越 アー、そうなんですか。けれども、村長の挨拶を受け取った側は「さよなら」と言われて、これもう大変なことになっているんだと思った、という話を聞きました。印象としてそうだったのでしょうね。

井出 そうですね。やっぱり、そういう風に思ったということは、住民の人たち一人ひとりは、非常に危機的状況だってことを、もう感覚としてもってたんじゃないでしょうかね。

鳥越　……そうなんでしょうね。

井出　だから、「またお会いしましょう」が「さようなら」に聞こえてしまった。という風になっていると思いますね。原稿は残っていますから。あの原稿を書いたのは、井出寿一〔川内村総務課長・2-1 参照〕です。

鳥越　ただ「またお会いしましょう」も、これはちょっと、異常事態だなァって感じは、ありますよね。

井出　ありますね。うん、うん、うん。

3　村を離れる

鳥越　なにしろ、この挨拶でこの世の終わりだと思ったというような人もいて、村長がそういうこと言ったといって。

井出　いや正直ねえ、僕もそうでしたけれども、ここを離れて行くっていうこと、避難しなくちゃいけないということ。それがいつまで続くかも分からない、とりあえずここを避難しなきゃいけないということ。そういう事態の中で、僕もやっぱり、その……。

　最後に温泉施設を避難した富岡町民の人が出発したときに、鍵をかけて、全ての鍵をかけて、僕も自宅のここに戻って来るんですね。その最後の人が出たのが夜の7時40分。ここを僕が出たのが9時過ぎだったんです。

　要するに、色々戸締りをしたり、ガソリンを軽トラックから抜いて、入れ替えたり、そういう準備をしたりして。井出寿一も同じことを言ってたと思いますけども、国道288号を抜けるところに峠があるのですよ、そこは東電の変電所があるところなんですね。みんなそこを通って行くんですけれども、そのときに、やっぱ、みんなそこで立ち止まるんですね。僕もそこで車を止めて、やっぱりこう振り向いて村をみたときに、やっぱりね、込み上げてくるもんがあって……。

鳥越　村を離れるからっていう……。

井出　そうなんです。村を離れていく。避難をしなきゃいけない。で、そういうことで涙がとめどなく流れてきて……。本当になんか、泣きながらです

ね、運転して郡山〔郡山市、川内村から 40 ～ 50 キロメートル〕まで行ったん
です。

鳥越　そのときは、しばらく帰って来れないっていうことを確信していまし
たか。

井出　思ってましたよ。僕は。

鳥越　富岡町の人が川内村に来たときはね、彼らは 2、3 日で帰れるっていうつもりで来たような感じだったと、村の人から伺いました。

井出　みんなそうだったと思いますよ。うち〔旅館を経営している〕に避難
してきた 2 家族、3 家族、うちでも受け入れしてたんですけれども、やっぱ、
彼らもそうですよ。もしかしたら、すぐに帰れるかも分からないと思ってい
たようです。

　でも事態がどんどん悪化してきて、富岡の人はもう諦めてました。いやも
う富岡はダメだ。そこで 14 日の夜に、僕はうちにいる富岡町民 3 家族に「も
う二次避難をした方がいいから、今すぐ荷物まとめて、とにかく一刻も早く
ここを離れた方がいい」と言った。

　それを受けて、彼らは 14 日の夜に川内村を離れるんですよ。1 家族は東京
に避難をするんですね。でもう 2 家族は、二本松のジャイカ（JICA）に行くん
ですよ。誘導されて。他の人より早く二次避難をした人たちは、結構、プラ
イベートもちゃんと保たれるようなところの避難所に入ることができたんで
す。けれども、僕らみたいに川内村とか富岡町の人たち、16 日一斉に避難し
た人たちは、どこに行くのか、ということになりました。

鳥越　結局、寿一さんとか茂さんたちが川内村から離れる最後の人たちです
か？

井出　そうですね。

鳥越　もう後ろに続く人たちがいないというか。だから気持ちとしては、と
りあえずみんなを送って、最後の人間として村を離れて行く。

井出　そうですね。15 日にはうちの家族、で 16 日に避難したのは、僕のう
ちの長男と僕なんです。長男は一足先に行かせて、僕は最後に出て行った。

鳥越　ところで、結局はいろんな都合で 46 人位が川内村に残られたんですよ

ね。それは、気持ちとしてどんなもんですか。それはしょうがないもんですか。

井出 残ってますね。たぶんあの……しょうがないんだろうと思います。震災の前に亡くなっていたんですが、うちのおふくろなんかも、非常に気丈な人だったんです。もし生きていて、避難をするって言ったら、「お前たちだけで行け」と、たぶん言っただろうと思います。「オラもう、年も年だし、ここで、一人で、大丈夫だから、時々何か食い物持ってきてくれよ」みたいな感じで、たぶん避難をしなかっただろうなってことをね、よく家族のなかで話しするんですよ。

鳥越 しかしそう言われても、息子としてなかなか置いて行けませんよね。

井出 たぶん言われたら……、あの人は言ったら聞かない人なんで、「いいから、行け」っていうふうに、たぶん言うでしょうね。多分、僕は置いていくと思う。本人が、そう言うんであれば。水もある、電気も来てる、ガスもある、当面自分で何かを作って食べることができる。屋内退避という状況ですから。……だけども残った人の気持ちも、よく分かるんです。

鳥越 大体どんな感じなんでしょう。残った人の気持ちというの。

井出 要するにもう、あれでしょうねえ……。「ここで、最期を迎えるんだ。それでいいんだ」という風に現状をしっかり……、しっかりって言うかね、現状をありのままに受け止めた人たちなんだろうなあ、っていう風に思うね。

鳥越 まあどちらかというと、高齢者の方が、多いんでしょうかねえ。

井出 高齢者です。ほとんど高齢者の方ですねえ。

鳥越 もう大体60、70歳以上でしょうかね。

井出 70歳以上。うん、この近くにもいたのよ、じいちゃんとばあちゃんが。僕が4月の15日に戻って来たときに、バッタリ出くわして、「いたのゥ」って聞いたら、「いたわァい」。「なァんでだい」って聞いたら、「いや、いちゃダメだ」と思ったから、光が漏れないようにキチッと目張りして、電球の上から傘に布被せて、そうやって隠れるようにしていた。「なんだっぺなァ、オレすぐ近くにいるのに、声でもかけてきちゃ良かったなァ」って話しになったのよ。中にはそういう人もいましたよ。

4 村に戻れるか

鳥越 翌年の 2012 年の 1 月ごろになると、少しずつ帰れるようになってきますよね。

井出 そうですね。避難準備区域では。

鳥越 このことは村長さんにまだ聞いてないんですけど、村長さんだけじゃなくて、何人かの人が帰る決意をしますね。これは世間的な常識からすれば、ちょっと無理をしたんじゃないですか。あの「帰村宣言」〔1 月 31 日〕のことです。帰るということは茂さんも含めて、村の人たちの気持ちというのはどんなもんですか。やっぱり帰るべきだ、少し無理をしてでも、という気持ちだったのでしょうか。

井出 僕はそのときに、支持をした人間の一人なんです。帰るべきだっていうのは、なんでそう思ったかと言うと、時間が経てば経つほど、やっぱり故郷に対する想いっていうのも失せてくるだろうし、生活の基盤自体が川内村になくなってきますよ。だから「早く戻りましょう」と、言うこと自体はよいと思います。やっぱりこれは、ある意味で、国が重大な憲法違反を起こしたわけですよね。原発災害でね。要するに避難をさせた、住むことの自由っていうことを強力に制限をしてきたという部分では、この「戻れる人から戻りましょう」ということ事態は、僕は非常にあの表現は良かったな、と思ってるんですね。「戻れ」と命令しているわけじゃないからねえ。「戻れる人から、戻りましょう」という。

鳥越 なんかはじめ、村長は「戻れ」のニュアンスでしたよね。

井出 そうです。

鳥越 それはやっぱし、まずいと思って?

井出 だと思います。戻れという強制はできない。まだどういう状況かもはっきり分からない。「まあ安全だ」というふうなところが分かったとしてもですね。

鳥越 どうでしょう。村長なり、茂さんなり、村や民間の代表的な立場からして。政府はまだどちらかというと、戻ることに賛成していない状況下でした。放射線がかなり高い数値であると一般に理解されていましたので。地元とし

3-1 地元のリーダー・井出茂さんとの対談　255

写真3-1-1　『日刊スポーツ』2011年6月19日より

て、「戻れる人は戻りましょう」というと、「その責任どうするんだ」と言われたら、どういうことになるんでしょう。マスコミも批判的でしたね。それは「お前の責任だ、お前自身で判断しろ」ということになっているんでしょうか。

井出　う〜ん。その部分は非常に、難しいところですね。その帰村宣言をして、「戻れる人から戻りましょう」、じゃあ戻った人が、それが原因で、病気になったとかですね。いろんなことがあると思うんですけども、あのときに村長はかなり勉強してるはずです。はい。閾値論とかですね。まあ僕も色々勉強はしましたけれども、そのときに村長と話していると、頻繁に閾値論のことが出たり、逆に100ミリシーベルト〔100mSv/y〕とかいろんな話が出てたので、たぶんその辺の勉強はしていたと思います。

鳥越　だからまあそんなに危なくはないだろうと。

井出　そういうような判断はしたと思います。

鳥越　まあ、結果的にみれば、「戻れる人は戻りましょう」としたことはいい判断ですよね。村を存続させるという意味においてはね。それに対して、富岡は現在も気の毒な状態ですものね〔2017年4月1日に一部地域で解除された〕。

井出 あっ、気の毒だねェ、ほんとにね。いろんな集まりに行っても、商工会の集まりに行っても、富岡とか大熊とか、それから双葉、浪江の商工会の人と一緒に商工会の集まりがあるんですね。年に何回もね。そのときに話をしても、もうズレちゃうんですよ。要するにあっちは、財物補償の問題であったり、営業所の問題であったり、いろんな問題抱えてますよね。僕ら財物補償があるのは、20キロメートル圏の警戒区域だけの話であって、ほとんどが緊急時避難準備区域ですから。もうだから財物補償も何にもないわけですよね。一気に解除になってきましたからね。……有無を言わさず一気に解除になって。なんか20キロから30キロメートル圏内の人たちって、もう口あんぐり開いただけで〔どうして、と驚いただけで〕、解除になってしまった。

　そういう状況が続いて、ある意味でそれが、今思うとですよ、今思うと、そこで保障金が切れたわけですよ。スパッと切れましたよね。切れたってことは、自分たちでこれから、どう生活するか、ということに否応なく向き合わされた。今もう、向き合わされているわけですよ。再来年（2016年）の3月まで、仮設住宅と借り上げアパートは使用が延長になりましたけれども、今年いっぱいぐらいまでは何とかね、今年度いっぱい位は何とか、みんな、都会の生活楽しんでいるんじゃないかってところです。けれども、延長されてくればくるほど、お金もかかるわけですよね。貰ったお金も、入ってくる〔十分な収入〕わけではないので。そうなってくると、いよいよですね。

　じゃあ村でどういう風な生活設計をしていくかってことを迫られてきている部分が当然あると思うんです。そういったなかで、小学校の生徒も1人増え、2人増えしてきている。それをどういう風にみたらいいのかなという点があります。ただ単にお金の問題なのか、それとも教育環境の問題なのか、それとも生活環境の問題なのか、都会はお金がかかり過ぎる、という風に思っているのか、そこは分かりません。

5　教育環境と教育についての考え方

鳥越 教育環境としては、とくに親の判断としてはどうなんでしょうか。戻

るのと戻らないのとどっちがいいのか。まあ、小学生、中学生、高校生で違いますけれどね。

井出 そうですね。そのステージによって違うかと思います。だから僕は時々言うんですけれども、教育環境は確かに都会は揃っていると。お金を出せば塾にも行ける。子供がたくさんいるんで、競争心がそこに生まれる。普通考えればそうですけれども、じゃあ、それで、ただ単にその環境に放り込んだだけで、子供が優秀になれるんだろうか。

　そういうことを考えると、実は、それこそ幻想であって、川内村で育てるのも、郡山市で育てるのも。親が子供とどう向き合って、何を話して、どういう話をしていくのか、ということの方がとっても大切なことです。いま必要なのはたぶん、川内でのんびり育った子供たちが、いきなり郡山とかいわきの学校に行って、そりゃ親は満足してるかも分からないだけれども、本当の子供の心って聞いてんだろうか。そのことについて僕は非常に疑問なんですね。

　だから、双葉高校のサテライト校〔東日本大震災による福島第一原子力発電所事故で立ち入り禁止区域に存在する高等学校が他校や公共施設を間借りするといった形で授業を行う機関をサテライト校とよぶ〕に行った子供たちが、こういう風な言葉を、新聞に残しているんですけれども、「私たちは、大人の身勝手によって、郡山からいわきに転校させられて、親というか大人の身勝手で、我々は振り回されてきた」ということをですね、子供たちが言ってるんですね。そういうことをね。

鳥越 親は良かれと思ってと、止むをえない理由で動いたんでしょうけど。

井出 「大人たち」って言ってたのは、多分、自分の親ではなくて、行政とかですね、そういう部分を指してるんだと思うんですね。

鳥越 転校をすると、先生も変わるし、友達も変わるし。

井出 そうですね。うちでも厳しかったよね。震災当時、うちの双子の子がですね、高校2年生だったんです。それで、その年の4月にはもう進学しなくちゃいけない状況のなかで、じゃあサテライト校に行くのか、それとも、どこか別な高校に転校するのかというところで僕が提案したのは、サテライ

トじゃなくて転校したとしても、しっかり納得できる形で学校に行った方が
いいということです。結局、一人は埼玉の川越にある高等学校にお世話になっ
て、もう一人は山梨の航空学園に縁があって、そこに行くことになるんです
よ。全寮制で、全部面倒みましょうと、寮費から学費から。

鳥越 向こうは全部引き受けてくれるんですか。

井出 そうなんです。

鳥越 被災していることからですか。

井出 そうなんですね。被災者受け入れの制度を作って、学校側が受け入れ
をするんですね。1年間ですけれど、寮生活です。

鳥越 1年間だけ、なんですか。

井出 うん、1年間だけ。寮生活で。

鳥越 航空の高等学校に行けば、将来、飛行機関係の仕事につけるのですか。

井出 そうね。それは望めば、です。望めばその上の学校に行けるんですが、
そのときに息子はやっぱりね、高等学校から日本航空専門学校に行くんです
ね。石川県の能登にあるんですけれども、そこでやっぱり2年間寮生活をす
る制度なのですが、それはもう普通に入学金や授業料払うという形となります。

鳥越 なるほど。ところで、近所の小学生、戻って来た子たちの、感じとい
うか印象はどんなものですか。喜んで学校に行ってますか、帰村者が限られ
ているので友達が少ないでしょ。

井出 少ない。うん。

鳥越 この問題は、まあどうしようもないと言ったら、どうしようもないん
でしょうけれど。

井出 う〜ん、そうですね。これは日本全国どこにでも、過疎地に行けばこ
の程度の学校っていうのは、ゴロゴロあるんでしょうけれどもね。

鳥越 そうすると、そういうことに関して村の教育委員会もどうしようもな
いっていうか、特定の方針もないし、村議会としても、まあ子供の数を増や
していくしかないあたりでしょうかね、現在の考え方としては。

井出 増やすのはとっても大変な労力を必要とするんです。じつは私が村長
に提案しているのは、子育て世代の親たちが村に戻ってきたい、というとき

の一番の魅力は何だろうって考えたとき、やっぱ、教育だよね。子供の成長を願わない親はいないもの。

鳥越　逆に戻りたくないって言っている人も、理由は教育のようですもんね。

井出　うん。そうですね。

鳥越　都会の方がいい教育だという考え方でしょう。

井出　教育というものは、村にとって、とってもたいへんな作業になるかと思います。けれども、村長は興学塾っていうのを作りましたよね。震災前から。この予算はつぎのようなことです。防衛施設庁の自衛隊の基地がここにありますよね。基地がある自治体にはお金が出るんですよ。年間に900万円。その内の当初は800万円ぐらい使ってたんですが、いまは600万ぐらい使って子供たちの教育をしようとしています。要するに、村長が言ってるのは、川内村からノーベル賞を獲れるような人材を作りたい、って言うのが彼の最終的な目標なんです。まあノーベル賞は交通事故と同じで。

鳥越　運もあるかもしれません。

井出　やってる間に、ぶち当たるかもしれない。

鳥越　夢としてはね。

井出　そうですね。夢はね必要だと思って。じつは、川内村の保育園を認定こども園にしました。村長が認定こども園にした最大の理由は、保育園から小学校低学年までの間の教育は、後で取り返しのつかない大切な時期。その時期の人間の成長が大切だと、村長は思っているはずなんです。僕もそう思っていて、実は僕が議会で言っているのは、要するに、川内メソッドという教育方法を、中学校まで、保育園から中学校まで一貫教育のやり方をする。東大、京大に行けるということだけではなくって。

鳥越　そうじゃなくってね、本当にいい教育をしてもらうと。

井出　そうです。いくつの歳になっても勉強始めることのできる能力。20歳になってからでも、もう一度、勉強したいと思ったときに勉強する。つまり学ぶ力、本当の意味での学ぶ力をしっかり川内の子供たちにつくってあげることが、一番の方法だよね。

鳥越　いい考え方ですね。なるほど。そうすることで、極端に言えば、村に

関係ない人も是非あそこに子供を行かせたいと、そういうことがあり得てきますよね。

井出 そうなんです。僕は教育が一つの柱だと思ってます。これから村に戻ってくる人、戻ってくるための動機づけになるのにそれは非常に強い部分だ、と思ってます。

鳥越 ただ、教育の場合は先生が大きいですよね。

井出 大きいですね。

鳥越 それと校長先生をトップにして、ちゃんとした信念を持っている学校。たとえば、中学校でも、学区を超えても是非行かせたい、というのが出てくるのは、校長にある強い信念や深い教育観があり、それに呼応する若い先生たち、という構図がありますよね。

井出 カリスマ的なねえ。校長先生自体がやっぱり、ブレないしっかりした真意を持って、どういう人間像を作りたいかということを、しっかり持ってないと、多分無理でしょうね。その数字ばっかりを追っかけているようでは、たぶんそれはできないと思います。

鳥越 村としての方針は分かりますが、村に人事権というのはあるんですか。特定の人を探してきて、それができるのですか。

井出 ある意味で、人事権はあるんです。これはできるんですよ。教育長が足運んで、どの校長がいいか。もう唾付けてくるわけですよ。「是非来てくれ」。で教育委員、県の方に是非って言えばよいのです。

鳥越 言うわけですよね。

井出 要するに、何のことないですよ。人事権のある人に言えばよいのです。

鳥越 じゃあ手続きをふめば、実現する可能性もありますね。

井出 このことを実現していかないと、通常の教育だけでやっていると、それこそ魅力も何にもないですよね。

鳥越 たしかに工場誘致とかいくつかの試みが目下進行中ですね。それはそれでよいとして、他に試みとしていくつか必要ですね。たったひとつというわけにはいかないでしょう。

井出 そうですね。

6　世代による考え方の違いと仕事

鳥越　今聞きました教育というのは、若い世代のことを考えるといいと思います。

井出　まさしく、未来そのものですからね、教育とはね。

鳥越　ただ、今のところ、現状は違う方向に歩んでいますよね。つまり、若い世代の人たちは老親と無理をして住んでいた。「無理をして」というのは失礼な言い方かもしれないけれども。

井出　たしかに、無理をして住んでたんだよねえ。

鳥越　川内で何人かの人に聞きますと、それが災害避難で一度、都会などで住むと、ちゃんとした定職ではなくてアルバイトであっても、もう川内に戻りたくないという人たちが少なからずいます。それは子供をもっているお父さんの気持ちなんでしょうかね、子供の教育のことを考えて。

井出　たぶんそうだろうねェ。たとえばね、お父さんとお母さんがいて、子供が2、3人いたとします。いま郡山に避難をしていたとします。そうすると、お母さんがお姑さんと一緒にいないことになる。それは非常に気が楽だし、食べたいものを食べることもできるし、小言も聞かなくても済む。それは、最後の1本のタガがパカーンと外れて、樽がバラバラバラーンってなってしまった状態と同じ。そうなので、もう一度組み立てるってことは、僕は非常に難しいだろうと思う。

　子供がいる若い世代の人たちで、いま川内村に帰ってきているのは、ほとんどが役場職員なんですね。民間の人が少ない理由は、誰がイニシアティブをとっていたかというのとかかわっています。

　誰かというと、僕はお母さんだと思うんです。おやじが、「もう帰ろう」って言ったときに、お母さんが、「あなたね、低線量被ばくって知ってる」みたいなこと言われて、あれってその、「100ミリって言うけど、1ミリでもね、危ないときもあるんだよ」、みたいなこと言われちゃうと、その100ミリ以下のモノって、誰も立証できないわけですから。それ言われちゃうと、「あなたうちの娘、子供産めなくなってもいいの」みたいなこと言われたら、「そ

れは困ったなァ」みたいな話でさ。「戻るの、止めっかァ」みたいな、感じですよね。子供がいると、お母さんには強い決定権がありますよね。

　ただ、もう僕たち位の上の世代で、都会に住んでいると、もう子供も大きくなったし、川内村に行くのは年に何回位しかないし、もうそろそろこんなウサギ小屋に住んでいないで、暑いとこにいないで、川内へ帰ろうよと考えることがある。そうなれば、誰だれさんも帰っているし、まあ葬式の手伝いもやらなきゃならないし、お祭りもあるしね、帰った方がいいんじゃねえのってなれば、戻って来るんですよね。

鳥越　そうですね。日本の他の村でも、定年退職して、村に戻ってくる人とか、村に新しく来るという人いますね。ここでも、川内村出身者で、ずっとよそで働いて定年退職した人は、50人100人はいるでしょう。そういう人に対する村としての考えはないもんですか。

井出　「村に帰って来ませんか」っていう呼びかけ、あれですか？

鳥越　戻ってこれる条件があれば、戻ってくることも、あり得ますよね。

井出　そうですよね。それはもう十分に。ですから、家が空いてて、じいちゃん、ばあちゃんが亡くなっちゃったし、帰ってくる気があれば帰って来れる人もたくさんいると思いますよ。あとは、帰って来た人たちが、じゃあ川内村で、どういう役割を果たせるかということを、行政がきちっと決めること。

　つまり、受け皿づくりですね。受け皿としては、ただ村の民間企業に就職するってんじゃなくて、ある意味で、新しい公共的なもの、そういう部分に寄与してもらう、というかですね。それを考えないと。もっとも、じゃあ今すぐに「どんな部分？」と言われると困りますけれども。

鳥越　やっぱし役割が必要ですよね。

井出　必要です。社会から当てにされているってことがないと、「行ったって、おらァ、何にもやるものねえしな」って思えば、毎日がつまんない。

　むかし失業対策事業ってありましたよね。草刈であったり、それで賃金貰ってた。いまは名前はそうではないにしても、いまも同じものがあるはずなんですよ。行政が全部見回れるわけはありませんので、例えば、どこどこの地区の山の様子を見てくれとかね。どんな風になっているかとか。そういった

ことを、ひとつひとつ細かく考え直せば仕事って出てきますよね。

　話がそれちゃいますけども、直売所って実は元々、そういう働きを持たせてたわけですよ。それは「流通革命」ではあったけれども、もうひとつは「生きがい対策」として非常に大きな役割を持っていたわけです。「うまかったって言われれば、もっと作んなきゃならねえよね」ってどんどん作る。

　あの人たちはお金にすることが目的ではないんですよ。作って、人にあげて、喜ばれる顔を見たくて作っているのよ。だから多分ね、1区〔農業を主にしている高田島〕の方に行ったりすると、「ナス持ってけ」とかね、「キュウリ持ってけ」、「トウモロコシ持ってけ」って、よくここに泊る学生たちも、帰り山ほど持って帰ってきます。

鳥越　今日、1区に行ったときにトウモロコシを貰って来ました。

井出　でしょ、そうなんですよ。あげることが目的で、喜んでもらえるから。

鳥越　けっこう甘くて美味しいトウモロコシでね。

井出　私も昔、トウモロコシを作ってたのよ。坂本君って子が、8区の子なんだけども、彼があそこでやってて、もぎたてを生でバリバリ食べられるんです。それが甘いんです。そういうトウモロコシ作ってたんだよ。うん。ニンニク作ったり、一生懸命やってたのがいるんですよ。震災前に。震災を期にそこから離れて行ったっていうのも当然ありますけれどもね〔8区は福島第一原発から20キロメートル圏内のため避難指示が出たままになっていたので、聞き取り段階では居住は禁止されていた〕。

　だから本当はね、もしいま先生が言ってたように、60歳でリタイヤした人が来たときに、やり方って色々、多分、あると思います。作っていない遊休農地を畑にしたてやればいいわけですよね。そうすると新規就農であって、なおかつそこで社員として雇うってことになれば、それ給料あげられるわけですから。給料っていっても20万も、30万もいらないでしょ。

鳥越　そんなに期待をしてませんしね。

井出　ね。大体年金と同じぐらいのお金貰えれば、御の字なわけですよ。たとえば年金で月7万だったとすれば、7万貰えば14万。自分で作った畑のもの持ってって、調理して食べればいいし、米も自分たちで集団化して米なん

かを作って。そういう米を食べてれば、田舎のばあいは、お金ってかからないよね。

鳥越 ある種の集団として、または農業法人にしてね。

井出 そうです。

鳥越 つい最近、農村問題に詳しい九州の友人から聞いたんですが、集落が過疎によって限界集落になっているんだけれど、とっても元気な集落がいくつかあるというんです。なぜ元気かというと、息子たちが土日に必ず戻って来るような仕組みがそこにできているというのです。ここもね、土日とりあえず戻って来る息子が多いですよね、震災後はとくに。そこで、何らかの形で仕組みを作れば、単におじいちゃんおばあちゃんに会いに来る、おやじとお母さんに会いに来るというだけじゃなくて、少しある種の村での仕事っていうか、そういうものができる可能性がありますね。

井出 あの多分、九州は、60歳からの村おこし、だっけかなあ、60歳からの地域づくりって本が出てるんですけれども、多分その話ですね。60以上の人たちが、皆で集まって、ちょっと元気な地域づくりをしようってことで。

鳥越 そうかもしれませんね。考えていけば面白い何かができそうですね。

井出 当然、若い人も必要なんですが、いろんな会議をやると、こういう言葉が出るんです。「若い人はいないよね」、「女性が少ないよね」。いないんだから、「言ったってしょうがないんじゃないの」。

　僕が今考えているのは、「老人会と連携しようと思ってんだよ」てな話をするんですけれども、彼らは、少し体の動きは弱いけれども能力はあるわけですよ。いろんなこと知ってるわけですよね。

鳥越 経験がありますからね。

井出 こういうときはどうしたらいい。作物作っても、こういうときにはこういう風な作り方がいいとか、ああいう作り方がいいとか。例えば、除草剤なんか撒いてたら、「今日はやんねェ方がいいよ」って言われる。「なんで」、「見ろ、あの雲、これから雨降るんだ」って。1時間後にザアーとくるわけですよ。「だから言ったべ」っていうことになる。だからもう一度、肉体的に現場に復帰しろってことではなくて、能力をもう一度出してくれれば、僕らみた

いな中高年がまだ働けるわけですから、できると思うんですね。

　この前、木曜日の日に、農協と商工会と生産者の人たちが集まって、会議をやったんですよ。これからの作付けをどうするかというので。イヤー、見事に来たのが、ジッジとバッバだけ。……いや、そうなんだよ。そこでやっぱりね、そういう人しかいない、そうであっても植えさえすれば作物は育つわけですよ。

　だからそれをだれかに手伝ってもらえばいいの。だから今、先生が言ったように、土曜・日曜帰って来るんだったら、それ狙って、「いやここの列だけ植えてってってくんねえかなあ」ってこう言えば、植えてくれるわけですよ、頼めば。植えれば、成長楽しみにするじゃないですか。「俺が植えたの、どうした」って。「うんや、元気に育ってるよ、いや今度肥料やんねきゃならねんだﾜ」、「今度草取りしねきゃなんねんだﾜ」って、なれば毎週帰ってきて、それなりのね、仕事をしてくれる。自分の、今度帰ってくれば自分の居場所もできるじゃないですか。

鳥越　そうそう、そういうことが大きいですね。お客さんとは違いますもんね。

井出　うん、うん、うん。そういうことがひとつひとつの積み重ねとなって意味がある。行政が何々政策ってドカーンって打ち出したからって人は戻って来ない。企業立地補助金を川内村は単独で3億以上も出してるわけですよ、自己財源でね。で、川内村にくる企業は10分の10なわけですよ。

鳥越　10分の10というのは？

井出　要するに、4分の3は国から貰うでしょ、それに4分の1は村から貰うわけですよ。つまり補助金ですべてカバーされている。

鳥越　国からの4分の3は、こういう災害を受けたからという理由からですか。

井出　そうですね。被災地に企業立地補助金、被災地に雇用の場を確保するということで、企業立地補助金っていうのを作ったんですよ。ところが地元は、企業立地補助金の恩恵を何にも受けられないわけですよね。ここの矛盾ってのは、僕はやっぱり、これから解消しなくちゃいけないことだろうし、村のお金を出すにあたっては、もっとハードルを高くしていかないと、企業は5年間やれば、5年間っていう縛りしかないんですよ。

鳥越　5年間やらなければいけないんですね。

井出　でも5年間やった後で、右肩下がりになったから撤退しますって、言われたら…。

鳥越　もうどうしようもないわけですね。

井出　そうですよね。1億数千万円使ったお金、どこ行っちゃうの？　みたいなね。たぶん、そういう感じになっちゃいますよね。

鳥越　それに加えて、いま、村に招聘した企業の運営が難しいのは、除染作業の労賃が高いから、雇用創出が目的であった企業に地元の人が応募しない問題がありますよね。

井出　正直言って現状はね。コドモエナジーも人が集まらない、菊池製作所も人が集まらない、野菜工場も集まらない。人が集まらないから、野菜工場は現在、7割か8割の操業でやってるんじゃないんですか。菊池製作所は、人が入っては辞め、入っては辞め繰り返しますんで。ちょっとね、大変なのよ。人が集まんなくって。

鳥越　給料をあまり高くするわけにはいきませんしねえ。除染作業と同じぐらいの給料出しますってわけにもいきませんね。

井出　除染作業の給料出すのが精一杯じゃないですか。いやあ、そんなに出せないと思いますよ。

鳥越　出せませんよね。

井出　この前聞いたら、23歳で除染作業で30万貰ってるって言ってたかなあ。30万あったら、川内村では東京の50万位に相当しますよ。本当だよ。相当いい暮らしはできるはずですよね。だけど除染作業は産業ではないですからね。

鳥越　そうですよね。まあここしばらく、かなりの年数はこの仕事は続くでしょうが。大切なことではあるんですけれどね。

井出　でも年がら年中、除染ばかりしてなきゃいけないなんて……。

鳥越　ところで、企業誘致だけに夢を持って政策を邁進させるのは正しくないかもしれませんね。

井出　企業誘致は、正直言ってあまり賛成したくないんですね。というのは、先生がさっき言ったように、必要なのは、農地であって、畑であって、まあ

農地と山林だと思っています。これを軸にした形で基幹産業の再構築をするっていうのは、僕はとっても大切なことだと思います。ただ、同時にもの凄い困難を承知してるんですけれども。ここに携わる人が多くなければ、多分、川内村自体が続いていかないと思いますね。

鳥越 そうですよね。そこがポイントでしょうね。そこに政策の中心を置くという。

井出 そうなんです。企業誘致に、コドモエナジーに1億8千万、うんで、菊池製作所には1億6千万ぐらい出してんだよなあ。んで、野菜工場は川内村48パーセントの株を持ってますので、これにもお金出してますから。結構こういう意味では非常に厳しい状況です。

鳥越 なるほどね。しかし、話を聞いていますと、ある方法をとれば、色々な可能性もありますよね。

井出 あります。うん。

7　山や自然

鳥越 ところで最後に、山や自然について、ご意見を聞いておきたいのです。現在、山に入れないでしょ。川内村では子供の頃から自然のなかで遊んできた。ところがいま、自然とのつきあいが切られてますよね、川内村での魅力は自然とのつきあいだったと思うのですが。

井出 全くおっしゃる通りですよ。いま、「一番の魅力を削ぎ落された」というのが正直な感覚です。川内村っていうのは、もうご存知の通り、明治政府が地租改正をしたときに、間違って川内村の公有林、私有林も含めてね、あの明治政府に全部持っていかれた。

鳥越 その後、川内村では官有地の払下げの努力をしますね。

井出 そうです。そのときに、なんで払下げの運動をしたかというと、あのときに「山に入っちゃいけない」っていう御触れが出たからなのです。

鳥越 政府は地租改正のときは地元は官有地に入ってよいと言っていたから手放したのに、ある時期から入ってはいけないというんですね。

井出 そうです。そうすると川内村は、今までその、棚倉領だったり、磐城領だったり、色々支配の変遷を受けるんですが、でもその都度ですね、川内村は、自由に山に入って、自由にしていいという、そういう約束事があったんですね。それは暗黙の了解で、だから川内村の人たちは、山に入ってキノコを獲る。それから山菜を採る、それから川の魚を獲る。また、里山と川内村って言うのはしっかり結びついていて、なおかつ木炭生産量日本一になった。江戸時代ではここから材木を流して、江戸城の天守閣の一部は川内村の材料で造られている。

鳥越 さあそのような歴史が無視されて、さらに今、その自然とのつきあいも切られてしまった。

井出 茸がダメでしょ。山菜もコシアブラは全くダメだけど、コシアブラは、セシウムが森林内循環をしてるって言うのが、最近良く分かりまして、セシウムは全部流れてない。森林内に留まっていて、それをこう循環してるので、炭の芯材にまで今入っている。それが使えないかどうかは別の問題だと思いますけれども。一番の命の源がそうやって汚染されてしまったっていうことに関しては、一番の楽しみであり、そのお金になった部分も、たくさんあるわけですよね。直売所なんかにキノコを出したり、そりゃあ商売だけではなくって、楽しみであったり、生きがいであった人たちがいるわけですよね。僕らも山は、行ってた。大好きで、キノコの本まで作りましたからね。

　そういう意味においては、正直言ってね、「住めるようになったからそれでいいわけではないんだ」ってことは、国に対しても、まあ東電に言ってもしょうがないですけれどもね。国がもうちょっとそういった部分の、もうちょっと深いところの理解ってのが必要だろうなと思います。

鳥越 そうですね。また主張していく必要がありますよね。

井出 ありますよね。

鳥越 なんにんかに聞いてますとね。子供たちも屋敷地のなかの庭までは遊んでいいけれども、山には行くな、川には行くなというような禁止状態ですよね。子供が村に帰って来てもね、限られたところでしか遊べない。これはやっぱりまずいですよね。

井出 俺もそれは思う。やっぱり、行きたいところに行けるってのが、これは当然必要なことですよね。これ、やっぱり担保して貰わないと困るわけですから、森林除染はしないなんてバカなこと言ってるようですけれども、やっぱり森林除染もしっかりやりながら、

鳥越 だから森林除染の方はしませんという現状にたいして、「はい、分かりました」じゃなくって、森林の全部をやるってわけにもいかないにしても、村の生活とかかわっているところはちゃんと理屈をつけて主張をする必要がありますよね。

井出 そうですねえ、僕もそれは必要だと思う。一番の楽しみ奪われてて、囲いに入れられて、「こん中で生活する分には大丈夫ですよ」って言われてもね。これちょっとおかしいよね。

鳥越 おかしいですよね。ということは、将来はそういうこと主張し始めますか？このままの「分かりました」という回答のままではね。

井出 僕はそれをやんないと。元々ね、元々どういうこと思っているかっていうのは、次の世代、もしくは次の次の世代に、今以上に、きれいで、しっかり楽しめるような自然を手渡していく。要するに、環境共有権ていう言葉があったじゃないですか。まだ生まれてこない子供たち、これから先の100年後、200年後の人たちも、今の環境を共有する権利があるというね。僕はこれは、荒唐無稽の話ではなくって、当たり前だと思うんですよ。それをちゃんと残していく、ということ自体がね。だからそういうことを考えると、先生が言ったように、自由に山に入ってキノコを採って食べる。山菜を採って食べる。うん。これは必要。

鳥越 ですよね。田んぼの除染と同じくらい必要ですよね。

井出 そうですよ。

鳥越 聞いてるとやっぱし、ここで暮らしてきた人たちは、ほんとに自然とかかわってきたのが財産でしたもんね。

井出 財産ですよ。川内村からそれ取ったら、何もなくなっちゃう。何もないんですよ。誇れるものがなくなっちゃうのよ。川内村に来たら、「秋になったらマツタケだよね」みたいな。そういったところが、川に来たら「釣りはやっ

ぱり、岩魚だよね」っていう、そういう部分がなくなってしまうというのは、これはもう村の大半の魅力がなくなるってことと、同じです。

　じゃあ、企業誘致すればいいのか。誰もそんなもの望んでいませんよ、多分。来たときに癒されるような田園風景があって、ホタルが飛び交って、夜は真っ暗で、「これがいいんだよね」っていうね。これが保障されないと、うまくないと思う。企業ばっかり連れてきても。

鳥越　どうもありがとうございました。話が合って、とっても楽しくって。

井出　いえいえいえ、とんでもないです。本当の魅力はね、やっぱし自然ですから。

鳥越　そうですね。どうもありがとうございました。

写真3-1-2　川内村除染廃棄物仮置場（鳥越撮影：2013年12月10日）

3-2　遠藤雄幸・川内村村長に聞く

聞き手　鳥越皓之（2015年1月の対談）

1　帰村して大丈夫か

鳥越　原発災害後のことですが、川内村と言いますと、マスコミなどを通じて一番注目を浴びたのは、川内村の「帰村宣言」であったと思うんです。災害から10カ月ほど後の1月31日に、帰村宣言を出しましたね。世間はビックリして、評価が分かれました。こんなはやい時期に帰村しても大丈夫なのかと。
村長　住民の人たちも、賛否両論。
鳥越　たしかに、住民の人たちも賛否両論がありました。そういう状況下で勇断をされたというか、やはり帰村宣言は必要だと判断された。

　また実際に帰村宣言後、3月になって帰村がはじまりました。あえて、はやい帰村が必要だと判断された理由、言い換えれば「帰村宣言」がその当時、必要だなと感じられたのはどういうところからなんでしょうか。
村長　ひとつはですね。村の状況が段々と時間の経過とともに分かってきました。客観的な数字を含めてのこ

写真3-2-1　遠藤雄幸村長

とです。たとえば、役場周辺と言いますかね、村のなかでも人口密度の高いところが郡山市よりも線量が低い。低かったんですよ。あの当時で 0.1〔マイクロシーベルト〕、まあ 0.2 を切っていたような状況ですよね。僕らはビッグパレット〔ビッグパレットふくしま：郡山市にある複合コンベンション施設、緊急避難所となった〕で避難していましたけれども、そこは 0.4 とか 0.5 ありました。

　そうすると、こんな状態の避難でよいのかな、どうなのかな、っていう疑問がでてきました。まあ役場から離れた周りには高いところもありましたけれども、役場周辺、この本当に人口密度の高いところは、極めて低かったというのがありましたね。そこは、そんなに放射性物質が降り注がなかったんだな。降んなかったんだな。

　それからやはり高齢者の問題がありました。もう避難から半年も経つとですね、体調不良になって入院をしたとか、あるいは亡くなられたとか、そういう話も耳に入って来ました。また、「村長、オラもう、死ぬ時は自分の家だからね」というような声もありました。

　それと、県外に避難している人たちは、なかなか情報がタイムリーに手に入らない、正確な情報が入らないという状況でした。そこで、マスコミを通して、「戻れるならば自分たちの可能性を広げていきたいな」ということを、まず「宣言」をしました。その情報が全国に散らばった人たちに届けばいいなと思いましたね。

鳥越　なるほど。あくまでも数値に基づいて、「帰れる状況にある」と判断をした。さらに、「帰村宣言」をすると、マスコミを通じて、全国に散らばっている川内村の人に情報が入ると。そういうことはつまり、村としては「帰村するという姿勢である」ということを示す必要があったという意味でしょうか。

村長　そうです。"えいやあ"って戻るんじゃなくって。実は客観的な数字もあるし、あと、長崎大学の高村〔昇〕先生とかですね、関係者の人たちと、ご縁ができておつきあいさせて頂いたのが 9 月から 10 月頃なんですね。長崎大の方に、「川内村は実際戻れる環境なのかどうか、戻ってそこに生活するのは大丈夫なのか、調べてくれないか」ということでお願いしました。

で、10、11、12月に川内に入って、空間線量はもちろんですけれども、土壌とかですね、そういったことを調べてもらったんですね。で、「心配ないよ」っていう、大学の方のアドバイスをいただいて判断をしたのです。

鳥越　記録に残っているマスコミの表現では、印象として、"えいやあ"で「帰村宣言」をしたような印象を持たないわけではないんですけれども、実際はちゃんと数値を押さえた上で、ということですね。

　ところで「帰村宣言」というのは、村役場が戻るという意味なのか、村の人全員が戻りましょうという意味なのか、その辺どのようなことだったんでしょう。

村長　本心はやっぱりもう、役場機能を最前線に戻すというのが目的でしたね。僕らも住民の人たちに、できれば戻って来て欲しいと思っていましたけども。

　ただ、「帰村宣言」よりも前に準備区域〔緊急避難準備区域〕が解除されたじゃないですか、9月30日に。でもう、自分たちは戻って生活していいんだよっていうのが国の方針ですよね。

　でも、そういう状況でも、本当に生活できるのかどうなのか分からなくて。そこで、住民との懇談会を何回も行いました。「戻りたいんだけど、みんなどんなふうに考えているの」という懇談会ですね。でもその懇談会で、いつまでと「期限切って戻る」とかですね、「全員で戻る」ということは極めて難しいと感じて来ましたね。そういうわけで、僕、本当に12月の末には、年内には戻ろうかということを考えていたんです。「帰村宣言」を年内にやろうかなと。それが1月にずれ込んだっていうのは二つの理由がありました。

　ひとつは、住民によって、それぞれ受け止め方が違うんだっていうこと。若い人たちは、とくに子供がいるかどうかですね〔被ばく線量が低くても子供は甲状腺ガンなどにかかる可能性があるという情報があったため〕。

　もうひとつは、診療所の内科医が、「村が戻るんなら私、辞めます」って言われたんですよ。それどういうことなのって訊いたら、「僕が、お医者さんが、戻ることによって、お医者さんが戻るんだから大丈夫だから戻ろうって、そういう風に捉えられるのが嫌なんだ」って。

そのお医者さんは、結構、低線量被ばくについては（安全論に対して）懐疑的なところがありまして、まあそういうポリシーがありました。そこで「村が戻るならば私辞めます」って言われたんです。お医者さんが戻らないところに「帰村宣言」もねえなあって思ったんですね。

そこで、解決する方法として、「じゃあ3カ月だけ付き合ってくれ」って言ったんですよ。まあ4月に戻るから4月5月6月の3カ月だけ。その間何としてもお医者さん探すから、その間だけ何としても村に戻って来てくれということで了解取りました。

そういう二つが理由で、「宣言」が1月にずれ込んじゃったということですね。

2 戻れる人は戻ろう

鳥越 記録を見ますと、村民への働きかけのある段階から「戻れる人は戻りましょう」という表現になりました。けれども、その前の初めの段階では、「全員で戻ろう」という考えでしたね。

つまり、「戻れる人は戻ろう」というのは現実論としては、そうせざるをえなかったし、正しいことだろうとは思います。「全員で戻ろう」と言った村のリーダーとしての初めの意図、それはどういう気持ちからだったのですか。

村長 あの、人が住まなくなった地域、村がどうなっているのかというのをまざまざと見てきましたからね。半年の間ずっと。雑草が生い茂ってセイタカアワダチソウが田んぼのなかで我が物顔のような形でね、存在している。この位の高さになりますもんね。避難している郡山よりも、線量が低いところがかなりあるんだ。郡山市よりもかなり低いところが存在してるんだ。「選りによって高いところにいる必要もねえなあ」と思ったんですよね。で、だから戻りませんかという。

鳥越 その当時、例えば8区のような、線量のたいへん高いところがありましたよね。

村長 そうですね。

鳥越 そうすると「帰村宣言」と言ったときには、ある区は外すということが

前提になってたんですか。

村長 元々、20キロ〔原発からの距離〕から外のところをターゲットにしていました。9月の30日に緊急時避難準備区域が解除されましたけど、その前に7月頃に政府の方から、間もなく解除したいんだという話は聞きました。ですから20キロから30キロ、この間の住民の人たちに向けて、アナウンスしたんですけどね。

鳥越 なるほど。まだうまく分からないので、ちょっとしつこい質問で恐縮なんですが、それでも政府が言っていることがどこまで信頼できるのかとか、専門家が言っていることが本当の意味で信頼できるのかという発言が、世間で一貫してありましたよね。

村長 ありましたね。

鳥越 そういう中でもやっぱり、もっとそれを超えて大切なものがあるというご判断だったと思うんですよね。

政府や専門家が言っていることは、ある意味でそうかも知れないし、そうじゃないかもしれない。ただ、一応科学的には信頼できる人が言っている。けれども、他方、それは信頼できないよという人もいるし、とくに当時は政府に対する信用をしない人たちが、結構おられたように思うんですけど。そういう中ででも、やっぱり「帰村」は必要だということだったんでしょうかね。

村長 いろんな本、読みました。その中でも共鳴できる著者の人もいました。あともうひとつは、僕はチェルノブイリに行って、現場をみたいなと思っていたんですね。それがちょうど、いいタイミングで10月頃に福島大学の清水先生からお誘いい

写真3-2-2　聞き手の鳥越皓之

ただきました。そこで行ったんですね。現に向こうの人の話を聞いたり、じゃあ、どのくらいのレベルならば、日常の生活に支障はないのか、というようなことも聞いたりして来たんですよね。

鳥越 井出茂〔3-1 参照〕さんに会って話をしたら、その頃村長はちゃんと数字あげて、きちんと凄い勉強していたようだった、ということをお聞きしているんです。

村長 もう何冊も読みました。結構、読みましたね。その中の一つに、実は、後に『1 ミリシーベルトの呪縛』（エネルギーフォーラム新書）を書いた森谷〔正規〕先生って、東京大学の、いま鎌倉に住んでいらっしゃいます。その人から、お手紙もらったんですよ。それは、7 月前頃ですかね。たぶんその先生は、各首長に、全て知事を含めて、手紙を書いたと思いますね。「心配ないよ」ってなことをね。まあ、心配ない。今のレベルならば、低線量での被ばくは心配ないでしょうと。

そこで僕が、その先生に返事を書いたんですよ。今こういうことで、考えているんだけれども、と。そうするとまたお手紙をいただいて。まあ直接電話でも僕はしゃべりましたけども。

実際、その先生の凄いところは、きちんと数字をあげて、根拠を示しながら、こう説明してくれる。その他の本を読むとですね、チェルノブ（チェルノブイリのこと。以下同様）ではこうだったとか、広島や長崎ではこうだったっていう言い方なんですよね。やはりその根拠になるような数字がなんとなくぼやけているというのを、それらの本を読んで感じてましたね。その他にも、リスクコミュニケーションの本も読みましたけれども。まあ、やはり専門家の中でも、色々考え方が分かれているんだなあっていうのは感じましたね。

---

3 ソ連のチェルノブイリ原発災害との比較

鳥越 そうでしょうね。それとチェルノブイリのことも聞きたいんです。チェルノブイリの訪問は、その後の村長さんのお考えをある意味で支えたというか、ある決心をさせたようなものだなって気がするものですから。チェルノ

ブイリ行かれて、どんな感じだったんですか。そのことを知りたいのです。

村長　原発でも、あの石棺〔コンクリートの建造物で炉が覆われたので、俗に石棺とよばれている〕になっている様子も見てきました。驚いたのは、やっぱ、国の違いです。国によってこんなにも違うのかな、っていうのはありましたよね。

　当時チェルノブは、ソビエト連邦でした。おそらくその事故があった1986年の時はですね、情報統制って言いますか、そんなことが行われたんじゃないかなっていう思いがありましたよね。たとえば、ふつう、日本だと事故があったねってことで、一斉に情報発信されます。実はチェルノブで事故があったというのは、北欧のモニタリングポストが反応したからなんですよ。そのことによって、おかしいね、何かあったんじゃないのというので、調べたらば、まあチェルノブで原発が。それでもやはりソ連は隠し通そうとして、隠ぺいしようとして。ニューヨークタイムズで一面に取り上げて、全世界に広まりました。

　そのために処理までの時間のズレがあります。また、甲状腺（ガン）が増えた。まさにこれが事実なんですよね。その要因は何かというと、情報の隠ぺいですよ。爆発したその後もですね、子供たちが野菜を食べたり、牛乳を飲んだりしているわけですよ。そしてチェルノブの汚染マップが公表されたのが、実は3年から4年後なんですよ。ですから福島でいうと、ちょうど今頃。その間、いろんな食べ物を取っちゃって、摂取しているわけですよ。

　日本の場合は、幸運なことに、流通制限や出荷制限がされて、とくに最初にほうれん草から始まりましたけれどね。こういったところでは、日本がチェルノブの経験から学んだとこあったんだなという風に思いますよね。

鳥越　あちらの牧畜とか農業は、どういう状況だったのでしょうかね。つまり3、4年経って情報が明らかになった。そこで危険な圏内から出て行くことになるんですか。

村長　チェルノブの30キロメートル圏内は中に入れないですね。ゲートがあって。

鳥越　それは今も？

村長 今もそうです。理由は二つあるんですね。ひとつは、チェルノブの爆発したのは、黒鉛式っていうんですかね。圧力容器があっても格納容器がなくってですね、それが人為的なミスで、一気に高温の中で爆発したものですから、核（物）質が重いものが、その30キロメートル圏内にかなり降り注いでしまった。たとえば、プルトニウムとか、ストロンチウムですね。未だに減衰してないっていうようなところなんです。

　あとやはり、おそらく言葉では言っていませんけど、30キロメートル圏内を除染して住むようにするとしたら、膨大なお金がかかりますよ。国力として、それはなかなかたいへんだから、だったら、入れないようにしておきましょうというのが、ひょっとしたら現実なのかも知れません。

鳥越 30キロメートル圏のなかの人も、かつては住んでいた人がいたわけですし、その外側周辺部分もおられますよね。村長が行かれたときの印象として、日本での、川内村の農業や牧畜をしている人たちと、やっぱり違うもんですか。

村長 あのね。僕は30キロメートルからすぐ外の村には実は行ったんですよ。ゲートがあって、そのすぐ外なんですよ。「なんでここにゲートあるか知っている」って地元の人に問うたらですね、その理由を知っている人はほとんどいないんですよ。かつて25、26年前にチェルノブの原発事故があって、そのためにこの中に入れないんだっていうのを知らないんですよ。

　彼らが言うには「あそこにゲートあるけれども、われわれ村の人は自由に出入りしていますよ」って言うんです。出入りの場所はゲートのところじゃなくって、別なところから出入りしていますって。「じゃあ、ベリーとかキノコなんかも食べているの」って聞いたら、「食べてますよ」って言うんですよ。

　たぶん、事故後の学習って言いますかね、そういったものがあまり行われていなかったんじゃないか。その情報が伝わってなくて。まあかつてのゲート内の人たちは多分、避難したりして、事故があったことを分かっているにしてもね。

4　元の場所に帰りたいのか

鳥越　川内村では、村民は元のところに帰りたい、帰りたいって言っているでしょ。チェルノブイリの方は、どんな感じなんでしょうか。

村長　確かに自分の生まれ育った場所なのでノスタルジックなものはあると思いますね。それは話を聞いていてそう感じました。

　ただ、キエフに避難して、避難アパートって言うんですか、日本で言うと災害公営住宅みたいなところに住んでいる人たちとの懇談会の場があったんですけど、仕事と生活の場とが保証されれば、かつて住んでいた場所をあえて除染してまで戻るという考えはかなり薄い。薄いというか、戻らないことに抵抗ないんじゃないかと思いましたね。

　それと社会主義の国でしたから、かつて住んでいた場所は自分の土地じゃないわけですよ。仕事もコルホーズ(協同組合農場)・ソフホーズ(国営農業)って州営、州の農業みたいのがあってサラリーマン化していたわけですよ。だから、働く場所と住むところを与えるから別の所で生活してね、って言ってもかなりすんなり受け入れられたでしょう。ただ、話している人たちは、やっぱ、自分の生まれたところだからねっていう思いはありましたよね。だから「俺、戻りたいんだ」って彼らに言ったら、「元気出して戻りなよ。頑張りなよ」って、僕は逆に励まされましたからね。

鳥越　そうですね、国の体制の違いで。

村長　それが大きいんじゃないですかね。だから、チェルノブでやられたことが全て正しく、全て間違っているわけじゃなくって、やはり国のシステムの違いっていうのは、大きかったんじゃないかと思いますね。

5　先祖から受け継いできた田や畑や森

鳥越　こちらの川内で、とくに1区の人が、戻りたいという主張が強い感じがしたんですが、何人かから話を聞きますと、先祖が開拓した土地だし、それぞれ自分の田や畑は代々引き継いできて、それを自分の世代で、もうダメ

にしてしまうというのは、ちょっと耐えられないと。

村長 いやぁ、そうでしょうね。そうですよ。やっぱそこは、チェルノブとの大きな違いだと思いますね。自分の先祖が多分、入植して耕して、山を削って田んぼにしたり畑にしたりしてきたじゃないですか。だからそういったもの、先祖代々受け継がれて来たものですよね。で今回、放射線物質が降り注いで、ひょっとしたら過去も否定されて、未来に自分の孫やその子供につなぐこともできないって言うのは、やっぱ生きがいの喪失っていうか、誇りの喪失につながっていくんじゃないですか。

鳥越 村長さんは3区ですよね。

村長 そうです。

鳥越 3区の方は開発の歴史は古いから、あるいは江戸時代よりも古いかもしれませんね。

村長 まあそうですね。はい。

鳥越 それに対し、1区は江戸時代の新田の開発なので、それぞれの家の伝承で、開発者の姿が半分見えているというか。

村長 アー、そうかも知れないですね。

鳥越 だから開発したあの人が頑張り、そして次の次の世代も頑張ってここまで来たという明確な姿があるように思いました。それでもやっぱり3区の人たちも、つまり開発の古い川内の中心地域の人たちも、気持ちは同じなんでしょうか。

村長 同じですよね。とくに土や、森とかかわっていた人たちは、その土地っていうかね、それに対する思いって強いと思いますね。自分の土地だと。先祖代々から受け継いできた田んぼや畑や森だって言いますかね。

6　除染がはじまる

鳥越 だから除染に対しては当然のことながら、抵抗はないわけですよね。

村長 除染、そうですね。汚れたものは早くまとめて持ってってくれっていうのは、感覚ですよね。

鳥越 ただ実際は、とくに田んぼがそうでしょうけど、表土 5 センチメートルなり、取ってしまうってことは。

村長 あれはね。抵抗ありましたよね〔2-12 参照〕。

鳥越 辛いですよね。

村長 まあこの辺はないんですけども、6 区の三ツ石とか糠塚ってとこがあるんです。そこは 15 ヘクタールくらいは表土を剥ぎ取りましたよね。でもただ山間にあったところなんで、遊休地って言いますか、耕作、減反していたとこが多かったんですよ。だからそういう面では救いですけど。耕していた人もいましたからね。だから 5 センチメートル剥ぎ取るっていうのは、多分、もう作付け無理じゃないかって言っていました。今まで、田んぼ作るのに土を大切にして、牛の肥料なんかを入れながらね、育んできたものですよね。それがもう 5 センチメートル剥がれると多分農業ができないんじゃないか、米作りにならねんじゃないかっという危機感はありましたね。

鳥越 川内村のある人が言っていたんですけど、山でいうと黒い土が 1 センチメートルできるのに 100 年かかっていると。だから 5 センチメートル取ると 500 年取られたと。

村長 まあ、そうなんですよね。

鳥越 気持ちとしてはね。

村長 そうなるかも知れないですね。確かにネー。

鳥越 5 センチメートル剥がされたのでショックだと思うんです。親やその先の親々の代から土を作って来たのに、それを剥がされてしまったので、作物はさほどできないような気がするんでしょうが、具体的にはどうなのでしょうか。まだすべての場所で作られているわけではないかと思うのですが、実際作ってみて、結果はどうだったんでしょうか。

村長 剥いだところは、まだ収穫していません。剥いでないところでは、ソバを蒔いてます。でまあ反転耕とか深耕とか、ゼオライト散布して、吸着させながらやったんですけどね。そこについては、もう全て基準値以下ですよね。ここ 2 年間ですけど。

　今年ですね 20 キロメートル圏内、その剥ぎ取ったところを作ったんですよ。

線量的には問題ありません。ほとんどが ND〔検出限界以下〕なんですが、高くて 50 ベクレル、45 ベクレル以下ですので、基準値としては問題ないんですが、問題は、やっぱ食味とかそういう味とか、反収、1 反からどのくらいとれるか。そこですかね。

鳥越　1 反あたり、このあたり何俵くらいとれるもんですか。

村長　いいところで、10 俵くらいとれるところもありますね。ですから 600 キログラム位ですかね。あと 1 区の方は、5 俵から 6 俵位。400 キログラム位ですかね。

鳥越　1 区は寒いからでしょうかね。

村長　それから、水も冷たいんですよ。

鳥越　水も冷たい、なるほど。10 俵ですと、日本の平均からするとあまり良くないですが、まあ一応のレベルはありますね。

村長　そうですね。中山間地域で、8 俵から 10 俵とれるっていうのは、まあレベルですよ。

鳥越　今年、植えた田んぼはまだ何俵になるか分かんないわけですね。状況によっては、3 俵なり 4 俵ってことも。

村長　まあそうですね。間もなく数字があがってくると思うんですが、去年（2014 年）は 102 ヘクタール、今年は結構、作付けて 160 ヘクタール。で、1.6 倍くらい増えたんですよ。この村では本来は 280 ヘクタールです。その内、去年は 160 ヘクタールですから、まあ半分ちょっとは耕作していたんです。

鳥越　なるほど。まあ味がそんなに落ちてなければいいですが。しかし、反当りの収量も気になりますが、

村長　確かにですね。まあ覆土していますからね。取っただけじゃなくて、他から黒土を持って来て覆土しているんで。

鳥越　覆土は、まさか除染をしていない山から持ってくるわけにはいきませんしね。

村長　田んぼは何かの黒土を入れてますね。

鳥越　それは川内以外ですか。

村長　川内からです。あとの足りない分は、中通りの方からの黒土を持って

来ているくらいですね。まあ、どんな効果があるか。

鳥越 意外と、美味しいものになっているかも知れない。

村長 可能性はありますね。そうですよね、土地に対する愛着って言うのが、チェルノブとの大きな違いですよね。だから、いくらお金かかっても、まずきれいにして住めるようにしてくれって言うのが、強い願いじゃないでしょうかね。

7　きれいな農村・生産のサイクル

鳥越 いま村長さんが「きれいに」という言い方をされましたが、まあ放射線がないという意味でのきれいという意味があります。それはそうとして、あちこち日本の村を私は歩いてきたんですが、川内村は何か全体、見た感じ全部きれいにするって気持ちが、とても高い村のような印象を持ったんですけど。

村長 そうですよね。一般の家庭でも庭々に花なんか植えている人たちも多いですし、そして、農業の盛んなところって、その田園風景がきれいなんですよ。ごちゃごちゃしているんじゃなくって。何か牧歌的な雰囲気が漂っているところが。やっぱ北海道なんか行くと、あぁここも農業が盛んなんだなって言うのが一目瞭然ですね。そこはきれいですもの。

　里山なんかも手入れしていますから。里山は、川内ではシイタケの原木で、生産者の人たちがやっていたんですね。だから、10年から15年と当然人工的に切って、そしてシイタケにする。そして、自然のままにおくと、その萌芽が脇から出てくるじゃないですか。そう言ったものをまた10年位育てて、また切ってシイタケにしたり、炭焼きにしていたりして。

　だから、手を加えることによって里山の環境を保って、そこから流れてくるきれいな水で、田んぼを仕付けたり、畑にやったり。全体を循環させているそういう生活でね。

　農作業が終われば、炭焼きのために里山に入って、木を切る。あとは、用材と言いますかね、建築資材の材料にするために、スギとかヒノキの手入れをする。そしてまた、春になると米を作って。まあそういう生活が、今回の見えない放射性物質によって、一時的に破壊されてしまったというのは、極

めて農家の人たち、それから畜産や林業の人たちは、なかなか大変なことなんですよ。

8　汚染と商品価値

鳥越　炭焼きはまだ、続いていたんですか。
村長　続いていました。でも、いまはほとんど廃業ですね。
鳥越　この震災で廃業ですか。
村長　そうです。
鳥越　シイタケは、けっこうな戸数でされていたもんですか。
村長　原木でやっているところは、2、3軒ですけど、なんて言うんですか、ヌカって言うんですか。それでやっているところがありましたね。大規模にやっているのは、このヌカどこみたいな (菌床栽培) とこでやっていますね。
鳥越　あと季節によって、山菜を採りに山に入る人たちが、
村長　はい、おりましたね。
鳥越　いたでしょうね。けっこう採れるところなんですか。
村長　採れるんですよ。そういったものは副収入として、自分の生活の糧に

写真3-2-3　除染区域を区分する柵（鳥越撮影：2013年12月11日）

していたり、あるいは、他の人に譲ったり〔おすそ分け〕。

鳥越　少しは現金収入にしたりしていたんですね。どんなものが、良く採れたんですか。

村長　春は、タラの芽とかですね。それから、ワラビとかウコギとかですかね。まあゼンマイとか、本当に普通の春の野草ほとんど、採れましたね。秋は、やっぱりキノコですかね。

鳥越　キノコ類では、マツタケも採れたんですか。

村長　マツタケの宝庫なんですよ。

鳥越　そうですか。山を見るとアカマツが多いですね。

村長　多いです。ええ、この周りもそうですからね。アカマツは、植栽したんですよ。かつて、常磐炭鉱がいわきにあって、その常磐炭鉱の坑木として、マツの木がここから、もう15年位のやつがドンドン、ドンドン出てったんですね。だから、マツを植えた。ところが、今こういうような木材の環境ですからね、もう二束三文ですよね。

鳥越　細いアカマツになっていますね。密に植えてある感じで。

村長　そうですね。もう松はね、ほとんど手入れしないでしょうね。

　マツタケは激減ですね。もう全然。まあ今回、戻って来た人は、楽しみに採ってはいますけども。じゃあ、それを現金に換えたりするかっていうとダメなんです。自分で食べるのはよいのですが、他人にやったり、売るっていう行為は禁止されています〔2-13 参照〕。

鳥越　将来のことになりますが、村長さんの考えを伺いたいのです。山のうちでも里山ぐらいは除染をしようという考えはありますか。現在は、10 センチメートル位の高さの柵で、除染をする区域と、山の区域とを区分していますね。その境界を外して里山の除染ということは考えとしてはあるんですか。

村長　やって欲しいですね。やって欲しいというか、やりたいなと思っています。ただ、あの山ってやっぱりその、一気に木を伐ったり、枝を落としたり、そして落ち葉をかき出したりしたら、保水能力も落ちてしまうじゃないですか。だから、保水能力が落ちるだけじゃなくて、大雨なんかが降った時にね、新たな災害をもたらすんで、ある程度時間は必要だなと。

鳥越　除染をするということは、上のものを取っちゃうってわけですからね。

村長　そうですよね。

鳥越　アア、その難しさがあるんですね。

村長　だからもう、除染というよりも、きちんと森林整備をしていく。その結果、線量も下げていく。それは本当に、長いスパンですよ。10年とか20年よりも、それの倍も3倍もかかるなかで、里山をきれいにしていこう。

鳥越　なるほど。

村長　ただネー、戻らない人たちの理由のなかにね、まだ山、森林の除染をしていないじゃないの、っていうのがあります。けれども、これはかなり難しいと思います。一気にはできませんからね。

鳥越　そうですね、全部を禿山にしてしまうわけですから。昔、禿山にして、チガヤとかススキだけが生えて、山崩れたりしたところは、他の地域でもよくありますからね。

村長　ここも一時、やはり木材需要とかですね、木材を伐っちゃって、災害につながったというのもありますんでね。森林の場合は、一気に除染をする、落ち葉も全てかき出したり、木を伐ったりということは、もう不可能だと思いますよ。

鳥越　ということは、時間に解決してもらう。少しずつ手を入れながらってことですよね。ただ、これは難しいですね。なぜなら、収入にならないものに対して、手を入れ続けなければならないから。

村長　いま言ったように、キノコとか山菜はいまのところ販売は難しいと思います。けれども、いま色々実証実験をしていくなかで、どうも木材は市場に出されるんじゃないかなという考えがあります。というのは、松とか杉とか木材の皮に汚染物が付いているんです。その皮を、まあバークって言いますけど、そのバークを剥げば、取引してもよいというようなところがありますんでね。

鳥越　木そのものはすでに数十年前にできあがっているものですから。なるほど。それでも今のところは、販売をストップされているわけですね。

村長　そうです。はい。

鳥越 それは、将来の可能性がありますね。

村長 木材への賠償も決まったんですね。人工林は1ヘクタール100万円です。それから自然林、いま言ったやつ、ナラとかクヌギとかそういったものは、広葉樹ですけどもね。そういったものは、1ヘクタール30万円。

鳥越 それと、マツタケを採っていたとか、山菜に対する補償はないものなんですか。

村長 ないですね。売買事実が証明されるものがあれば可能なんですが、ほとんど自分で採って、自分で食べるとか、あとは欲しいという人に分けてやる。そこに領収書の発行があるかっていったらないんです。こういうところは全然補償の対象にはならないですよね。一部、直売所なんかに出していて、その商取引が行われたという証明がある人もいますんで。そういう人は、対象になると思いますけどね。

鳥越 よっぽど、手広くやっている人以外は、ダメだということですね。

村長 ダメですね。

鳥越 ただ、用材自体も、いまからやっても大した収入にはなりませんよね。

村長 まあそうですね。

鳥越 あと牧畜の方で、いわゆる自然の草って言いますか、丘の辺りで食べさせていたのが、

村長 ダメですね。まだ、回復できないですね。

鳥越 どうしようもないもんですか。

村長 いや、牧草地も除染をやりました。そして、昨年に種を蒔いて発種〔発芽〕させてますが、それはまだ許可になってないんですよ。データ的には、数値的には、低いものもあります。けれども、それを乳牛とか和牛に食べさせることは、まだ許可になってないですね。

鳥越 というのは、これは時間の問題で、1、2年経てば、

村長 多分、大丈夫だと思いますね。いけると思いますね。生える草を2年か3年刈って種を蒔く。これを2、3年繰り返せば、多分牧草の方は大丈夫だと思いますね。

9 村全体の避難

鳥越 村長さんとして、判断が苦しかっただろうなと思うのは、村全体で避難したときですね。3月15日に。

村長 そうです。15日。そうですね、15日から16日の朝にかけてですかね。

鳥越 その判断は14日。村を全員が離れるにあたって、村長さんが、放送で挨拶をされました。その締めくくりの最後のことばが、あとで問題になりましたね。その時に「さよなら」と言ったとか言わなかったとかという問題です。

村長 あれは、「さよなら」じゃなくて、僕は「お元気で」って、3回くらい言ったんですよ。

鳥越 そうですか。村長のいま言ったことが正しいということが後で分かったんですけど。ただ、「さよなら」と言うような形で聞いた人たちがいて、とてもショックを受けたというのを村人からも私は聞きました。

まあ「お元気で」という言い方であったとしても、ちょっと呑気に構えていた住民たちが、これは大変なことなんだなあと感じられたことは事実でしょうね。

村長 まあそうですね。議会でも、ある議員から質問されて、「さよなら」はないでしょって言われて。よく聞いてよ。僕は、さよならは言っていませんよって。お元気でって。戻られた時には、また村の復興のために、みなさん力貸してね、頑張りましょうってことを言ったんですね。

鳥越 テープでも残っていたそうですね。

村長 残っていたんです。

鳥越 ちゃんと証拠が。

村長 そうそう。そして、YouTube なんかに流れてですね。まあ、ちょっとこうバッシング受けたり、まあ「よくぞ」っていう人もいましたけどね。

鳥越 だけど、考え方によると、大切なことは、もちろん村長さんの気持ちが入っていたからでしょうけれども、お元気でと言われても、こりゃまあ大変なことなんだという気持ちそのものが、誤解を招いたというか。

村長 まあ、そうでしょうね。多分僕のイントネーションとか、声質も寂しく聞こえたんだと思いますね。

鳥越　そりゃあ、元気でしゃべれませんもんね。

村長　最初、職員がしゃべるっていうから、止めろって言ったんだ。「おら自分でしゃべっから」って。

鳥越　そりゃそうでしょうね。

村長　ええ。自分でしゃべったんですよ。それから、15日の午後からしゃべったのは、「自主的に避難してくれ」って。もうこういう状況だから、自分で車運転できる人は、自分で、自分の親族とか友達、こういったところを目指して避難してくれって話をしました。

　16日の朝は、「もう逃げましょう」って話ですね。16日は「もう避難するよ」って。「すぐ逃げてくれ」って。どうしても移動できない人は、集会所に集まってくれ。迎えに行くから、そこにいてね、と挨拶しましたね。

鳥越　それで、全員避難という形だったのですが、どうなんでしょう。16日以降に村全体では40人位が、川内村に残られましたよね。

村長　そうです。残りました。

鳥越　これは、村長さんの気持ちとして、どんなもんだったんでしょう。

村長　いやだったですね。ただもう、いやだったって言うか、もう、これからどうなるか分からないなかに、村民を残して、こう役場ごと避難するわけですよ。残された人たちは、何を頼りにって言うかね、今後どう生きていくのか。

　実は自衛隊の人たちは残って、村のなかを見ててくれるって言うんで、その人たちに住所と名前と教えて、こういう人とこういう人と言うように。役場にも3人くらい残りました。

鳥越　それは責任を感じて？

村長　責任っていうか、ここ（役場）を閉めるにあたって、もう最後に色々な仕事が残ったものですから。僕が16日の夜ここを離れて、後に3人くらい残ったんですよ。役場内のことをきちんと確かめてから、かれらも避難するってことで。

　40人くらいの残ったなかには、精神的に病んでいる人たちがいたり、動かしたら死んじゃうっていう介護が必要な人たちもいたりですね。あとは俺はもう、何があったってここで残っているんだから心配することねぇ。自分の

ことは自分でするんだから、心配するなって。おら、絶対逃げねえって、そういうなんかこう、哲学をもった人って言うかね、そういう人もなかにはいてですね。やっぱ、高齢者動かすって言うのは、これかなりあれでしたね。家族は悩まれたと思いますね。

鳥越 つらいのは、家族の人も残ってられますよね。

村長 そうです。

鳥越 家族としては当然でしょうけどね。

村長 そうなんですよね。

鳥越 牧畜関係の人も少し、

村長 残りました。20キロメートルからなかは殺処分だよと。20キロメートルから外は、そこはある程度自由意思みたいな基準があったんですよね。だから、残ってウシやブタに餌やったり。養鶏はね、全てダメですね。25万羽、全部殺しました。

養豚は何とか今でも続いてます。それからウシは、大体1/10くらいになりましたかね。今、7軒ですよ。当時は4、50軒くらいあったんですがね。牛の数が一気に減りました。乳牛やっている人たちは、4軒あったんですね。乳牛やっているとこは、1軒あたり10頭とか20頭いましたからね。そういう人たちが廃業になっている。いまは乳牛は一軒だけ残りました。和牛はその他、5軒か6軒残ったんですよ。でも、大きくやっていたところはみなさん、やっぱりもう誰かに譲ったり、あるいは殺処分ですね。トラウマになっていますね。やっぱりね。

鳥越 そうでしょうね。分かりますよね。

村長 ウシは、生活のツールだけじゃなくて、何かこう、ペットみたいな家族みたいな存在なんだ。それ、「目の前で殺されたら、もう飼う気しねぇよ」って言ってたんです。

鳥越 それはそうですよね。トラウマというのは、自分で気がつかなくてなりますね。

村長 なりますね。

鳥越 私がこの東日本大震災の直後にすぐ動けなかったのは、自分で気がつ

かなかったんですが、阪神淡路大震災のときに、そこに住んでいた被災者の
ひとりとしてトラウマになってたんですね。心が大きく傷ついているのに気
がつかない。普通に元気に暮らしていました。ところが、あたらしい震災が
起こると傷口が出てきてしまう。

村長 そうでしょうね。

鳥越 すぐに動けませんでした。だから、その人たちの気持ちというのは、
分かりますよね。なんか。

---

10 震災の発生

鳥越 震災のあくる日、3月12日に富岡町の人が川内村に避難して来ます。
被災者を受け入れるのですから、川内の人はみな自分は被災者ではないとい
う安心感があったと思うんですが、村長さんも、地震の直後、そのような気
持だったんですか。

村長 そうです。地震があってすぐに対策本部を立ち上げました。そして、
まず地震の被害を調べろって言って、職員をそれぞれ、地域に被害の調査に
やらしたんですよね。で夕方5時くらい、暗くなって戻って来て、何軒か瓦
の崩落があったり、他はのり面が崩落したり、あと道路にちょっとひび入っ
たねって。暗くてよく被害の長さとかね、広さが分かんないって言うんで、
じゃあ来週やりましょうかということで、まあ正直、原発のことなんか頭の
隅にもなかったですね。で、それが、

鳥越 それで、富岡町長から朝早く電話がかかって来るんですか。

村長 はい。「原発の様子がちょっとおかしいんで、2、3日避難させてくれ」。
まあ避難指示が出たんで、2、3日避難させてくれということですね。

鳥越 ということは、富岡町長も軽く見ていた？

村長 そうだと思います。2、3日って言っていましたから。だから、2、3
日で落ち着くんだろうなってことでしょうね。「ああ、いいよ」って軽い気
持ちで、「どうぞ」って言った。

　僕は電話を受けたあと、朝の6時半頃家を出たんですよ。12日は土曜日だっ

たんですね。職員も休みだった。家を出ると、かなりの車が、富岡方面から僕の家の前あたりをですね、もう数珠つなぎだったんですよ。「あれ、なんだろうな」って思って、もうすでに避難して来たんだなと思いながら役場へ行った。9時頃までには、もう川内村で迎え入れるキャパをかなりオーバーしちゃって。

その後、もう職員が道路に立ってですね、小野町方面とか、あと288号線の三春町とかですね、そういうところに誘導が始まったんですよ。もう役場、コミュセン〔コミュニティセンター〕、学校全てが埋まって。最初は集会所はいいだろうなと思っていたんですが、全てですね。各集会所全部。[使っても満杯になった]。満杯になって、もう入りきれないということになって、じゃあ、あとは他の町にお願いしようというので、誘導したんですね。もう、数珠つなぎで来ましたから。

12日の1号機の爆発のシーンをそこのモニターで見たんですよ。それで、ここ〔役場〕に富岡町長なんかがいて、「1号機の爆発のシーンやってるよ」って声かかって、12日にここでみんなで見ていて、まあそんでも何とかなるねっていう気持ちはありましたね。

ていうのは、富岡の町会議員のなかに、じつは原発の、東京電力の職員がいたんですよ。そして、こう説明するわけですよ。「これは水素爆発で、なかの格納器、圧力器は心配ないよ。水素が屋外に漏れて、それが爆発しただけだから。放射能が漏れたり、放射性物質が漏れるようなことはないよ」って。そう言うから、あっそうか、それじゃなんとか収まるね、って言っていたんです。

ところで、避難した富岡町民のなかに体調崩した人もいて、村の診療所を開けようとしたんです。ところがお医者さんが、12日と13日〔土曜日、日曜日〕とが休みだったんですね。それで診療所が開けられなくって。診療所の先生の家がいわき〔福島県いわき市〕だったんですが、「先生、なんとか戻って来てくれ」って電話して、戻って来てもらって開けたんですよ。

そうこうしていたんですが、気がつくと、消防も警察もタイベックスーツ〔放射線防護服〕を着ているんです。そしてこの辺りを歩いている。で僕は、「何なの?」ってとこですよ。何も情報が入らなくって、私たちは普段着で炊き

出しなんかやったり、あとは支援物資なんかを手分けしてやっているんですよ。その周りを、タイベックスーツ着て、あれ何なんだって？

いやぁ、恐怖でしたね。いやぁ、恐怖感ですね。情報が入って来ない。まあそういう恐怖感のなかで、12日、13日、14日、この3日間は、もうしびれてましたね。

鳥越 地元の責任者には情報が入らないんですね。情報入らないなかでの判断というのは難しいでしょうね。

村長 そうですね。13日の10時くらいまでは、携帯電話とか黒電話は使えたんですわ。川内村は運良くて、停電にもなりませんでしたから。ましてや水道なんかも、それぞれポンプアップ〔モータを使って地下から水を吸い上げる方式〕してますから、電気が通ればポンプで水道は使えたんですね。

ところが情報の電話がもう、13日の10時以降が切れちゃって、携帯も使えない。伝わってくるのはテレビだけなんですね。あともうひとつ、衛星電話1台あったんですよ。これでオフサイトとか保安員とのやりとりを、断続的にやっていたんですよね。

「20キロメートルから外は心配ないよ」って言うんですよね。ところが心配ないよって言っていたのが、15日の朝に、枝野さん〔当時、官房長官〕が20キロメートルから30キロメートルの間は屋内退避、と宣言したんですよね。指示が出たんですよ。で、家のなかにいれば安全かと言うと、家の中におれない状況がいっぱいあるわけですよ。だって、避難者のための食事の手配とか物資を搬入したり、何だかんだしないといけない。

そういうことで、かなり俺らが思っている以上に、原発の状況は悪いんだっていうのは感じましたよね。本当にここにいていいのかって考えました。とくに14日の3号機の爆発、もうあのシーンは衝撃的でしたね。

鳥越 1号機と3号機とは、違った感じがしたんですか。

村長 1号機は、あのシーンは、煙がモコッと出るような感じだったんですね。ところが3号機は、黒煙を上げて火柱が出たんですよ。

大丈夫だよって言ってた富岡の職員とか、富岡の町会議員〔東京電力の職員〕の人らも、言葉失いましたから。あの当時。ここの庁内で、モニターを

見てましたから。かれらが「まさか、信じられねえなあ」とか言って。「おいおい」。あれ衝撃的だった。僕もあれ見てちょっとヤバいなって思いましたね。もう逃げようかなって感じましたね。

11　政府は安全だと言う

鳥越　それまでは、保安院、まあ政府ですね。彼らとしては安全だという言い方を続けてましたよね。だけど、結局、村長さんとしては、個人的というか、村全体の判断としては、安全という保安院の言い方よりも、

村長　いやーねえ。それから恐怖だったのは、14 日の 3 号機が爆発する前は、この辺にいっぱいマスコミがいたんですよ。ところが、その 3 号機の爆発の後は、いなくなっちゃった。

鳥越　そうなんですか。

村長　それもやっぱ、恐怖でしたね。そうして、15 日。そうですね。3 時間おき、1 日に 3、4 回はここ〔川内村役場〕で、対策本部みたいなことをしていました。富岡町長と話したり、あとは東京電力から 2 回程、原発の様子を情報伝達に来たんですね。その来た人の話を聞いてもですね、埒が明かなくって。しゃべりながらも顔色が悪いんですよ。「大丈夫なの？」って。もう、そういう感じはしましたね。

　あと、もうひとつ。富岡町にあった本署の双葉警察署もここに避難をして来て、ここで本部を立ち上げていたんですよ。でね、15 日になったら、県警の本部長から警察署も川俣町に避難しろって指令が来たんですよ。「俺らがここにいるのに、警察が避難しちゃうのかよ」っていう（気持ち）。

　「屋内退避」の指示が出てね。それも、「もう逃げよう」って決めるひとつの判断する材料にもなりましたね。マスコミがいなくなって、それから警察がいなくなって。

　そこで、当時の富岡町長の遠藤さんがですね、保安院に直接電話〔衛星電話〕して、「どうなの、ここにいて大丈夫なのか」ってやり取りしました。「20 キロメートルから外は大丈夫だから心配ないよ」みたいな話になってね。僕は

県の方に電話したんですよ。で、同じような内容の答えが返ってくるんです。それでも、このままここにいるのはちょっと難しいねということで、15日には判断して、16日に強制的にって言いますかね、住民全員を避難をさせたんです。

鳥越 川内の住民の避難は当然のこととして、避難先の問題がありますね。結果的にはビッグパレットに行くことになりますが、なんと言っても急にですからね。この辺の対応としては、村長さんとしては、どういうことをすることになるんでしょうか。

村長 まずきちんと避難させること。避難行動をスタートしたとき、それは16日の朝ですよね。「避難してくれ」と言いました。ただ、どこに避難するか決まってなかったんですよ。その日の朝ですからね。

そこで、ビッグパレットと交渉しました。当時、県のOBがそこの館長になっていたもんですから、何とか避難させてくれと言った。富岡の町長が最初電話して、その後、僕が電話したんです。僕は前の副知事に電話したんですよ。今はもう、辞められていますけど。もう住民たちはビッグパレットに向かったから、ビッグパレットに何とか避難させてくれって言った。けれども、「ビッグパレットも地震の影響で被災して壊れているんで、それは難しい」って断られたんですよ。でも、「もう副知事、出ちゃったから無理だよ」って言ったんですよ。「何とか入れてくれ」って。それでも「会津に行くように」と言われたんですよ。「でも、もう出ちゃったから無理です」って、「何とか駐車場だけでも開放してくれ」って話をして。

その後、とうとうビッグパレットで受け入れることになった。「ビッグパレットでサーベイメータ検査〔サーベイメータ線量率測定〕もやれるようにしとくから、住民の人、向かわせてくれ」って。もう動き出して行っている最中に、交渉をやっていたんですよ。

でも、確かに不安はありましたけれども。ビッグパレットで受け入れてもらってよかったです。駐車場が広いっていうのは、とても魅力的です。僕や富岡町長も、郡山だったらあそこしかないねって言っていた。強行突破みたいなところがありましたね。ビッグパレットへ向けての住民の避難のときは、

296　第3部　現状と将来に向けての対談

教育長と副村長を先導にしたんですよ。そして断られてもそこに居座れと。強行突破するような形でね。ところが、郡山の近くに来たら、今度は警察がビッグパレットに向けて誘導してくれたって言ってました。

12　帰村の実現と将来像

鳥越　その後、数カ月経って帰村宣言して、3月の末、4月の頭に元の川内村に帰ってきますね。どういうお気持ちでした。

村長　いやあ、僕は嬉しかったですね。まあ嬉しかったというよりも、まあ戻れる環境になったんだな（という感慨）。自分の家に3月末に僕自身も戻って来ましたから、自分の家で寝起きしてですね。でも、「ここで一息休む」って具合には行かなかったですがね。

鳥越　小学校も一応すぐに開設されました。けれども、児童数はとても少ない。

村長　40人でした。保育所、小学校、中学校合わせて。

子供たちがいる家庭はね、やっぱり慎重ですよね。戻って来ている子供たちのなかには、実は（避難先の）慣れない環境でね、もうかなり疲れている子供も多かったですね。そして、疲れているだけじゃなくて、登校拒否になったりですね。だから、戻ったら学校再開してくれっていう（親の）思い、願いもありました。だから、学校の再開については校長先生とも話をした。こういうようなことなんだけど、どうだろうかって言ったら、「協力します」っていうことで再開しました。

鳥越　あとはいろんなことが着々と進んでいきますね。教育だけでなく、雇用をお考えになって工場も招致されてます。帰ってくる子供たちの数も増えて来ました。

　ところで、村長さんとして、今後、この川内村を、どうしていくおつもりですか。将来像をお伺いしたい。

村長　そうですね。過疎化の問題がじつは震災前から大きな課題でした。少しずつ人口が減っていくことは予想していました。ところが、（震災の打撃による）今の人数はね、15年か20年先に予想していた人数なんですよ。今1600

人位ですからね〔震災前の人口は 3000 人〕。だから 20 年後先のことが、ここ 2、3 年に、現実にしかも急激に起こったのです。

　時計の針が急激に回って、20 年後先に起こるはずのことが、今現実に起こったのです。この過疎化って問題がね。目の前にさらされています。すべての問題の根源にあるのは人口が減っていくことなんだなって、つくづく感じますよね。

　やることは、2 つあると思ってます。1 つは、やはり減っていくなら、増やそうということ。もう 1 つは、まあそれが不可避とするならば、そこで生活する人たちが質の高いものに。人数とか、数とか量とかじゃなくって、まあ減っていくのはしょうがないと。じゃあ生きている、生活している我々が、少しでも豊かさを感じたり、癒されるような環境を作ったり、そういうことで生きていこうと。生活していこうと。まあ、減っていくのが不可避ならば、行政がその減っていく、現象に合わせていくことができないだろうかと感じましたね。

鳥越　なるほど質の高さ。けれども、質の高いって、どういうのをしていったらいいんでしょうか。

村長　例えば教育レベルにしても、きっちり一人ひとりを見て、教育予算も都会に負けないような予算をつけていくとかですね。教室の中も、40 人学級ではなくて。いまは 10 人未満ですから、先生方だって一人ひとりを見ながら、その子に合った教育ができるじゃないですか。そういう少ないってことのデメリットだけじゃなくて、メリットに目を向ける。

　生活のパターンも。例えば川内村は、2 万ヘクタールってかなり広い面積を有しています。そこで、離れた山あいに生活しているよりも、何とかこの村の中心部に生活の拠点を移してもらう。そうすると、行政コストがかからない、コンパクトな村づくりができないかなぁって考えています。

　そういうイメージを最初から持っていて、仮設にしても、復興住宅あるいは商業施設やビジネスホテルとか、全て大体この周辺〔役場周辺〕に最初から、作ったんですよ。

鳥越　仮設は、阪神淡路大震災のときの仮設と比べますと、とっても良くなっ

298　第3部　現状と将来に向けての対談

てますね。私は行ってビックリしたんですが、阪神淡路のときは、あんな立派なものではなかった。

村長　阪神淡路のときのやつを、僕も映像を見ましたけれど、杭を打ってその上に並べているんですよ。ここはきちんと基礎をやっていますから。どうせ作るなら、最終的に、あれを村営住宅とかですね、それから高齢者用の住宅にしようと思ったんですよ。

鳥越　私はたまたま阪神淡路大震災のとき、自分も被災者でしたけれども、施策に絡んで兵庫県と神戸市という行政と仕事をしていました。そのプロセスで、予想外だったというか、予想もしなかったことが起こったのは、仮設住宅でかなりの数の認知症の患者さんが出たことです。それで、「エエッこれどういうことなんだ」って、関係者の間で驚き、当初はどう手を打っていいか分からなかったっていう苦い経験をしているんです。ここでもそういう問題はありましたか。

村長　ありましたね。あのときの神戸の地震を学習して、福島の場合は、かなりサポート員というか、支援の人が多く張り着いたと思いますね。で、仮設でそういうことが起きたということを、僕らも情報として持っていましたから、まあ看護婦さんとかですね、それからケアマネ（ージャー）とか保健婦さんが、仮設の周りを、やはり巡回をしたりしてましたですね。

鳥越　なるほど。それと、立派な仮設だから、将来の村の計画には、なんていうか織り込んだ形にしているということでしょうかね。変な言い方ですけれども、この震災、原発を中心とした震災を経験することで、大きなマイナスなんですが、逆にそれを利用するというか、プラスになった面というか、そういうもんってあるもんなんでしょうか。

13　村づくりをもう一度考える時間をもらった

村長　村づくりを、もう一度考える時間をもらったっていうのがありますよね。今の仮設にしても、どうせ作るならきちんとしたもん作って、後から村営住宅あるいは高齢者用の住宅にしようと思ってお願いしてきたんですね。

最初は国交省から、そんな仮設だから2、3年の対応できればいいんじゃないのって、言われたんですけれど。まあせっかく作るんだからということで、お願いしてきました。

鳥越　積極的に打って出るって側面というのが、いくつか出てきたわけですね。

村長　そうですね。まあ働く場所の確保もそうですよね。今まで企業誘致、いくら僕らが努力してもなかなかそれが実現できなかった。今回の震災で、一気に3社、4社なりが実現してきた。

　あと野菜工場〔工場で野菜をつくる〕なんかも、戻る前の6月7月から考えていました。これはある職員がヒントで、震災、戻る前から先進地の工場見ているんですよ。やるんだったら、これだなと思って。で一気にそういう話を進めたんですね。

鳥越　あれ補助金が3/4でしたっけ。

村長　野菜工場は、実はクロネコの財団からもらいました。自前で持ち出したのが、5億円位のうち、7、8千万円位ですから。3億円位はクロネコ。そして、1億円ちょっとが復興交付金。そして僕んところは、単費で出したのが5、6千万円ですかね。

鳥越　これなんかも、もちろん大変な不幸の出来事ですけれども、積極的に打って出ることができる一つの契機になっているわけですね。

村長　そうですね。

鳥越　ところで、その積極的に打って出るなかで、若い世帯はどうなるんでしょうかね。教育はとくにかかわりますね。

村長　そうですね。まあ図らずも避難したところが都会というか、郡山とかいわきですからね。そういう便利さもあるだろうし。あとは、その子供の教育の環境でしょうかね。やっぱ数多い人数のところで学ばしたいという、そういう価値観をもっている親もいますからね。

鳥越　まあこれはこれで分かることですけどね。

村長　そうですけどね。

鳥越　だけど村としては、年寄りだけでなくて、その次の世代を目標にして、積極的に打って出るには何かを考えているのでしょうか。

村長 施策としては、いま新築物件に上限400万円補助してます。で、家を作ろうかって考えている人たちも数多くいます。じゃあ、どこに作るかというときに、インセンティブとして、村の単費で400万円出します。

　それから、ここで生活していくためには、いま入って来ている企業、誘致して入って来ている会社、大体製造業なんですよね。やっぱどうしても、労働単価が安いというのがあり、それから職種も限定されていますが、なかに福祉の資格を持っていたり、介護とか、そういうところで働きたいというお母さんや若い人がいます。そこでそれを今年は実現しようかなと思っています。

鳥越 なるほど。まあ確かに、これから一歩一歩ということでしょうか。

　しかしまだ、両肩にずしんとかかっていますね。

村長 そうですねぇ。諦めた方が負けですかね。だから、長期戦だと覚悟しています。未だに線量への不安が、払拭できないですしね。かなり鮮明に二極化が進んできているかなっていうのがありますね。

　線量の不安な人と、そうでない人っていうかね、まあ大丈夫だよっていう人と、そのなかでも戻る人と戻らない人。農作物でも、作る人作らない人。更にそれを食べる人、いやそれは絶対食べねえっていう人。かなりこう進んでいますね。若い人にとって、多分いま子供を教育している環境に、もう慣れちゃっていると思います。そうするともう一度子供に、転校という作業をして、慣れ親しんだ友達とさよならをして、こっちに戻ってくる。戻るっていうのは、いいかも知れませんけど、多分若い人たちにとっては、再移住みたいな、そういう感覚じゃないですかねぇ。

鳥越 なるほどね。それを見ながら、何か手を打って行かなければいけないという。確かにそういう意味では今おっしゃったように、もう諦めた方が負けですよね。

村長 そうです。子供たちは今67名に増えました。だから、そうですね。この3年間で27人位増えていますけども。元々220人位いたですからね。まだ1/3から1/4です。

鳥越 なるほど。貴重な話をどうもありがとうございました。

村長 ご苦労さまでした。

第4部

資料編・川内村震災の記録

資料4-1　川内村震災の記録

作成：金子祥之・野田岳仁・野村智子・藤田祐二

年月日	時刻	国・県・東電／川内村行政／コミュニティ（行政区）	出典
2011.3.11	14:46:18	三陸沖を震源とするマグニチュード（M）9.0の地震が発生し、宮城県栗原市で震度7、宮城県、福島県、茨城県、栃木県の4県37市町村で震度6強を観測。	
		川内村では震度6弱を観測。全壊住家数1棟・半壊住家数92棟・一部破損家数31棟。	
	ただちに	県が災害対策本部、県警が災害警備本部を設置。	動き
	14:50	総理官邸内危機管理センターに官邸対策室を設置。	動き
	14:49	気象庁太平洋沿岸に大津波警報を発令。	動き
	14:52	岩手県知事、陸上自衛隊に災害派遣要請。その後、宮城県、福島県、青森県も派遣要請。	動き
	15:15	川内村災害対策本部設置（川内村役場停電）。	災害
		各課に村内状況調査を指示。川内村役場職員3人が宿直。12日土曜日に男子職員で被害調査を行う旨を確認。	井出寿一氏
	15:45	東京電力福島第一原子力発電所非常電源オイルタンクが大津波によって流出。	災害
	16:36	1号機と2号機は非常用炉心冷却装置による注水が不可能になる。	災害
	16:45	東京電力は原子力災害対策特別措置法15条に基づき、内閣総理大臣に通報。	災害
	19:03	枝野官房長官、原子力災害対策特別措置法に基づく、「原子力緊急事態宣言」を発すると会見。	記録
	20:50	県が原発の半径2km以内の住民1864人に避難指示。	災害
	21:23	菅直人首相より1号機の半径3km以内の住民に避難命令、半径3kmから10km圏内の住民に対し屋内待機の指示。	災害
	22:00	原発から3km圏内にある大熊町、双葉町。町役場が避難指示。住民らは避難所で待機していたがさらに原発から遠ざかるため暗闇の中、懐中電灯を頼りに一斉に集会場から移動を始めた。	福島民報
	22:05	「炉の一つが冷却できない状態」と判明。	福島民報
2011.3.12	0:49	1号機で格納容器内の圧力が高まったと東電が国に報告。	福島民報
	3:00	国が1号機の格納容器の圧力を下げるため放射性物質を含む可能性がある蒸気を弁から放出すると発表。	福島民報
	5:44	1号機の中央制御室で放射線量が上昇し、避難指示区域を半径3kmから10kmに拡大。	記録
	6:25	政府は原発立地半径10km圏内の富岡、大熊、双葉、浪江の4町の住民に対し避難指示をした。原発正門近くのモニタリングポストは通常の8倍の放射線量を検出。1号機の中央制御室は通常の1000倍。	福島民報
	6:50	富岡町役場より川内村への避難を希望している旨電話連絡あり。急遽、避難者の受け入れを開始。	災害
		双葉警察署、広域消防本部が富岡町から川内村に移転。双葉警察は川内村役場2階の議員控室を使用することを決定。	災害
		川内村、富岡町合同災害対策本部設置。	記録
		各区で避難者に提供する炊き出しの準備開始。区内の一人暮らし高齢者に対する安否確認を行う。	聞き取り
	7:10	中・浜通り約24万戸停電。	福島民報
	7:11	菅首相、ヘリコプターで原発を視察。	動き

304　第4部　資料編・川内村震災の記録

年月日	時刻	国・県・東電	川内村行政	コミュニティ（行政区）	出典
2011.3.12	7:30		川内村、富岡町合同災害対策本部会議。		災害
			富岡町からの避難民受け入れのため課長会議。避難者は6000人を超え、田村郡小野町に受け入れ要請。		災害
			農村振興課が村内の被害状況を調査。残りの職員は富岡町の避難対応にあたる。		災害
			携帯・固定電話通信障害、基地局停電による電波停止。		福島民報
	7:40	福島第二原発の1、2、4号機が冷却機能を失う。東電、国に緊急事態を通報。			福島民報
	7:45	福島第二原発でも「原子力緊急事態宣言」。第二原発から3km圏内に避難指示10km圏内に屋内退避を指示。10km圏内の楢葉町、広野町の住民にも避難指示。			福島民報
	8:00			防災無線で各区へ富岡町住民の避難者の受け入れ、食料・生活物資の調達について依頼。	聞き取り
	8:03	東電、福島第二原発の4基すべてで蒸気を放出する準備に入る。			福島民報
	9:00	1、2号機の格納容器内の蒸気を放出する作業を開始。第二原発1、2号機でも作業開始。			福島民報
	9:10	第一原発正門近くの放射線量が通常の70倍以上に上昇。			福島民報
				避難による交通渋滞。富岡町から帰宅した住民によれば、通常30分の道のりが5時間もかかった。	聞き取り
	11:20	1号機で炉心水位が低下し燃料棒が最大90cm露出したことを示す数値。燃料破損の恐れ。			福島民報
	14:00	1号機の周辺で放射性セシウムが検出されたことが判明。炉心溶解が起きたことを確認。			福島民報
	14時ごろ	原子力安全・保安院は1号機周辺でセシウムが検出、核燃料の一部が溶け出た可能性があると発表。内部の圧力が上がった1号機の弁を人力で開放に成功。作業員は吐き気やだるさを訴え病院に搬送される。			災害
	14:35		富岡町遠藤町長、第一原発でセシウムが検出されたとの原子力安全・保安院の発表を受け、町の（現地）災害対策本部の縮小を決定。これに伴い町消防団員や町職員らは川内村に移動し、避難した町民らの誘導などにあたった。		福島民報
			電話で各行政区長に集会所への避難者受け入れを要請。行政区の集会場使用は村の施設が埋まった後に使用開始。		井出寿一氏
				避難所は各区の集会場や小中学校など、村内19施設を使用。	井出寿一氏
				婦人会は小学校、村体育館での炊き出しに協力。消防団は交通整理。避難所では避難者名簿作成。住民は避難者に食料・生活物資・布団を提供する。避難者をお客さんという意識でお世話をした。	聞き取り
				6区集会所には富岡町からの避難者だけでなく、20km圏内にあたる8区住民も避難した。	聞き取り

年月日	時刻	国・県・東電	川内村行政	コミュニティ（行政区）	出典
2011.3.12			川内村の川内小で富岡町から避難した住民にヨウ素剤が配布された。配布場所には避難した住民らが長い列をつくった。担当の職員から服用上の注意を説明し、一人2錠ずつ配布。		福島民報
	15:30	1号機の格納容器から蒸気を外部に放出することに成功したと発表。			福島民報
	15:36	1号機水素爆発。			記録
	17:30	1号機の敷地で測定した放射線量が、1時間に1015μSv/h を示したことが判明。			福島民報
	17:45	枝野幸男官房長官が記者会見し、第一原発について「何らかの爆発的事象があった」。第二原発の周辺住民にも半径10km 圏内からの避難を指示。			福島民報
	18:00	原子力安全・保安委は記者会見で、1号機は炉心溶解。爆発事故で放射性物質の飛散を報告。線量などは明らかにせず。			福島民報
	18:25	原発20km 圏内避難指示。			記録
	19:00	避難区域拡大をめぐり、県の発表は混乱。生活環境部担当次長は記者団に「首相官邸からの指示で第一、第二両原発とも避難区域を半径10km 以内から20km 以内にする」といったん説明した。わずか20分後「20km 区域への拡大は第一だけだった」と訂正。「拡大する理由は何か」と問い詰める記者に担当次長は「全くわからない」と声を詰まらせた。			福島民報
	19:55	1号機の冷却機能が失われたため、海水注入について内閣総理大臣が指示。			災害
	20:20	1号機への海水注入が開始。			災害
	22:15	発生した地震により海水注入一時中断。			災害
		放射線医学総合研究所は、重篤な被ばく者がいた場合に受け入れるため医師全員を招集。「緊急被ばく医療支援チーム」を県原子力災害センターに派遣。緊急治療ができる県内の医療機関は県立大野病院、県立医科大付属病院など6カ所。			福島民報
		県立高校入試合格発表延期。			福島民報
		福島県災害対策本部が、石川県災害対策本部よりモニタリングポストを借り受け。割山トンネル・川内村役場村長室に設置。			井出寿一氏
				6区人絹商店商品が売り切れる。	聞き取り
				渡辺商店（下川内）では富岡町からの避難者を中心に、1日1500台に給油。レギュラーガソリンは尽きた。佐和屋（上川内）では通常の営業時間(7:30〜19:00)をすぎ深夜まで対応。より多くの人に給油できるよう一台の車に2000円分まで給油。待機していた自衛隊や警察、宿直の人たちにおにぎりを2000個ほど支給した。	聞き取り
2011.3.13	1:23	中断されていた海水注入作業を再開。			災害
	2:44	3号機で冷却装置が停止。			災害
	4:15	3号機で燃料棒が露出し始める。			災害
	5:10	東電、原子力災害対策特別措置法15条に基づく通報。			災害
	8:56	放射線量が再び上昇し、制限値の0.5mSv/h を超える。東電、特別措置法に基づく「緊急事態」を国に通報。福島県が被ばくしたのはあわせて計22人を確認と発表。記者会見 枝野官房長官は、1号機の圧力容器は海水で満たされていると判断と発表。			災害
	9:00	菅首相、自衛隊の災害派遣を10万人態勢に増強するよう指示。			動き

306　第4部　資料編・川内村震災の記録

年月日	時刻	国・県・東電／川内村行政	コミュニティ（行政区）		出典
2011.3.13	9:05	3号機の安全弁を開く。原子炉圧力容器内部の圧力が低下。			災害
	9:08	3号機に真水の注入を開始。			災害
	9:20	3号機の格納容器の排気を開始。			災害
			このころ1区集会所では避難者が自主的にボランティアを始める。区民のボランティアを減員。		聞き取り
	12:55	3号機の燃料棒の上部1.9mが冷却水から露出。			災害
	13:12	3号機の原子炉に海水の注入を始める。			災害
	13:30		富岡町からの避難者は5639名に達する。		動き
	13:52	周辺でこれまでで最も多い1.5575mSv/hを観測。			災害
	14:42	「爆発的なことが万一生じても、避難している周辺のみなさんに影響を及ぼす状況は生じない」と枝野官房長官が述べる。			災害
	15:41	3号機建屋爆発の可能性、蒸気放出、真水・海水を注入。			動き
	19:59	菅首相、14日からの計画停電の実施を了承。			動き
2011.3.14		東電管内、計画停電開始。			記録
	7:00	第一原発、放射線量制限値越え、東電が国に緊急事態通報。			動き
	11:01	3号機水素爆発。自衛隊員を含む11人が負傷。経産省原子力安全・保安院は半径20km以内の住民約650人に屋内退避を要請した。			福島民報
		枝野官房長官は、原子炉格納容器の堅牢性は確保されており、放射性物質が大量に飛散している可能性は低いと発言。			災害
		半径10km以内で活動中の警察官に退避命令。住民に退避を呼びかけながら避難。健常者は車両に乗せ、移動が困難な人は外気が入らないよう鍵をかけることを呼びかけた。			福島民報
		川内村全域が屋内退避区域に設定。			福島民報
			防災無線で8区に避難指示。8区区長と区長代理には電話で避難を指示する。		井出寿一氏
	13:25	東京電力福島第一原子力発電所、2号機冷却機能喪失。東電が国に緊急事態通報。			災害
	16:34	福島第一原発2号機、原子炉へ海水の注入を開始。			福島民報
	17:00		川内村避難所受け入れ数：コミュニティセンター500人、村民体育センター410人、川内小学校1960人、第1区集会場88人、第2区集会場45人、第4区集会場11人、第5区集会場31人、第7区集会場60人、宮の下集会場24人、たかやま倶楽部、村商工会23人、西山集会場32人、手古岡集会場70人、かわうちの湯350人。		福島民報
	18:22	2号機、原子炉水位低下、燃料棒露出。			福島民報
	19:55	2号機の冷却水が大幅に減少し燃料棒がすべて露出。原子炉が空焚き状態を東電が公表。			動き
			1区渡辺商店13日頃から区民以外の避難者が来店、14日には商品が売り切れる。		聞き取り
2011.3.15	0:00	2号機、蒸気を外部放出。			福島民報
			このころ、5区田ノ入地区住民に自主避難を促す。34世帯93人。		動き
	0:55	県対策本部会議開催。20km圏内安全、国に確認し、避難必要なしで結論する。			福島民報
	6:10	2号機建屋で爆発音。			福島民報

年月日	時刻	国・県・東電 / 川内村行政 / コミュニティ（行政区）	出典
2011.3.15	6:10	20km 圏内の住民に加え、20km から 30km 圏内の住民に屋内退避を指示。	福島民報
		このころ、村から村民へ屋内退避を指示。	災害
	7:00	栃木・群馬・埼玉・神奈川の一部地域で計画停電を実施。	動き
	7:10	4号機でも爆発音、火災発生。	福島民報
	9:10	3号機の敷地内で極めて危険性の高い 400mSv/h の放射線量が検出された。4号機敷地内では 100mSv/h。	福島民報
	9:40	4号機建屋4階部分より出火。	動き
		佐和屋、ガソリンが在庫切れ寸前になってしまった。	聞き取り
	10:00	川内村国民健康保険診療所診察終了。	聞き取り
	10:10	1から4号機の中央制御室には運転員が常駐できない状態。	福島民報
	11:00	厚生労働省は第一原発に限り、緊急作業に従事する労働者の放射線量の限度を引き上げ。	災害
	11:00	半径20km 〜 30km 圏内の住民約14万人を対象に退避指示。	記録
	11:59	国土交通省は原発の半径30km 以内の上空を高度にかかわらず飛行禁止とした。	災害
	15:00	村会議員・区長・消防団召集。電話が使えないため防災無線で伝達する。「村議会議員、各行政区長及び消防団員のみなさんは、役場に集合してください」。	井出寿一氏
	16:21	福島県知事が首相に「県民の不安や怒りは極限」と電話。	動き
	16:30	防災無線で住民に自主避難を促す。村長はつぎのように述べた「本日、災害対策本部は、大変重大な決定を行いました。この度の原子力発電所の事故が、好転の兆しが見えるまで、避難できるみなさんは、自主的に避難して下さい。避難されないみなさんは、屋内退避を続けてください。また自主避難をされるみなさんは、食料、寝具、または、現金をご持参ください。なお村の機能はこれまで同様、役場となっております。みんさん、お元気で。また川内村にお戻りになった時は、川内村再生のために、一緒に頑張って行きましょう、お元気で」。	記録
	17:00	川内村役場閉鎖。	記録
		当時の総務課長14日、15日は、たびたび起こる余震と原発の爆発の状況から「これは死んでしまうかもしれない」という不安な思いを抱えながらの活動が続いた。	井出寿一氏
2011.3.16	5:45	4号機で2度目の出火。	動き
	6:15	4号機火は見えなくなったが、鎮火したかどうかは不明。	動き
		川内村に県から会津高田町への避難指示。しかし、村民全員と富岡の避難民を数の輸送手段で、距離120km、片道約3時間かかる地域に避難することは不可能だと総務課長・川内村村長・富岡町長が判断。郡山市への避難を模索。	井出寿一氏
		富岡町長、郡山市のビッグパレットふくしまの館長に直接電話で交渉。	井出寿一氏
	7:30	川内村・富岡町合同災害対策本部、郡山市のビッグパレットへ自主避難決定。	災害

308　第4部　資料編・川内村震災の記録

年月日	時刻	国・県・東電	川内村行政	コミュニティ（行政区）	出典
2011.3.16			村会議員・行政区長・消防団召集。電話が使えないため防災無線で招集。「村議会議員、各行政区長及び消防団員のみなさんは、役場に午前9時までに集合してください」。		井出寿一氏
	8:37	3号機で白煙が上がり、水蒸気が出たと推測されている。			動き
	9:30		防災無線で避難指示。「原子力発電所の危険な状態から強制的に避難します。避難先は郡山市ビッグパレットととなりますので、各施設に避難しているみなさん、自宅にいるみなさんは、自家用車などに相乗りをし落ち着いて移動してください。なお、自家用車のない方については、第8区を除く最寄りの集会場に集合してください。」		災害
			マイクロバスを利用して避難開始。川内村8台（248人乗車可能）、富岡町8台（197人乗車可能）。川内村1400人、富岡1700人の計3100人が送迎対象者。		井出寿一氏
			村に残る決断をした住民には、総務課長の携帯電話番号を知らせ、避難先を伝達。後日、緊急に救出する場合を想定し対応策を練る。		井出寿一氏
			ビッグパレットに到着。ビッグパレット側では、運営職員12名のほか設備・清掃・警備スタッフで避難者2100人を受け入れ。廊下、階段などにまで避難者があふれ、館内はみるみるいっぱいになった。		鈴木政美氏
	10:00	モニタリングポスト、10時以降観測される放射線量が上昇。			災害
		原子力安全・保安院は「原因は圧力抑制室が破損した2号機の可能性が高い」と説明。			災害
	10:33	3号機で白煙上がる。			動き
	15:36	福島市の水道水から放射性ヨウ素・セシウムを検出（国の安全基準値以下）。			動き
				1区では、最後の避難者13名を村の避難バスに乗車させる。小雪が舞っており、物音ひとつしない状態。	聞き取り
	21:00		川内村長・総務課長・富岡町長・幹部は、連絡先を役場玄関に貼り、川内村役場を出発。		井出寿一氏
	23:00		村民・避難者の避難完了。		記録
2011.3.17	0:00		川内村・富岡町合同災害対策本部を郡山市「ビッグパレットふくしま」に設置。川内村より513人避難。		災害
			ビッグパレット職員湯沸かし。避難者用のカップラーメン・赤ちゃんのミルク用に充てる。午前5時には行列。		鈴木政美氏
			ビッグパレット福島第一展示室は、役場・郵便局・図書館・物資倉庫として使用した。ゆふね（保健施設）をコンベンションホールに設置。ロビーに派出所（24時間）、比較的被害が少ない2階レストラン、2階会議室、コンベンションホール3階の会議室・廊下・階段を避難所として提供。		鈴木政美氏
			ビッグパレットは両町の役場機能を果たす。以後何日間か安否確認の電話が深夜まで鳴り止まず。		鈴木政美氏

年月日	時刻	国・県・東電	川内村行政	コミュニティ（行政区）	出典
2011.3.17	7:20 日本時間	米国務省によると在日米国大使館は16日付のルース駐日米大使の声明として、福島第一原子力発電所から半径80キロメートル圏内に住む米国人に対して「予防的措置」として避難するよう勧告した。避難できない場合は屋内退避を呼び掛けた。カーニー大統領報道官は記者会見で、避難地域に関して日本政府と異なる見解を示した理由について「独自の分析に基づく」。			日本経済新聞
	9:48	3号機に、陸上自衛隊がヘリコプターで水投下（合計4回）			動き
		原子力災害対策センター（オフサイトセンター）、震災被害で機能が失われる。			動き
		小・中学生避難先で転入学、高校は在籍のまま卒業。県教委基本方針まとめる。			福島民報
			鼓紀男東電副社長、避難所訪れ、富岡町・川内村の住民に謝罪。		福島民報
				ビッグパレットでの対応体制を確立。ビッグパレット職員1名、川内村・富岡町職員計4名、県職員1名、両町村で雇用した警備員2名の8名体制で夜勤を行い、8月まで24時間体制を維持。川内村村長・富岡町町長も寝泊まり。	鈴木政美氏
	19:00	3号機、警視庁機動隊が高圧放水車で放水開始。			動き
	19:30	自衛隊消防車が地上から放水。			動き
2011.3.18	3:20	東京消防庁ハイパーレスキュー隊ら139人派遣。			記録
	13:55	3号機、自衛隊の消防車で放水。			記録
	17:50	1～3号機事態の深刻さ「レベル5」暫定評価。			記録
			避難者の名簿作成開始		災害
			川内村職員2交代制シフトを確立。7:30～14:30、14:30～21:30		災害
2011.3.19	0:30	東京消防庁、3号機への連続放水を開始。（連続13時間実施。翌日午前3時過ぎまで）			動き
	16:10	枝野官房長官、福島県の牛乳と茨城県のホウレンソウから暫定基準値を超える放射性物質を検出と発表。			動き
				富岡町・川内村、両村による救護所をビッグパレット内に立ち上げ。	記録
2011.3.20	8:20	陸上自衛隊、4号機に放水。			動き
	14:30	5、6号機、安定的冷温停止。			動き
	18:30	福島県、いわき・国見・新地・飯舘の4市町村で原乳の緊急検査。暫定基準値を超える放射性物質を検出。県内の全酪農家に出荷と自家消費の自粛を要請。			動き
				ビッグパレット内で風邪と胃腸炎の患者が増える。手洗い励行。120人がノロウィルスに感染し、Cホールに隔離。	動き
2011.3.21	2:40	厚生労働省、飯舘村の水道水から基準値の3倍以上のヨウ素を検出と発表。			動き
	15:55	3号機、原子炉建屋上の南東側、やや灰色がかった煙が上がる。			動き
	20:30	東電、県知事に謝罪訪問を打診するが、知事はこれを拒否。			動き
				自衛隊により仮設の風呂設置。ビッグパレットに。70名が利用。	災害
2011.3.22	17:17	東電、4号機に生コン圧送機で放水。			動き
	18:07	厚労省、福島県内の5市町の水道水から放射性ヨウ素を検出と発表、乳児へ飲ませないよう要請。			動き

310　第4部　資料編・川内村震災の記録

年月日	時刻	国・県・東電	川内村行政	コミュニティ（行政区）	出典
2011.3.22	22:43	3号機の中央制御室の照明点灯、1〜6号機の6基すべて外部電源に接続。			動き
		総務省は県議選、広野町・川内村・双葉町・葛尾村議員選の延期決定。			動き
		原発事故にともない、福島県からの避難者に各地で差別的な対応がとられる。県民であることを隠して避難したという。			聞き取り
			山口県職員8名が支援のため、ビッグパレット福島へ。		災害
			コインランドリー実施、アイランドタクシー無料実施9:00〜17:00		災害
2011.3.23	9:20	菅首相、福島県産ホウレンソウなどの摂取制限を指示。			動き
	10:00		自衛隊により風呂開設。10:00〜11:00、15:00〜20:00の2回。		災害
	11:30	福島県、県内生産者と消費者に福島県産のキャベツ・ブロッコリーなど50品目の野菜の出荷と摂取を控えるよう要請。			動き
	16:20	3号機から黒煙。			動き
			生活資金一人5000円の貸付開始。		災害
			国民健康保険3月31日を継続して使用できるよう館内放送。		災害
			川内村の給与システム停止のため役場職員に一時金として10万円を支給。		災害
			福島県から応援職員が派遣される。生活環境部・伊藤主幹。		災害
				村内のガソリンスタンド（佐和屋）、ガソリンの供給を受けられずにいたが、店主のつてで供給再開。	聞き取り
2011.3.24	6:00	東北道、磐越道の通行止め解除、全線通行可能に。			動き
	11:30	1号機の中央制御室に照明。			動き
	12:09	3号機、作業員3名の被ばくを確認。			動き
		県は農林水産物・加工食品・工業製品への風評被害拡大防止や補償を政府に緊急要望。			動き
			ビッグパレット避難者562人に。役場職員休暇の取得可能に（休暇届けを提出）。		災害
2011.3.25	11:46	枝野官房長官、屋内退避の対象市町村（原発から20〜30km）に自主避難を要請。			動き
	13:15	東京都石原慎太郎知事が福島県佐藤雄平知事と会談、出荷自粛以外の本県産農産物引受を表明。			動き
			東電職員5人が物資班として応援。		災害
			習志野空挺団、第3普通科連隊・第8中隊と川内村へ。6班編成。		動き
		3号機のタービン建屋地下の水、通常の炉心の水濃度の1万倍と発表。			動き
2011.3.26	11:00	原子力安全・保安院、原発近くの海水から安全基準の1250倍のヨウ素を検出と発表。			動き
	14:30	1号機南放水口の海水で濃度限度の1850倍の放射性ヨウ素。			動き
			村内にとどまった住民に、防災無線であらためて自主避難促す。新たに3人が合流。川内村では10cmの積雪。		災害
		1号機は営業運転開始から40年を迎える。			動き
2011.3.27	11:00	2号機タービン建屋地下の水から高い放射線量を計測と発表。			動き
	11:50	文科相が佐藤知事に学校への臨床心理士派遣を表明。			動き

年月日	時刻	国・県・東電	川内村行政	コミュニティ（行政区）	出典
2011.3.27	15:30	1～3号機タービン建屋の立て坑に高濃度汚染水。			動き
	22:30	県が30km圏外のハウス野菜の放射能測定。イチゴ、キュウリなど7品目基準値下回ったと発表。			動き
				ビッグパレットが収容限界を超えたため、郡山自然の家へ分散開始。	災害
			住民票交付開始。避難証明書から被災証明書に変更。		動き
			川内村内の井戸水、水質検査を行うも異常なし。		災害
2011.3.28	11:15	2号機タービン建屋地下に高濃度汚染水。			動き
	23:45	第一原発敷地内土壌から微量のプルトニウムを検出。			動き
		双葉広域圏組合及び双葉町村会を県農業総合センターに立ち上げ。			動き
				ラジオ体操館内放送開始。コインランドリー開始する。31日、4月3日、6日と継続。	災害
			住民票、印鑑証明書は無料で発行。		動き
2011.3.29	11:50	4号機の中央制御室で照明復旧、同原発全機に照明。			動き
	13:25	原発周辺8町村長が郡山市で合同会議。福島県知事に6項目の要望。			動き
			役場機能のプレハブ事務所発注。総務省からホットライン1台貸与。		災害
2011.3.30	10:00	福島県が第一原発から20km圏内を災害対策基本法に基づく警戒区域にするよう、国に要望。			動き
				ビッグパレットにて、かわうち保育園、小学校卒業セレモニー。	記録
				ビッグパレット福島避難者数ピーク2300人。廊下、階段までが居住スペースとなるほどであった。	鈴木政美氏
	15:00	東電・勝俣恒久会長、福島第一原発1～4号機廃炉を表明。			動き
			県から川内村へ旅館、ホテル240人の枠配分。		災害
		農水省、農協を通じ「仮払金」を支払う方向で調整に入る。			中国新聞
		福島労働局、第一原発から半径30km内の4800事業所・労働者58000人が失業の可能性と予測。			KFB福島放送
				陸上自衛隊自主活動。原発の状況が安定しないため、自衛隊が、警察・消防・村役場と合同で、避難していない46名の緊急時救出活動計画を作成し準備。	井出寿一氏
			20km圏内に自力避難可能な1名を確認。		災害
			土壌調査のため、田植え延期要請。		記録
2011.3.31	11:00	第一原発の放水口付近から、基準値の4385倍のヨウ素131検出。			動き
		菅首相、エネルギー基本計画を白紙見直し方針を表明。			動き
		双葉農業協同組合、JAグループ福島内に事務所設置。			災害
2011.4.1	11:30	県庁にて仮設住宅会議。			災害
	15:00	第一原発に放射性物質の飛散防止剤散布。			動き
		菅首相、会見で長期戦を覚悟、災害名を「東日本大震災」。			動き
		県、がんばろうふくしま地産地消運動スタート。			動き
			KDDI携帯電話20台貸与。		災害
				二次避難開始、ビッグパレットふくしまから旅館、ホテル等へ174人の48世帯が移動。	災害
2011.4.2	9:30	2号機で亀裂から高濃度放射線汚染水が海に漏出確認。			動き
	10:10	県の義援金配分会議で被災世帯への配分額5万円。			動き
	12:00	菅首相、原発事故対応前線基地Jヴィレッジ訪問し激励。			動き
		県、震災被害額5553億円と公表。			動き

年月日	時刻	国・県・東電	川内村行政	コミュニティ（行政区）	出典
2011.4.2			弁護士無料電話相談会開始。		災害
2011.4.3	11:32	第一原発で東電社員2人の遺体発見と発表、津波死亡か。			動き
			生活援助金貸付開始、1世帯5万円。		災害
			避難の長期化から、川内村内に戻る村民が106名に増加。		災害
2011.4.4	15:00	放射性物質を含む廃液1万トンを海に放出と東電。			動き
	19:03	汚染水放出開始。			動き
		政府、暫定基準値上回る放射性物質を含んだ農水産物について、出荷停止の発動・解除を県単位から市町村単位に細分化。			動き
			社会福祉協議会生活支援金貸付開始。		災害
			ビッグパレットに栄養士の配置要望。弁当を常食とし、また運動不足などによる健康不安。		災害
2011.4.5	11:00	避難指示が出ている市町村に見舞金支払い開始。			動き
	15:00		小学校、中学校保護者会。		災害
			本日までに転出64人に。主に子供の転校による。住民基本台帳人口2928人。		災害
		遠藤雄幸村長が菅首相に要望書提出。首相「国の責任で最後までしっかり対応する」と明言。			動き
2011.4.6	5:38	2号機取水口付近から高濃度汚染水の海への流出停止。			動き
	11:05	枝野長官、放射性物質による魚介類の汚染に関して、補償の対象であると明言。			動き
	16:40	避難指示を出す基準となる住民の被ばく許容量について、長期的な蓄積を想定した見直しを検討。			動き
		政府、20km圏内の住民に対し、一時帰宅を許可する方針を固める。4月11日をめどに実施する方針。			動き
				一時帰宅に対し村長「自分の家を不安に思っている住民が多い、一時帰宅は精神の安定につながる」とコメント。	動き
				泉崎カントリークラブへ避難4世帯、12人が決定。	災害
2011.4.7	11:00	20km圏内住民の一時帰宅について、「安全性を確保しながら出来るだけ実現させる方向で検討」（枝野長官）。20〜30km圏内の屋内退避指示を避難指示に切替の可能性示唆。			動き
	11:45	政府、復旧・復興の第1次補正予算案4兆円規模の方針。			動き
			郡山市から川内村へ空き教室提供（河内小、逢瀬中）11日から。		動き
2011.4.8	16:10	土壌から暫定基準値超える放射性物質検出の場合、米の作付け制限も表明。			動き
		国、30km圏内世帯にも、義援金1世帯当り35万円配分対象に。			動き
		経産副大臣、富岡町などへ「警戒区域」の設定の打診。			動き
		双葉8町村と福島県との連絡調整会議初会合。自主避難者への支援、農畜産物への補償等を話し合う。			動き
		県、双葉郡8町村に避難者臨時雇用する支援制度（3カ月雇用延べ500人の雇用創出）スタート。			動き
2011.4.9		経産相と県知事会談、原発「状況は一進一退」。			動き
			双葉郡8町村の避難約3万人の所在未確認。		動き
2011.4.10	22:15	飯舘村のしいたけ暫定基準値超（放射性セシウム）厚労省。			動き
		1〜3号機のタービン建屋内外の汚染水の除去作業を本格化。			動き
		政府、20km圏内を警戒区域に設定。			動き

年月日	時刻	国・県・東電	川内村行政	コミュニティ（行政区）	出典
2011.4.10			約2000人が避難するビッグパレットでノロウィルスの疑い。		動き
2011.4.11		20km圏外に「計画的避難区域」「緊急時避難準備区域」を設定。			動き
			川内村、20km圏外の区域を緊急時避難準備区域に設定。		記録
		第一原発の取水口付近から海に放射性物質拡大防止のため海中にシルトフェンスを設置。			動き
		東京電力社長が県庁訪問、佐藤知事は面会を拒否。			動き
			おたがいさまセンターがビッグパレットで開設。		鈴木政美氏
2011.4.12	9:00		川内村役場仮庁舎開設。ビッグパレットの敷地内にプレハブ建ての事務所棟を設け、業務開始。		動き
	11:00	原子力保安院、第一原発事故の国際評価尺度「レベル7」と評価。			動き
	19:20	30km圏外の土壌や野菜から微量の放射性ストロンチウムを検出。			動き
		川内、広野、楢葉の3町村緊急時避難準備区域に指定される見通しから、県は支援策の再構築を検討。			動き
				30km圏の市町村長アンケートで復興ビジョンについて川内村長「早期に原発が安定しなければ、考えられない」。	動き
2011.4.13	17:00	原子力安全委員会、登校の目安となる被ばく線量を年10mSvとする見解発表。			動き
	19:30	4号機の使用済み燃料プールの一部が破損。			動き
		菅首相、第一原発から半径30km圏内「20年住めない」と発言。県知事、首相の発言をめぐり不快感。			動き
		政府、福島県内5市8町3村(川内村を含む)の露地栽培シイタケ出荷停止。			記録
2011.4.14	12:30	東電の清水社長が、全国農業協同組合中央会の茂木守会長と面会謝罪。			動き
		3号機で圧力容器の温度急上昇。			動き
		政府の「復興構想会議」、官邸で初会合を開く、復興税創設を検討表明。			動き
2011.4.15	13:00	東電、原発事故賠償金の仮払い。1世帯100万円・単身世帯75万円。対象は5万世帯と発表。4月中にも支給の見通し。			動き
			東電の仮払いについて、川内村長「あくまで一時金、スピード感を持って避難者に届けて欲しい」と要望。		動き
		福島第一原発原子力安全調査専門委員会は、1～3号機燃料の一部が溶融し圧力容器底部に沈殿の見解を公表。			動き
2011.4.16	18:00	県内25市町村の原乳、出荷制限解除。			動き
		政府「福島復興会議」を設置。			動き
			川内村ホームページに東日本大震災特別サイトを開設し、運用開始。		動き
2011.4.17	15:00	東電、第一原発の原子炉安定まで6～9カ月との工程表発表。			動き
	15:30	経産相が「原発避難住民の帰宅と避難区域見直しは原子炉が安定した6～9カ月後に判断する」と談話発表。			動き
2011.4.18	11:00	陸上自衛隊が、第一原発30km圏内沿岸部で初めて行方不明者の捜索開始。			動き
		原子力安全保安院、福島第一原発1～3号機の核燃料溶融を認める。			動き
2011.4.19	10:00	2号機にたまった高濃度汚染水を集中廃棄物処理施設に移設作業開始。			動き
				渡辺商店(下川内ガソリンスタンド)再開。	聞き取り
	10:00	政府、震災に関する復興構想会議の下で、「検討部会」初会合。			動き
	19:00	県が校庭・園庭の放射線量調査の結果、13カ所で野外活動制限と発表。			動き

年月日	時刻	国・県・東電	川内村行政	コミュニティ（行政区）	出典
2011.4.19		被災者に対する県・国の義援金の配分申請受付開始。			動き
2011.4.20	11:10	東電、仮払賠償金の請求用紙配布。1〜3号機原子炉建屋内をロボットで撮影した映像を公開。			動き
		県、核燃料税条例について廃止を含め見直し検討。			動き
2011.4.21		東電、第一原発2号機、海に流出した高濃度汚染水の量520トン、放射性物質は5000兆Bqとの推計発表。			動き
			菅首相がビッグパレット等の避難所を訪問。川内村長・富岡町長と懇談、双葉地方の支援約束。		記録
		農相、福島県に米作付け制限。川内村コメの作付け制限の範囲に。			動き
		川内村の警戒区域該当地区、上川内399号国道東側、下川内399号国道、下川内竜田停車場線東側のうち坂シ内（湯船沢を除く）、舘ノ下、根岸、砂田、原、平沢、北川原、熊ノ坪、小田代を除く。			動き
2011.4.22	0:00	福島第一原発20km圏内を住民の立ち入りを禁じる「警戒区域」に設定。原子力災害対策特別措置法（平成11年法律第156号）第28条第2項に読み替えられる災害対策基本法（昭和36年法律第223号）第63条第1項の規定。市町村長が警戒区域を設定する形式。			動き
	9:40	警戒区域外のうち、放射線累積量が高い地域を「計画的避難区域」、20kmから30km圏内を「緊急時避難準備区域」に指定。			動き
	10:00	東電清水社長が福島県知事に原発事故を謝罪。県知事は原発運転再開を認めない姿勢を明らかにした。			動き
			東電社長、川内村村長などに謝罪。村長、「農畜産業の補償に具体的な方向性を示すべき。企業倫理に基づいて最後まで全うして欲しい」と言葉を強くした。		動き
2011.4.23	15:00	政府の復興構想会議が、第2回会合。			動き
2011.4.24		東電・原子力安全保安院、1号機の原子炉圧力容器を冷却するため格納容器ごと水棺にする作業。			動き
		県の災害対策会議が、20km圏内の牛、豚の殺処分を25日から始めると発表。			動き
2011.4.25	10:20		第一原発20km圏内、牛など殺処分開始。		動き
			上川内郵便局再開。		聞き取り
		東電、第一原発の外部電源喪失防止のため、電源を3重化し相互切替可能な作業を完了。			動き
		菅首相、参院予算委員会で「きちんと補償されるよう 最終的には国が責任をもって対応する」と答弁。			動き
		菅首相、第一原発から20km圏内の警戒区域への一時帰宅、5月連休明けになるとの見通しを示す。			動き
		県は5月にも震災振興ビジョンの検討会議。双葉郡の首長らを委員とした原発事故損害賠償の連絡調整会議を設置する計画。			動き
2011.4.26	9:00	東電、1号機の炉心注水量増やすと発表。			動き
	18:00	文科省 放射線量分布マップ初めて公表。			動き
		政府と東電、第一原発事故1年後の積算被ばく放射線量の推定値分布マップを公表。			動き
		東電、第一原発事故の避難住民に対する賠償金仮払いを始めたと発表。			動き
		県、国の緊急雇用創出基金活用し、被災者約6000人の雇用を創出を明らかにした。			動き
				かえるかわうちステッカーとTシャツが村に寄贈される。	動き

年月日	時刻	国・県・東電	川内村行政	コミュニティ（行政区）	出典
2011.4.27	17:00	政府と東電、第一原発の汚染水処理6月開始を目指すと発表			動き
		文科省調査、福島県外に転入学した小・中・高校の児童・生徒が8109人に上ることが判明。			動き
2011.4.28	14:50	原子力損害賠償紛争審査会が、原発事故の賠償範囲の対象を農水産物の出荷制限も含むと決定。			動き
		東電、7〜8号機増設計画撤回を浪江町議会から求められ「増設の考えはない」との認識を示す。			動き
		県内で震災により失業・休業、累計1万3807人に上る。			動き
2011.4.29	9:55	菅首相、衆院予算委にて、原発事故の損害賠償につき「最後の最後まで国が面倒をみる」と明言。			動き
	11:11	枝野官房長官、東北自動車道の料金無料化を検討の考え示す。			動き
	13:00	警戒区域内での一時帰宅で政府の原子力災害現地対策本部が市町村向け説明会。			動き
		震災後初、東北新幹線の東京〜新青森間が全線運転再開。			動き
				1区、この日残っていた人だけで形だけの祭りを行う。	聞き取り
2011.4.30	15:10	第一次補正予算案、衆院本会議可決（4兆153億円）。			動き
	16:30	東電と政府、第一原発に仮設防潮堤設置し、立て抗をコンクリートで埋めると発表。			動き
2011.5.1	9:15	菅首相、参院予算委で仮設住宅に関し、「お盆までに内閣の責任で全ての希望者が入れるように必ずやらせる」。			動き
	13:00	警戒区域内での一時帰宅に関し政府・原子力災害現地対策本部が郡山市で説明会。立ち入りは1世帯2人まで。			動き
2011.5.2	13:00	政府の「復興構想会議」の五百旗頭議長ら来県。原発事故の国際レベルでの検証を訴えた。			動き
	15:20	国、第一次補正予算成立。			動き
		遠隔地から放射性物質を分析予測する国の「緊急時対策支援システム（ERSS）」、原発事故発生直後から電源喪失のため使用不能だったことが判明。			動き
		県は県内全域（20km圏内を除く）で空気中の放射線量の測定結果を2種類マップで公表。			動き
		県が原子力損害に関する関係団体連絡会議設置。			記録
2011.5.3	10:30	10km圏内、自衛隊が震災被害者初の捜索。			動き
	10:45	原子力安全・保安院長が本県を訪れ対策不備認め県知事に謝罪。			動き
	11:20		第一原発から20km圏内の警戒区域の市町村（川内村や大熊町）では、一時帰宅に向け予行練習が行われた。		動き
2011.5.4	14:38	菅首相、原発事故収束に向けた工程表をめぐり「年明けに一定の安定状況。その時点で住民が戻れるか判断」と発言。			動き
			菅首相の見解について、川内村長「被災者はトップの話しに敏感になっている。実現すればありがたいが、もしも何かあって長引けば失望感が大きくなるので心配」と懸念。		動き
2011.5.5	11:32	1号機原子炉建屋に換気設備設置のため水素爆発後 初めて作業員が入る。換気装置起動。			動き
			20km圏内の警戒区域への一時帰宅は、10日にも川内村をトップに始まる見通し。		動き
2011.5.6	16:00	政府、東電の事故対策統合本部が、米国と合同測定した地表付近の放射線量マップを発表。			動き

316　第4部　資料編・川内村震災の記録

年月日	時刻	国・県・東電　　川内村行政　　コミュニティ（行政区）			出典
2011.5.6	19:10	菅首相、浜岡原発で全ての原子炉停止を要請。			動き
2011.5.7	16:00	政府の原子力災害現地対策本部が、一時帰宅について川内村は、5月10日、12日両日、葛尾村は12日に実施すると発表。			動き
		政府、停止中の第二原発1～4号機の取扱いについて、運転再開を前提とせず検討する方針を固める。			動き
		文科省、高い放射線検出の県内の学校の校庭などで、表土を下層の土と入れ替えを各自治体に提言。			動き
				村内の一時帰宅、警戒区域内の対象72世帯のうち49世帯が希望。村長は、「1日も早く実施したいと言う思いがあった。川内村でやってみて問題があればその時点で検討すればいい」と話した。	動き
2011.5.8	9:00	1～3号機は原子炉へ真水の注入を継続し、温度は低い状態。1～4号機の使用済燃料プールは、状況を確認しながら必要に応じて放水・注水を実施している。5～6号機の原子炉水及び使用済燃料プールの温度は、低い状態が保たれている。			かわら版（No.1）
				仮設住宅受付開始。ビッグパレット北側に150戸、伊賀河原土地区に96戸、県農業試験場跡地に75戸。計321戸。	かわら版（No.1）
2011.5.9		1号機の原子炉建屋内に作業員が入り放射線量を測定した結果、内部最大700μSv/h と発表。			動き
		県内各地のサテライト校で新たな高校生活をスタート。			動き
2011.5.10		東電社長、損害賠償への支援要請を海江田経産相に提出。			動き
		菅首相、「従来のエネルギー基本計画は白紙に戻し議論する必要がある」と延べ、現行計画を白紙で見直す考えを表明。			動き
				20km圏内の警戒区域にある川内村の住民54世帯92人が一時帰宅した（9市町村で初めて）。	記録
2011.5.11		3号機、取水口近くの穴から汚染水が再び海に流出したことを発表。			動き
		文科省、学校校庭の放射線問題で表土を削る方法を県に指示。			動き
		両陛下ご来県、原発避難住民らを激励。			動き
				川内村の一時帰宅で10～11日にペット犬11匹、猫5匹を収容。	動き
2011.5.12		1号機の核燃料が露出し大半が溶融、複数箇所で原子炉圧力容器内の底に穴が開いたと発表。			動き
		政府、東電賠償問題を検討する閣僚会議で、9項目の賠償支援策に合意した。			動き
		県内の下水汚泥から高濃度の放射性物質が検出された問題で、政府は仮置きするよう指針を通知。県内自治体など困惑。			動き
				川内村、2回目28世帯43人の一時帰宅を実施。村長は「今後は車の持ち出しをクリアしなければならない」とコメント。	動き
2011.5.13		東電、第一原発事故で損害を受けた農林漁業者への賠償金仮払いを5月末までに開始と発表。			動き
		政府、原発賠償支援策決定。			動き
		県の復興ビジョンは①経済雇用対策②新エネルギー産業構築③地域社会絆の再構築が柱で7月末に決定。			動き
2011.5.14		1号機の原子炉建屋内で震災発生当日の夜、高濃度の放射線量が検出。津波の前に地震により重要設備の損傷を認める。			動き
		政府、原発賠償支援政府案は東電の破綻回避を最優先し、新機構により公的資金を投入できる形に。			動き

年月日	時刻	国・県・東電	川内村行政	コミュニティ（行政区）	出典
2011.5.14		菅首相、県知事と会談し事故賠償について「特別立法で国が責任を持って行う」と明言。			動き
		年間積算放射線量20mSvを超える予測が出た伊達市霊山町一部地区住民に市が独自の避難支援方針を示す。			動き
2011.5.15		東電、1号機で地震から約5時間後から全炉心が溶融し、原子炉圧力容器底に溶け落ちていたと発表。			動き
		第一原発事故で計画的避難区域に指定された自治体では、飯舘村・川俣町をトップに住民避難を開始。			動き
2011.5.16		原子力損害賠償紛争審査会が文科省で開催。川内村長「避難所生活の中で（希望の）光が見えてこない。この失われた光をどうにか数字に表してほしい」と訴える。			動き
		東電、中小企業の原発賠償、商工3団体初協議。			動き
		細野首相補佐官、「2、3号機も炉心溶融していると見ていかないといけない」との見方示す。			動き
		福島県により農作物の放射性物質モニタリング調査実施。			かわら版（No.4）
		政府、第一原発の事故対応の見通しを示す工程表を発表。			動き
		原発事故被害者への損害賠償、2011年秋をめどに受付・支払いを開始。			動き
		政府が工程表の収束目標を変更しなかった点について、川内村長は「自信があるということだろう前倒しは当然」と述べる。			動き
2011.5.18		2号機の原子炉格納容器圧力上昇時、「ベント」作業2回失敗したことがわかる。			動き
		福島県借上げ住宅特例措置の取り扱い一部変更。			かわら版（No.2）
2011.5.19		3号機の原子炉建屋に放射線量調査のため作業員が入ったと発表。震災後、建屋に人が入ったのは初めて。			動き
2011.5.20		東電、7、8号機増設中止を決め、1～4号機の廃炉正式決定。次期社長に西沢常務。			動き
		県は、東日本大震災復旧・復興本部を設置。全庁横断型組織で復旧・復興ビジョンを推進する。			動き
		福島県産の食品の摂取及び出荷を制限。			号外（No.1）
2011.5.21		3号機汚染水が海に流出した問題で、流出量は250トンで放射性物質総量は20兆Bqと調査結果を発表。			動き
		日中韓首脳が福島県を訪問し避難住民を激励。県知事、原発事故の風評被害の払拭に向け県産品の安全訴える。			動き
		東電、広野火力発電所8月末までに再開へ。			動き
2011.5.22		日中韓首脳が会談し、原発事故による日本産品の風評被害防止に協力・取組む方針合意。			動き
2011.5.23		県は、福島第一原発事故被災者らの雇用対策で雇用目標を2万人に拡大、国と連携し就労先の確保に努めると発表。			動き
				シイタケ出荷停止解除。	記録
2011.5.24		東電、福島第一原発事故発生当初のデータから1号機と同様、2、3号機でもメルトダウンとの解析結果を公表。			動き
			川内村、富岡町の自立支援事業で畑作農作業場所へ希望者が現地視察。		動き
		福島県により農作物の放射性物質モニタリング調査実施。			かわら版（No.4）

318 第4部 資料編・川内村震災の記録

年月日	時刻	国・県・東電	川内村行政	コミュニティ（行政区）	出典
2011.5.25		東電、福島第一原発事故で、震災の地震発生直後に1号機の圧力容器が破損の可能性を示すデータを公表。			動き
2011.5.26		菅首相、主要国首脳会議（G8）で、原発事故の情報を国際社会へ開示すると約束。国際原子力機関（IAEA）と協力し、来年後半に日本で国際会議を開催すると説明。			動き
		県は、緊急雇用創出基金事業を活用し、避難所や仮設住宅の運営支援に2000人を雇用することを発表。			動き
			川内村で採取した原乳には、放射性物質が検出されなかったと発表（福島県調査）。		記録
2011.5.27		県は、県外避難者を含めた全県民（約202万人）を対象に健康管理調査を決定。			動き
		国際原子力機関（IAEA）調査団福島第一原発に現地入りし1〜4号機の視察や事故状況の説明を受けた。			動き
			仮設住宅（321戸）5月末に完成、6月上旬に川内村に引渡し予定。		かわら版（No.3）
2011.5.28			農地の土壌から放射性物質を取り除く実証実験が始まる。ヒマワリなどの種が飯舘村の畑にまかれた。		動き
			浜通りの被災地は台風2号への対応に追われた。		動き
2011.5.29		東電、原発事故の収束に向けた工程表について「年内の収束は不可能」と説明。			動き
		県の復興ビジョン検討委員会は基本理念、7つの主要施策案（「市町村の復興支援」）を示した。			動き
2011.5.30			川内村では、原子力発電施設等周辺地域交付金の使途を変更。自治体の財源とし避難者支援への活用を決定。		動き
2011.5.31		東電、原発事故による出荷制限で被害を受けた農家や漁業者への賠償金仮払いをはじめたと発表。			動き
		原子力損害賠償紛争審査会は、原発事故賠償の第二次指針を定める（福島県全域の食用作物を対象とし風評被害を含める）。			動き
2011.6.1		県、原発立地地域住民対称に6月下旬から内部被ばく量の測定を始める。			動き
		国際原子力機関（IAEA）、原子力安全の規制当局の独立性確保すべきだとの報告書素案提出。			動き
			川内村の警戒区域内で、車の運び出し55台（9市町村で初めて）。21人の住民が一時立ち入りを開始。		動き
2011.6.2		東電、3号機タービン建屋の汚染水の新たな移送先の確保作業を開始。			動き
		菅首相、衆院本会議で内閣不信任決議案反対多数で否決。首相会見で原発冷温停止めどに退陣する意向を示す。			動き
2011.6.3		文科省、福島県内の放射線量定点調査で基準の20mSv/yを超える地点新たに4カ所。			動き
		菅首相、原子力行政見直しについて「これまでのシステムが果たしてこれでいいのか必ず検証」と強調。			動き
			川内村の災害復興支援ビジョン策定委員会で協議。①放射能汚染対策、②高規格道路の整備、③産業振興基盤の整備、④快適な居住地の整備の4つの柱と財源確保の施策からなる。		動き

年月日	時刻	国・県・東電 / 川内村行政 / コミュニティ（行政区）			出典
2011.6.4		東電、1号機配管と床の隙間から汚染水蒸発し湯気に4000mSv/hを計測と発表。			動き
		政府、革新的エネルギー・環境戦略案案を作成。世界最高水準の原子力安全を目指すとし、原発推進の堅持を鮮明にした。			動き
		菅首相、遅くとも今年8月には退陣する意向を固めた。			動き
			県庁での意見交換会で避難先での行政サービス維持を議論。川内村長「県外に避難した住民に対するサービスや情報提供は課題なので心強い」と評価。		動き
			双葉地方町村会、片山総務相に災害救助法など弾力的な運用や被災市町村への財政支援を求めた。		動き
2011.6.5		福島第一原発敷地外にごく微量のプルトニウムを検出。			動き
		環境省、放射能汚染の危険性ある警戒区域と計画的避難区域を除く沿岸部のがれき処理、焼却・埋め立て容認方針。			動き
		県は被ばくの影響調査のため、全県民約200万人を対象に健康調査に乗り出す。			動き
2011.6.6		政府、避難区域以外の、年間20mSv超えの「ホットスポット」について、地元と協議し避難を指示する方向で検討に入った。			動き
		原子力安全・保安院、1～3号機でメルトダウンが起き、1号機では地震後約5時間後に原子炉圧力容器が破損した解析結果を発表した。また発生から数日間に放出の放射性物質量は77万TBqと従来集計を2倍強に上方修正。			動き
2011.6.7		政府、1号機～3号機で炉心溶融貫通の可能性をIAEAへの報告書にまとめた。保安院独立を明記。			動き
		原発事故調査・検証委員会、初会合で100年後の評価に耐える結果を目標に掲げた。			動き
			双葉地方町村会議長会、県知事を訪問し警戒区域内の屋根の応急処置を入梅前に実施要望。		動き
2011.6.8		政府の復興構想会議の第一次提言素案復興財源として所得、消費税など基幹税を中心に増税で国債を償還要請。農林水産業再生には集約化、特区を創設、エネルギー政策見直し盛り込む。			動き
			郡山市内3カ所に建設した仮設住宅への村民の入居を開始。321戸を市内に確保。鍵の引渡し式が行われ、村長は「村に帰るまでの準備だと前向きに考えてほしい」とあいさつ。		動き
2011.6.9		環境省、原発事故高放射能がれき処理に用いる最終処分場を県内への建設を検討。佐藤知事は断固拒否の姿勢を示す。			動き
		文科省・原子力損害賠償紛争審査会は精神的苦痛賠償について3分類し支払うことで合意。			動き
		県復興ビジョン検討委員会「緊急的対応」「ふくしまの未来を見据えた対応」「原子力災害対応」の三つの柱を示す。			動き
2011.6.10		原子力安全・保安院、第一原発作業の東電2社員、限度2倍強の多量被ばくに対し、厚労省は正勧告。			動き
		福島労働局による被災者ホットラインの開設。			号外 (No.1)
		県、避難者向け借り上げ住宅事情向上を目指し、物件発掘強化へ。			動き
			郡山市内の応急仮設住宅及び民間借上げ住宅を、福島県が一時提供。応急仮設住宅、民間借上げ住宅入居者募集開始。		号外 (No.1)
			郡山市南1丁目、稲川原、若宮前、各仮設住宅入居開始。		記録

320　第4部　資料編・川内村震災の記録

年月日	時刻	国・県・東電	川内村行政	コミュニティ（行政区）	出典
2011.6.10			警戒区域・緊急時避難準備区域の稲の作付け制限により川内村は作付けを自粛。		号外 (No.1)
			文科省の土壌調査で上川内から微量のストロンチウム検出。		動き
			川内村小中学生の就学費支援開始。		号外 (No.1)
2011.6.11		政府、原発事故による福島県内の子供の内部被ばく量検査を始めることを明らかに。			動き
2011.6.12		東電、1、2号機付近地下水から放射性ストロンチウムを初検出と発表。			動き
2011.6.13		東電、原発海水浄化装置の本格運転を開始。			動き
		文科省、県内学校施設など600カ所、24時間線量調査し結果を即時公表。			動き
		内閣府と文科省、警戒区域と計画的避難区域で高線量地区を除染モデル事業方針。			動き
2011.6.14		厚労省、内部被ばく100μSv超えで作業離脱を東電に指示。			動き
		政府、原発事故賠償に新機構「原子力損害賠償支援機構法案」国会に提出。			動き
			双葉地方町村会、迅速かつ十分な賠償を訴え。		動き
2011.6.15		有識者会議「県復興ビジョン検討委員会」が脱原発の基本理念をまとめる。			動き
2011.6.16		東電、第一原発高濃度汚染水浄化システム試運転で水漏れ判明、本格稼動に遅れか。			動き
		原子力災害対策本部、年間の積算放射線量推計値が20mSv超えの地域（ホットスポット）について、住居単位で「特定避難勧奨地点」に指定。避難を支援する方針を打ち出す。			動き
		政府、放射性物質含む汚泥の処分について8000Bq/kg以下埋立て可能の方針公表。			動き
2011.6.17		東電、原発事故の収束に向けた工程表を再見直しすると公表。			動き
		事故調査・検証委員会、第一原発視察。吉田所長が状況説明。			動き
				放射性物質取り除く実証実験「ひまわりプロジェクト」開始。村長は「ひまわりの種まきで、復興の第一歩を踏み出そう」とあいさつ。	記録
2011.6.18		東電、高濃度汚染水浄化システムのうち、セシウム吸着装置が稼動から約5時間で停止。			動き
		県は、全県民対象の健康管理調査を6月下旬から浪江、飯舘、川俣町の住民を先行し開始する。全県民は8月開始。			動き
		経産相、原発事故に備えた安全対策は適切に実施されているとの評価結果を発表。電力不足にならないよう停止中の原発再稼動急ぐ意向を表明。県知事、この発言に「第二原発の再稼働はありえない」と強調し、不快感をあらわにした。			動き
2011.6.19		4号機ピットの水位が低下、燃料棒露出の恐れ。機器から強い放射線。			動き
		環境省、県内がれき処理方針をまとめ、放射性セシウムが8000Bq/kg以下の不燃物・焼却灰は埋立てが可能、県外持ち出し認めず。			動き
		「高速道路無料」20日スタートに伴い罹災・被災証明の申請急増。			動き

年月日	時刻	国・県・東電	川内村行政	コミュニティ（行政区）	出典
2011.6.20		東電、第一原発浄化装置停止の原因、汚染水の高線量が要因と発表。			動き
		復興基本法が参院本会議で可決・成立。復興特区、復興庁創設、復興債活用。			動き
			復興基本法の成立受けて、川内村長「復興債という具体的な財源が明記された」と評価。		動き
			川内村6月定例議会を福島県農業総合センター（郡山市）で開催。村長ら特別職給料を25%削減条例案提出。		動き
2011.6.22			村義援金申請受付開始。		記録
2011.6.23			川内村災害復興ビジョン策定委員会第2回開催。		記録
2011.6.25	10:00			1区集会所にて、村内在住者を対象に原発の状況、避難状況についての説明会を開催。	号外 (No.1)
	14:00			3区活性化支援センターにて、村内在住者を対象に原発の状況、避難状況についての説明会を開催。	号外 (No.1)
				井戸水等モニタリング検査結果は、検出下限値を下回る。(5/26-6/21村各所で採取)	かわら版 (No.5)
2011.6.27			川内村役場庁舎に職員配置、放射線簡易型線量計貸出し開始。		かわら版 (No.5)
2011.6.30			村内土壌調査モニタリング。		記録
			村内の警戒区域(1カ所当り2キロメートル四方内で16地点)合計6カ所96地点を調査。		かわら版 (No.6)
2011.7.7			川内村災害復興ビジョン策定委員会第3回開催。		記録
2011.7.8		借上げ住宅附帯設備設置費用である附帯設備の設置費用を県が負担。			かわら版 (No.6)
2011.7.9				若宮前、稲川原、南1丁目(AB棟、D棟)の計4カ所の仮設住宅で自治会発足、発足式が行われた。	かわら版 (No.7)
2011.7.11		JA、農畜産物損害賠償相談窓口をビッグパレットふくしまに設置。			記録
2011.7.13		福島県内借上げ住宅に居住者対象食料物資の給付。(配布7/13-27)			かわら版 (No.6)
		福島県きのこ振興協議会に、特用林産物等の損害賠償請求窓口を設置。			かわら版 (No.7)
2011.7.15				国・県によるホットスポット調査の結果、宅地で5地点該当。	記録
2011.7.16			川内村小学校体育館にて、総合健康診断実施。		かわら版 (No.6)
2011.7.21	9:00		農畜産物損害賠償請求の受付開始。川内村役場大会議室、その他JA各支店。(7/21-22)		かわら版 (No.7)
2011.7.23			かわうち保育園卒園式、川内小学校卒業式。第46回天山祭り開催。		記録
2011.7.26			皇太子殿下・妃殿下が郡山南1丁目仮設住宅に来所。		記録
2011.7.28			福島県精神保健福祉センター主催、精神科医師によるこころの相談会開催。（〜2012/3隔週木曜日）		かわら版 (No.8)
2011.7.31			復興ビジョンに関する住民アンケート調査結果を川内村東日本大震災特別サイトに掲載。		記録
2011.8.3			避難勧奨地点に下川内字三ツ石、勝追が追加。		記録

322　第4部　資料編・川内村震災の記録

年月日	時刻	国・県・東電	川内村行政	コミュニティ（行政区）	出典
2011.8.3	10:00		郡山市ビッグパレットにて、放射能に関する講演会開催。「放射能から身を守る」東京大学・坪倉正治氏。		かわら版（No.8）
2011.8.12			福島県内の民間賃貸住宅家賃等返還（遡及措置）開始。（8/12-10/31）		かわら版（No.9）
2011.8.14			郡山市ベルディ郡山館にて、平成23年度川内村成人式開催。		かわら版（No.9）
2011.8.15			郡山総合運動場・開成山野球場で第64回川内村夏季野球大会開催。6チーム、114名が参加。		かわら版（No.9）
2011.8.25			自家用車での警戒区域への一時帰宅実施。		記録
2011.8.31			ビッグパレットふくしま、169日間にわたる避難所閉所式。最終日は50名の避難者。ピーク時2300人の避難者数となったが大きな事故はなかった。		鈴木政美氏
2011.9.1		津波や地震等自然災害により支払われる災害弔慰金が、原発災害による関連死も認められる。			かわら版（No.9）
			緊急時避難準備区域解除の動きに対して、村は除染を強く要望し、安全が確保されてから避難解除を発する方針。		かわら版（No.9）
2011.9.5			郡山南1丁目仮設住宅の中央に高齢者サポートセンター「あさかの杜・ゆふね」が開所。		かわら版（No.9）
2011.9.10			川内村の牧草が放射性物質の基準値上回る。		記録
2011.9.11		郡山市ビッグパレット他、県内各所で法務相談所開設。			かわら版（No.9）
2011.9.13			川内村議会定例会行政報告の中で、村が復旧計画を示す。		記録
2011.9.17			保安隊発足、警戒区域を除く村内一円の防犯パトロールを開始。		かわら版（No.10）
2011.9.19			自家用車での警戒区域への一時帰宅2巡目。		記録
2011.9.22			村民86人内部被ばく検査（茨城県東海村）。		記録
2011.9.25			川内村へ迎える会主催の川内村いのちの森づくり植樹祭開催。		記録
2011.9.28			村民62人内部被ばく検査（茨城県東海村）。		記録
2011.9.30			災害援助法による生活必需品給付。（ -10/31）		かわら版（No.10）
			緊急時避難準備区域解除。		記録
			今後の帰村時期や除染などの川内村復旧計画については、2012年2月から帰村を始め3月末までに全村帰還完了を目指す。		かわら版（No.10）
			上川内山林内から採取した「ハツタケ」から、3,200Bq/kgのセシウムが検出。これにより野生きのこの採取及び出荷停止。		かわら版（No.10）
				仮設住宅3地区で、保守隊2名ずつが生活支援開始。	かわら版（No.10）
2011.10.1			川内村仮設診療所開所。		記録
2011.10.3				村内各家庭のモニタリング調査開始。	記録
2011.10.4				村内各家庭の放射線量モニタリング調査開始。（10/4-10/14）	かわら版（No.13）
2011.10.5			郡山南1丁目ペットハウス開所。		記録
2011.10.6	9:30			1区集会所にて、緊急時避難準備区域解除に伴う村民説明会開催。	かわら版（No.10）

年月日	時刻	国・県・東電	川内村行政	コミュニティ（行政区）	出典
2011.10.6	13:30			3区山村活性化支援センターにて、緊急時避難準備区域解除に伴う村民説明会開催。	かわら版（No.10）
2011.10.7	9:00			1区集会所にて、福島原子力発電所事故に伴う補償金請求（本補償）に関する東京電力（株）の相談窓口開設。	かわら版（No.10）
	9:30		郡山市ビッグパレットCホールにて、緊急時避難準備区域解除に伴う村民説明会開催。		かわら版（No.10）
	13:30		郡山市ビッグパレットCホールにて、緊急時避難準備区域解除に伴う村民説明会開催。		かわら版（No.10）
2011.10.8	9:00			3区山村活性化支援センターにて、福島原子力発電所事故に伴う補償金請求（本補償）に関する東京電力（株）の相談窓口開設。	かわら版（No.10）
2011.10.12			村民98人内部被曝検査（茨城県東海村）。		記録
2011.10.13			いわき市四倉鬼越、応急仮設住宅入居開始。		記録
	10:00		いわき市四倉公民館にて、緊急時避難準備区域解除に伴う村民説明会開催。		かわら版（No.10）
2011.10.19		福島県県中保健福祉事務所による借上げ住宅入居者の家庭訪問実施。			かわら版（No.11）
		福島県弁護士会による無料相談等被災者支援開始。			かわら版（No.11）
			ビッグパレットCホールにて、薄手毛布の配布。（〜11/20）		かわら版（No.11）
			農地の草刈り開始。村は草刈り機具（フレールモア・スライドモア）を購入し貸与。		かわら版（No.11）
2011.10.20			川内村復興事業組合設立。		記録
2011.10.22		国、川内村内の貝ノ坂地区（8区）、除染モデル事業の説明会開催。			記録
2011.10.23			ヴルフ大統領の主催による日独交流150周年記念レセプションがドイツ大使館公邸で行われ、川内村長が招待。		記録
			ドイツ政府から村へ保育園、興学塾、健康相談室として利用予定の仮設コミュニティセンターの建設費4千万円（郡山市内に建設）が日本赤十字社を通して支援された。		かわら版（No.12）
2011.10.27			村民28人内部被ばく検査（茨城県東海村）。		記録
2011.10.31	8:30		ビッグパレットふくしまCホールにて、福島原子力発電所事故に伴う補償金請求に関する東京電力（株）の相談窓口開設。		かわら版（No.10）
			村長がチェルノブイリを視察。		記録
2011.11.1			村民説明会開催状況について、10/6-13村内を含む5会場で開催し、延べ650名が参加。帰村時期や除染実施方法、放射線量と健康への影響（専門家の講演）、座談会が行われた。今後の除染については、保育園や小中学校、比較的線量の高い下川内方部の個々の住宅を先に行う。12月末に村長が「帰村宣言」する予定。来年3月までに帰村、4月1日から小中学校や診療所をはじめとする、全ての行政機能を再開できるよう取り組む。		かわら版（No.12）

年月日	時刻	国・県・東電	川内村行政	コミュニティ（行政区）	出典
2011.11.1				村内各家庭の放射線量モニタリング調査終了。	かわら版 (No.12)
2011.11.05				いわき市四倉鬼越の仮設住宅で自治会発足。	かわら版 (No.13)
2011.11.13			ビッグパレットふくしまCホールにて、川内村保育園、小・中学校保護者懇談会開催。		かわら版 (No.12)
2011.11.14			村内の公共施設除染開始。		記録
2011.11.15		平成23年度福島県狩猟解禁。狩猟期間 H23/11/15-H24/2/15（イノシシについては、H23/11/15-H24/3/15）			かわら版 (No.13)
2011.11.20		福島県議会議員一般選挙、川内村議会議員一般選挙の投票日。投票場所は、ビッグパレットAホール、川内村役場応接室。			かわら版 (No.10)
2011.11.22	10:00		ビッグパレットCホールにて、除染モデル事業の説明会開催。		かわら版 (No.13)
2011.11.25				1区集会場にて、1区を対象に飲料水検査実施。	かわら版 (No.13)
2011.12.1			川内村役場郡山出張所の業務時間変更。12月から平日のみの業務(8:30-17:15)。土・日・祝日は日直2名を配置。		かわら版 (No.13)
			いわなの郷で放射性物質の簡易検査開始。		記録
				民間住宅の除染作業開始。除染作業は、川内村復興事業組合(川内村内建設業事業者が主体)に委託。除染作業には、村民立会い承諾のもとで実施。	かわら版 (No.14)
2011.12.2				3区山村活性化センターで2、3、4区を対象に飲料水検査実施。	かわら版 (No.13)
2011.12.3				いわき明星大学児玉記念講堂で、双葉地方町村会と議長会主催による双葉地方総決起大会を開催。	かわら版 (No.13)
2011.12.9				5区集会場で5、6、7区を対象に飲料水検査実施。	かわら版 (No.13)
2011.12.14			水稲作付実証圃の検査結果、上川内の水田2400㎡の玄米における放射性物資は全て検出はされなかった。		かわら版 (No.17)
2011.12.16			川内村役場正面玄関で飲料水検査実施。		かわら版 (No.13)
2011.12.18			ビッグパレットふくしまAホールにて、川内村保育園、小中学校保護者懇談会を開催。		かわら版 (No.14)
2011.12.19			郡山市稲川原、富田ペットハウス開設。		記録
2011.12.21			川内村役場庁舎の地震による被害の修繕工事開始。		記録
2011.12.28			村長からのメッセージ(抜粋)。「2012年は「復興元年」と考えています。避難されている皆様に寄り添いながら、今までお世話になってきた多くの方々への感謝の気持ちを忘れることなく、試練を乗り越えていく覚悟です」。		かわら版 (No.16)
2012.1.6			川内村仮設コミュニティセンター落成式。施設は図書室や保育所、興学塾 施設は図書室や保育所、興学塾 など子供たちの教育や交流場。		かわら版 (No.17)
2012.1.8			上川内諏訪神社にて、川内村消防団による平成24年度無火災祈願。		かわら版 (No.16)

年月日	時刻	国・県・東電	川内村行政	コミュニティ（行政区）	出典
2012.1.8				いわき市四倉町鬼越 応急仮設住宅敷地内集会所にて、賠償金請求に関する東京電力相談窓口開設。1/8-3/25までの毎週日曜日 (9:00-16:00)	かわら版 (No.17)
2012.1.13			村長が千葉大学にある水耕栽培研究所視察。		記録
2012.1.14	9:00			1区集会所にて、帰村に向けた村民懇談会開催。	かわら版 (No.16)
	13:00			3区山村活性化支援センターにて、帰村に向けた村民懇談会開催。	かわら版 (No.16)
2012.1.15	9:00			5区集会所にて、帰村に向けた村民懇談会開催。	かわら版 (No.16)
	13:00			7区集会所にて、帰村に向けた村民懇談会開催。	かわら版 (No.16)
			警戒区域住民の一時帰宅。160世帯、353名が住所登録。		かわら版 (No.17)
2012.1.16	18:00			いわき市四倉鬼越仮設住宅談話室にて、帰村に向けた村民懇談会開催。	かわら版 (No.16)
2012.1.17	13:00			ビッグパレット北側仮設住宅集会所にて、帰村に向けた村民懇談会開催。	かわら版 (No.16)
	18:00			ビッグパレット北側仮設住宅集会所にて、帰村に向けた村民懇談会開催。	かわら版 (No.16)
2012.1.18	18:00			稲川原仮設住宅集会所にて、帰村に向けた村民懇談会開催。	かわら版 (No.16)
2012.1.19	13:00			若宮前（二次募集）仮設住宅集会所にて、帰村に向けた村民懇談会開催。	かわら版 (No.16)
	18:00			若宮前（一次募集）仮設住宅集会所にて、帰村に向けた村民懇談会開催。	かわら版 (No.16)
2012.1.22	10:00			1区集会所にて、1区宅地除染を行うための説明会開催。	かわら版 (No.16)
	13:00			若宮前仮設住宅集会所にて、1区宅地除染を行うための説明会開催。	かわら版 (No.16)
	14:30			ビッグパレット北側仮設住宅集会所にて、1区宅地除染を行うための説明会開催。	かわら版 (No.16)
2012.1.26			放射線に関する健康相談会を開催。		記録
	9:30			鬼越仮設住宅談話室にて、除染に係る放射線モニタリング等説明会開催。	かわら版 (No.17)
	13:30			若宮前仮設住宅集会所にて、除染に係る放射線モニタリング等説明会開催。	かわら版 (No.17)
	15:00			ビッグパレット北側仮設住宅集会所にて、除染に係る放射線モニタリング等説明会開催。	かわら版 (No.17)
2012.1.31			帰村宣言。村長「避難生活を余儀なくされている村民の皆様、ふる里、川内村を離れ慣れない地で辛い新年を迎えられたことと思います。2012年は復興元年と考えております。スタートしなければゴールもありません。お世話になってきた多くの方々への感謝の気持ちを忘れることなく試練を乗り越えていく覚悟です。共に凛としてたおやかで安全な村を作って参りましょう。」		記録

326 第4部 資料編・川内村震災の記録

年月日	時刻	国・県・東電	川内村行政	コミュニティ（行政区）	出典
2012.2.3				各世帯へ村の復興と行政機能再開に向けた帰村の意向調査実施。	記録
2012.2.12		法務局で取り扱っている各業務について　法務局休日相談所開設。			かわら版 (No.17)
2012.2.15			村長が、野田首相にインフラ整備、雇用の確保等の要望書を提出。		記録
			平成24年度認定こども園かわうち保育園園児募集開始。（2/15-2/24）		かわら版 (No.19)
				いわき市小名浜地区仮設住宅の入居者募集開始。3月上旬に入居予定。申込期限2/29まで。	かわら版 (No.19)
2012.2.19	9:30			2区集会所にて、2区、3区及び4区の宅地とその周辺の除染を行うための説明会開催。	かわら版 (No.18)
	11:00			3区集会所にて、2区、3区及び4区の宅地とその周辺の除染を行うための説明会開催。	かわら版 (No.18)
	14:00			4区集会所にて、2区、3区及び4区の宅地とその周辺の除染を行うための説明会開催。	かわら版 (No.18)
2012.2.20	10:00			若宮前仮設住宅集会所にて、2区、3区及び4区の宅地とその周辺の除染を行うための説明会開催。	かわら版 (No.18)
	13:00			ビッグパレット集会所にて、2区、3区及び4区の宅地とその周辺の除染を行うための説明会開催。	かわら版 (No.18)
2012.2.23				飲料水のモニタリング検査を週一回 毎週木曜日に再開。	かわら版 (No.19)
2012.3.1		全国瞬時警報システム（J-ALERT）4月から運用開始.			かわら版 (No.20)
		福島県借上げ住宅制度の現在の契約は、本年3月31日で今年度の契約が終了。契約更新作業中。			かわら版 (No.20)
			警戒区域及び学校施設線量をかわら版に掲載。田の入地区（三瓶組付近道路）、割山トンネル出口（富岡側）、荻旧集会所付近、五枚沢集会所、毛戸集会所及び川内小学校・中学校の各所。		かわら版 (No.20)
2012.3.21				いわき市四倉、鬼越仮設住宅集会所にて警戒区域の方々との座談会開催。	かわら版 (No.21)
				若宮前仮設住宅集会所にて警戒区域の方々との座談会開催。	かわら版 (No.21)
2012.3.24	9:30		川内村コミュニティセンターにて、長崎大学・高村昇氏による講演会「川内村における放射性セシウムによる健康への影響」講演会開催。		かわら版 (No.21)
2012.3.25	10:00		郡山市若宮前仮設住宅集会所にて、川内村コミュニティセンターにて、長崎大学・高村昇氏による講演会「川内村における放射性セシウムによる健康への影響」講演会開催。		かわら版 (No.21)
2012.3.26			川内村役場再開。川内村役場郡山出張所（ビッグパレットふくしま内仮設役場）は平成24年3月24日、25日の間に、震災前の川内村役場本庁舎（川内村大字上川内字早渡11番地の24）へ役場機能を移転。		かわら版 (No.20)

年月日	時刻	国・県・東電	川内村行政	コミュニティ（行政区）	出典
2012.3.28			いわき市小名浜大原応急仮設住宅入居開始。		記録
2012.3.30	17:15		ビッグパレットふくしまの川内村役場郡山出張所閉鎖。		かわら版 (No.20)
2012.3.31			原子力災害対策本部解散。復興・除染を対応する復興対策課を設置。仮設住宅関係等は住民課が対応。		広報 (No.558)
			川内村仮設診療所閉所。		記録
			川内小学校中学校の郡山校閉鎖。		記録
2012.4.1			警戒区域解除「居住制限区域」、「避難指示解除準備区域」に再編。社会福祉協議会、かわうち保育園、小学校、中学校が川内村で再開。各世帯へ放射線量計を配布。全国瞬時警報システム運用開始。		広報 (No.558)
2012.4.2		災害救助法に基づく「住宅の応急修理制度」の受付開始。受付期間4/2-12/28。			かわら版 (No.22)
			生活路線バス運行開始。東日本大震災にかかる災害援助法の住宅応急修理制度受付開始。		記録
			郡山市南一丁目仮設住宅内高齢者ケアセンターに郡山市役場業務受付窓口を設立。		かわら版 (No.22)
2012.4.3	9:00			1区集会所にて行政懇談会開催。村民の帰村確認及び戻ってからの生活構築などについて。	かわら版 (No.21)
	11:00			2区集会所にて行政懇談会開催。村民の帰村確認及び戻ってからの生活構築などについて。	かわら版 (No.21)
	14:00			3区集会所山村活性化支援センターにて、行政懇談会開催。村民の帰村確認及び戻ってからの生活構築ついて。	かわら版 (No.21)
	16:00			4区集会所にて帰村者のため行政懇談会開催。村民の帰村確認及び戻ってからの生活構築などについて。	かわら版 (No.21)
			今後原子力事故が生じた場合の避難計画について通知。		かわら版 (No.22)
			川内村下川内（宮渡地内）応急仮設住宅の入居者募集開始。木造平屋建て50戸。5月上旬住宅完成予定。		かわら版 (No.22)
2012.4.4	10:00			5区集会所にて、帰村者のため行政懇談会開催。	かわら版 (No.21)
	13:00			6区集会所にて、帰村者のため行政懇談会開催。	かわら版 (No.21)
	15:00			7区集会所にて、帰村者のため行政懇談会開催。	かわら版 (No.21)
2012.4.6	9:00		川内村保育園・小学校。中学校再開。川内村コミュニティセンター大ホールにて合同入園・入学式。川内村の教育再開を祝う会を兼ねる。保育園児8名、小学校新入学生3名、中学校新入学生5名、小中学校在校生22名。		広報 (No.558)
2012.4.22			川内村長選挙投票日。午後7時よりコミュニティセンターで即日開票。遠藤雄幸氏当選。		広報 (No.558)
2012.4.26			杉良太郎さん、伍代夏子さんが来村。川内小学校体育館にて復興コンサート開催。村内外から来訪者550名。		広報 (No.559)

年月日	時刻	国・県・東電	川内村行政	コミュニティ（行政区）	出典
2012.4.26			旧警戒区域内住民を対象に区域再編などについての説明会を開催。		記録
2012.4.28		高速道路無料措置対象となるインターチェンジに郡山、郡山南、いわき湯本、会津若松の各ICが追加。			広報 (No.558)
2012.5.1			平成24年度の当初予算が3月定例議会で決定。施策・推進事項：①人づくり（村づくりの基本は「人づくり」から）、②産業づくり（村の活性化は地場産業の充実）、③生活づくり（安全安心が基本）		広報 (No.558)
			震災により破損した住宅等の解体撤去の希望受付開始。(-5/24)		広報 (No.558)
				村では、1区から7区の民間住宅の除染作業を「川内村復興事業組合」に委託。	広報 (No.558)
				川内村内で生産された農林水産物及びその加工食品の放射能簡易検査を、5月中旬ごろから開始予定。放射能簡易検査器が設置されていたいわなの郷体験交流館に加え、各区集会所とあれ・これ市場にも設置。	広報 (No.558)
				村の復旧計画に基づき、世帯ごとに1台の放射線量計を配布。	広報 (No.558)
2012.5.11				各区集会場等に食品放射能簡易検査機を設置開始。	記録
2012.5.19			川内興学塾が村コミュニティセンターで開講式。「かわうち興学塾」第6期スタート。		広報 (No.560)
2012.5.20			川内小学校体育館にて、団員50名が参集し川内村消防団春季検閲式開催。		広報 (No.559)
2012.5.27			小学校体育館にて、「ふれあいミニコンサート」を開催。		広報 (No.560)
2012.5.28			川内村有害狩猟鳥獣捕獲隊委嘱状交付式。9名の隊員に委嘱状が交付。任期は2012年5月28日から2013年3月31日まで。		広報 (No.560)
2012.5.29	9:30			いわき市四倉 鬼越仮設住宅談話室にて、避難者のための復興懇談会開催。	広報 (No.558)
	13:30			郡山市若宮前仮設住宅集会所にて、避難者のための復興懇談会開催。	広報 (No.558)
	16:00			郡山市南一丁目仮設住宅集会所にて、避難者のための復興懇談会開催。	広報 (No.558)
2012.6.1			遠藤雄幸村長就任あいさつ（一部抜粋）「凛としてたおやかな村づくり」をスローガンに新たな村づくりを推進。		広報 (No.559)
			現在、除染残土の仮置場としている下川内鍋倉地内を、本格的仮置場として施工・着手。		広報 (No.559)
2012.6.6			川内村と菊池市製作所で工場立地に関する基本協定を締結。工場立地により50人程度の雇用が予定されている。		広報 (No.560)
2012.6.11			下川内応急仮設住宅入居開始。		広報 (No.560)

年月日	時刻	国・県・東電	川内村行政	コミュニティ（行政区）	出典
2012.6.12	9:00		村民体育センターにて、支援物資の配布。（-6/16）		広報（No.559）
2012.6.16			福島大学が村コミュニティセンターで「川内村、村民との交流のつどい」を開催。		記録
2012.6.18			平野復興相が川内村視察訪問。川内村農地復興事業除染作業説明会を開催。（-6/19）		記録
2012.6.27			川内村が吉田復興副大臣へ要望書を提出。		記録
			川内村農地復興組合設立総会を開催。		記録
2012.6.30		福島県弁護士会実施の「震災原発無料面談相談」は、6月末日終了。但し、「震災原発無料電話相談」は継続。			広報（No.560）
2012.7.1			農地の除染、農業復興に向けた農地復旧作業開始。		広報（No.560）
			住宅内部等清掃（除染）に伴う資材の配布。		広報（No.560）
			川内村不法投棄監視員によるパトロールなどの業務開始。（任期　H24/6/1-H26/3/31）		広報（No.560）
				人の駅かわうち（旧三小）の前にある水路に有志により水車が作られた。	広報（No.560）
2012.7.5			川内村農地復興事業除染作業受付開始。		記録
2012.7.6			かわうち保育園児8名がデイサービスセンターを訪れ、たなばた会を開催。		広報（No.561-2）
2012.7.7			野田首相が川内村を訪問。インフラ整備状況の確認や住民の声を聞く。		広報（No.562-2）
2012.7.12			放射線についての講演会、健康相談会。		記録
2012.7.14			細野環境相が川内村を訪問し村長等と意見交換。		記録
2012.7.16			第47回天山祭り盛大に開催。		広報（No.561-1）
2012.7.19			株式会社四季工房で工場立地に関する基本協定を締結。四季工房支援のもと旧第二小学校体育館を工場に改修し、アイランドキッチン・リラクチェア（テーブル）の生産を行う。		広報（No.562-2）
2012.7.25		福島県森林環境交付金事業により、中学1・2年対象に屋久島で森林環境学習を実施。（7/25-28）			広報（No.562-2）
2012.7.27			川内村村長、広野町長が県知事へ「東日本大震災復興特別区域法」適用の要望書を提出。		記録
2012.7.28	14:00		かわうちの湯大広間にて、かわうち復興ライブ　ソロのギター弾き語り「燕楽」（えんらく）を開催。		広報（No.562-2）
2012.7.29			あれこれ市場川内店再開。		記録
2012.8.1	13:00		会津への避難者に対し、交流の場「ろくさい」（喜多方市字東町）にて、避難者健康相談会開催。		広報（No.561-2）
				応急仮設住宅・借り上げ住宅入居者へ、「実際に生活していない」、「本村住民ではない」、「車を指定場所に停めていない」などの声に対する対応措置として、適切な運営協力依頼。	広報（No.561-1）
				仮設住宅入居者対象に、健康状態などの把握を目的に訪問を実施。	広報（No.561-2）
				1区の民間住宅の除染作業実施。1区の除染作業が終わり次第、2区から4区の民間住宅除染作業を実施。	広報（No.561-1）

年月日	時刻	国・県・東電	川内村行政	コミュニティ（行政区）	出典
2012.8.6			京都大学を中心とした調査メンバー（約20名）が、食事調査・環境調査のため約1週間川内村に滞在。		広報 (No.562-2)
2012.8.12			かわうち復興祭開催。14日までの3日間、川内村コミュニティセンター、ヘリポート、かわうちの湯駐車場等にて。		広報 (No.562-1)
2012.8.14	10:00		村コミュニティセンターで平成24年度川内村成人式を開催。成人証書授与。		広報 (No.562-1)
2012.8.17	13:00		会津への避難者に対し、交流の場「そうそう絆サロン」（喜多方市西四ツ谷）にて、避難者健康相談会開催。		広報 (No.561-2)
2012.8.20			川内村下川内地区を対象に、川内村地域情報通信基盤施設整備工事（平成22年度地デジ化）の設備点検。(8/20-9/7)		広報 (No.561-1)
2012.8.25	13:30	福島県青少年会館（福島市）にて、「障害者のためのわかりやすい東電賠償学習会」開催。			広報 (No.561-1)
2012.8.26	13:30	ルネッサンス中の島（会津若松市）にて、「障害者のためのわかりやすい東電賠償学習会」開催。			広報 (No.561-1)
2012.9.1				農地除染用ゼオライト・ケイ酸カリの供給準備が整い、申込み可能。	広報 (No.562-2)
2012.9.4			民家除染説明会。		記録
	13:00			会津への避難者に対し、交流の場「ろくさい」（喜多方市字東町）にて、避難者健康相談会開催。	広報 (No.561-2)
2012.9.8	10:00		村民体育センターにて、村主催の平成24年度敬老会開催。75歳以上の敬老者659人の内、230名が参加。		広報 (No.563)
2012.9.10		川内村消防団、東日本大震災での避難誘導、救助物資の円滑な配布などが認められ防災功労者内閣総理大臣表彰を受賞。			広報 (No.564-3)
2012.9.17			川内村いのちの森づくり植樹祭（復興植樹祭）が開催。		記録
2012.9.18	13:00			会津へ避難者に対し、交流の場「そうそう絆サロン」（喜多方市西四ツ谷）にて、避難者健康相談会開催。	広報 (No.561-2)
	13:30			いわき市ショッピングセンターリスポにて、いわき市への避難者に「川内村・広野町合同交流サロン」開催。	広報 (No.562-2)
				6区集会場で川内高原農産物栽培工場建設についての説明会を開催。	記録
2012.10.1		福島県で子供の医療費助成制度（医療費の無料化）開始に伴い、子供医療費助成制度の対象を18歳まで拡大する。			広報 (No.563)
2012.10.2			四季工房（川内村と工場立地に関する基本協定を締結）がオープン。		記録
2012.10.4			高齢者ふれあい・いきいきサロン活動再開。		広報 (No.564-3)
2012.10.5			第1回第四次川内村総合計画策定委員会を開催。		記録
2012.10.10			芸術文化団体活動再開を目指し、カラオケ教室を開催。		広報 (No.564-3)
2012.10.13			天皇皇后両陛下行幸啓。除染現場をご視察、下川内応急仮設住宅で村民を励まされる。		広報 (No.564-1)

年月日	時刻	国・県・東電	川内村行政	コミュニティ（行政区）	出典
2012.10.18	10:00		複合施設ゆふね保健指導室にて、東京大学・坪倉正治氏による「内部被曝の現状と今後注意すべき事について」の放射線講演会・相談会開催。(-11:30)		広報 (No.562-2)
2012.10.20			川内高原農産物栽培工場新築工事地鎮祭。		広報 (No.565-1)
2012.10.23				1区から各集会場で復興懇談会を開催。(-11/4)	記録
2012.10.24	9:00			郡山市稲川原仮設住宅集会所にて、賠償金請求に関する東京電力㈱相談窓口の開設。(-11:00)	広報 (No.563)
		郡山市ユラックス熱海にて、第16回福島県高齢者芸能発表大会開催。村からは、老人クラブ女性部6名が出演し舞踊「刈千峠」を披露。			広報 (No.565-2)
2012.10.25			4区グランドにて、第3回村老人クラブ連合会長杯開催。49名の選手が参加。		広報 (No.565-2)
2012.10.26			昨年開催予定が延期されていた「公有林野下戻統一100周年記念式典」開催。		広報 (No.565-1)
2012.10.29	9:00		川内村定住促進住宅建設委託事業新築工事安全祈願祭。		広報 (No.563)
2012.11.1		公益社団法人福島原発行動隊（これまでの経験と技術を福島原発事故の収束と被災された方々の生活再生に活かそうと集まったシニアの集団）が、帰村のお手伝い。			広報 (No.564-2)
		平成24年度福島県狩猟解禁。狩猟期間　H24/11/15-H25/2/15（イノシシについては、H24/11/15-H25/3/15）			広報 (No.564-2)
		川内村、東電第一、第二原子力発電所に係る通報連絡協定を締結。			広報 (No.564-2)
		五社の杜サポートセンター開所。			広報 (No.565-2)
				5区集会所の食品モニタリング簡易検査を、平日のみ実施に変更。	広報 (No.564-2)
2012.11.2		二本松市で第66回福島県社会福祉大会開催。			広報 (No.565-2)
2012.11.4			村コミュニティセンター大ホールにて、川内村婦人会主催の「女性のつどい」開催。約100人の女性が参加。		記録
				五社の杜サポートセンターで8区復興懇談会を開催。	広報 (No.565-2)
2012.11.5			「川内高原農産物栽培工場」の建設に先駆け、簡易型農産物栽培施設にて水耕栽培の試験栽培開始。		広報 (No.565-1)
2012.11.6			村民体育センターにて、第10回川内村老人クラブ連合会クロリティ大会開催。村内8クラブ、約90名の選手が参加。		広報 (No.565-2)
2012.11.10			いわなの郷体験交流館にて、「第3回安全・安心でおいしい地下水サミット」開催。11/10は、「い〜井戸」の日。		広報 (No.565-1)
2012.11.12			平成25年度 認定こども園かわうち保育園園児募集開始。(-11/21)		広報 (No.564-2)
2012.11.13			かわうち保育園児による幼年消防クラブの防火パレード開催。		広報 (No.565-2)

年月日	時刻	国・県・東電	川内村行政	コミュニティ（行政区）	出典
2012.11.17			国立磐梯青少年交流の家にて、1泊2日で「同窓会」開催。川内小・中学校の児童生徒をはじめ、避難中の子供達33名が各地から参加。		広報(No.566-2)
			草野心平先生しのぶ「かえる忌」開催。村内外から約30名が出席。		広報(No.566-2)
2012.11.18			さくらプロジェクト3.11が実施される。		記録
2012.11.19			第2回第四次川内村総合計画策定委員会を開催。		記録
2012.11.26			内部・外部被爆の状況と陰膳調査報告会を開催。		記録
			第2回放射線と健康について講座開催。京都大学・小泉昭夫氏「内部被ばくと外部被ばくの状況」、仁愛大学・桑守豊美氏「川内村特産品の下処理による放射性物質の変化」、今中美栄氏「食事調査の結果と報告書の見方について」。		広報(No.566-2)
2012.11.27			ビジネスホテルかわうちがオープン。		広報(No.566-2)
2012.11.30			(株)菊池製作所川内工場(旧富岡高校川内校跡地)が完成。オープニングセレモニー開催。		広報(No.566-2)
2012.12.1		東日本大震災にかかる「国・福島県の第二次義援金の追加分」及び「川内村第三次義援金」を配分。			広報(No.565-1)
		福島県、応急仮設・借上げ住宅の契約等の問い合わせ先、住宅相談窓口を設置。			広報(No.565-1)
		環境省、旧警戒区域内に所在する家屋等の解体申請受付開始。(-H25/3/29)			広報(No.565-1)
			水稲栽培試験田収穫米の放射能分析結果公表。試験田はゼオライト・ケイカリンで土壌改良し、深耕ロータリー・反転耕・表土除去・通常作付の4種類の方法にわけ、ケイ酸カリ・塩化カリを肥料に用いて作付を行った。測定結果は、1カ所で7.7Bq/kgのセシウムが検出されたが、それ以外の場所では検出されなかった。この結果により、カリ肥料を用いて作付を行うことで稲へのセシウムの移行を抑えられるものと考えられる。		広報(No.565-1)
				村道等除染作業状況　下川内地区(旧緊急時避難準備区域)の民間住宅の除染作業がほぼ終了。今後は下川内地区の村道、農道、林道等の道路除染作業を実施。	広報(No.565-1)
2012.12.16		第46回衆議院議員総選挙と最高裁判所裁判官国民審査。投票状況は、有権者数2469人中、投票者数は1613人で投票率は65.33%。			広報(No.566-1)
2012.12.18			第3回第四次川内村総合計画策定委員会を開催。		記録
	13:30		ショッピングセンターリスポ2階にて、川内村交流サロン(いわき)開催。		広報(No.565-2)
2012.12.26			甲状腺についての講演会・相談会を川内村、郡山市で開催。		記録
2012.12.27				五社の杜サポートセンターにて、下川内応急仮設住宅住民と交流を図るため、「餅つき懇親会」開催。	広報(No.567)
2012.12.29		安倍首相が川内村を訪問。菊池製作所川内工場、ファミリーマート川内村店、野菜工場のモデルハウスを視察。			広報(No.567)

年月日	時刻	国・県・東電	川内村行政	コミュニティ（行政区）	出典
2012.12.31			旧緊急時避難準備区域の民間住宅等の除染委託を、4月から本格的に作業を開始し、12月をもって全世帯の除染を完了。今後は、除染完了世帯の検査を実施。		広報 (No.566-1)
2013.1.1		福島県立医科大学県民健康管理センターにおいて外部被ばく線量確認を実施。			広報 (No.566-1)
		環境省による旧警戒区域内のごみ等の収集作業開始。			広報 (No.566-1)
			村長は「『自分たちの村は自分たちで守る』という基本理念のもと、精一杯の努力を傾注しながら一日も早い復興を成し遂げ、緑豊かで美しい村を自分たちの手で取り戻していく覚悟です」とあいさつ。		広報 (No.566-1)
2013.1.6			川内村消防団が上川内諏訪神社にて無火災祈願。2年ぶりに川内村消防団出初式を開催。消防団員46名が参集。		広報 (No.567)
2013.1.17			若者と村長による新春座談会を開催。		記録
2013.1.23	10:00			3区山村活性化支援センターにて、2区・3区・4区高齢者対象「高齢者ふれあい・いきいきサロン」開催。	広報 (No.566-2)
2013.1.23			川内村コミュニティセンターにおいて川内放課後子供教室スタート。対象は小学1年から6年生。10名が利用。		広報 (No.568-1)
2013.1.24				高野行政区長会会長から村長・議長へ要望書を提出。旧緊急時避難準備区域住民の精神的苦痛の損害賠償の継続を東京電力に要求すること、除染後も放射線量が低減していない地域について2次的な除染を促進すること、安全な飲料水の確保のため地下水ボウリング費用について国及び東京電力に賠償を要求することを求めた。	広報 (No.568-1)
			双葉警察署から川内村地域保安隊は感謝状を授与。		広報 (No.568-1)
2013.1.28			第4回第四次川内村総合計画策定委員会を開催。		記録
2013.1.31			村長、議長、行政区区長会会長、東電復興本社へ要望書を提出。帰村宣言から1年。		広報 (No.568-1)
2013.2.1			2泊3日で「福島キッズ in さっぽろ雪まつり」開催。川内小1年生から川内中2年生までの18人と父兄6人が参加。		広報 (No.568-1)
2013.2.5		農作物損害賠償及び平成25年産米に関する説明会を開催。			記録
2013.2.14			コドモエナジー株式会社と工場立地に関する基本協定を締結。約30名の雇用予定。		広報 (No.569-2)
2013.2.15			婦人会と村長との座談会を開催。		記録
2013.2.18			老人クラブと村長との座談会を開催。		記録
			水田を耕作されている農家を対象に平成25年度生産調整受付開始。（-2/28)		広報 (No.567)
2013.2.24			第9回健康づくりソフトバレーボール大会開催。10チーム42名が参加。川内SYC優勝。		広報 (No.569-2)

334　第4部　資料編・川内村震災の記録

年月日	時刻	国・県・東電	川内村行政	コミュニティ（行政区）	出典
2013.2.26			JenaSolar 合同会社との太陽光発電パネル設置に関する基本協定を締結。		広報 (No.569-2)
2013.3.1			帰村宣言から1年が過ぎ村長がメッセージ。「『戻りたい人から戻ろう、心配な人は様子を見てから戻ろう』と宣言してから1月31日で丸一年。自分の故郷・我が家に戻ることがどうしてこんなに難しいのだろうか、と感じた一年でした。」		広報 (No.568-1)
2013.3.4			第5回第四次川内村総合計画策定委員会を開催。同計画を村長へ答申。		記録
2013.3.10				村コミュニティセンターで婦人会が総会を開催。	記録
				行政区ごとに、平成24年度行政区総会開催。(3/10-24)	広報 (No.568-1)
2013.3.13			川内中学校卒業証書授与式。		広報 (No.569-1)
2013.3.15			村議会にて第四次川内村総合計画が議決。		記録
2013.3.17				行政区ごとに復興懇談会を開催。(3/17-27)	記録
2013.3.22	13:15		複合施設ゆふね(川内村)にて、甲状腺検査実施。		広報 (No.568-2)
2013.3.23	9:30		あさかの杜(郡山市南1丁目)にて、甲状腺検査実施。		広報 (No.568-2)
2013.3.24			東日本大震災や東京電力福島第一原子力発電所事故の被災地にあるスポーツ少年団の団員で結成した「福島絆ソフトボールスポーツ少年団」は宮崎県門川町から招待を受け、地元のスポーツ少年団と交流試合。川内村から2名が参加。		広報 (No.570-2)
2013.3.30			村内3つの集会所にて、福島県と川内村の除染アドバイザー井上正氏による講演会開催。		広報 (No.570-2)
2013.3.31			村コミュニティセンターで辛島美登里さんが復興コンサートを開催。		広報 (No.570-2)
2013.4.1			川内村に住民票を置きながら他の市町村に非難されている方に「届出避難場所証明書」発行。		広報 (No.567)
			利用状況にかかわらず農業集落排水使用料基本料金の徴収開始。		広報 (No.570-1)
2013.4.2			村防犯見守りパトロール隊の出発式。		記録
2013.4.4			かわうち保育園入園式。9名の園児が入園。		広報 (No.570-2)
2013.4.8			川内小・中学校の入学式。小学校では新入生7名。全校生24名に。中学校では7名の新入生を迎え全校生16名に。		広報 (No.570-2)
2013.4.11		福島県による平成25年度営農再開支援事業説明会が開催。旧警戒区域損害賠償説明会を開催。(〜14日)			記録
2013.4.13		根本復興大臣へ早期帰還者に対する生活支援の必要性を要望。			記録
2013.4.15			川内村防霜対策本部設置。設置期間は4月15日から5月31日まで。		広報 (No.570-1)
2013.4.19		自民党福島県連「ふくしま復興本部」が村の復興状況と要望を聴取。			記録

年月日	時刻	国・県・東電	川内村行政	コミュニティ（行政区）	出典
2013.4.20			長崎大学と復興と活性化に向けた包括連携に関する協定を締結。長崎大学・川内村復興推進拠点を開設。		記録
2013.4.26			天皇皇后両陛下行幸啓記念碑除幕式開催。		広報 (No.571-2)
			川内高原農産物栽培工場のオープニングセレモニー開催。		広報 (No.571-2)
2013.4.29				高田島諏訪神社の例大祭が再開。	記録
2013.4.30		東電復興本社より2013年1月に提出した要望書へ回答。			記録
2013.5.1			福島復興総局へ帰還再生事業採択などを要望。		記録
			2012年10月に実施した住民アンケート調査結果報告。住民が帰村できない理由に、原子力発電所事故の影響への不安、除染が困難など。避難者が自宅と避難先を往来する頻度は月に1回程度との解答が最多。除染作業の実施や道路網の整備、商業環境の充実や医療福祉分野および防災環境の充実を求める声が多かった。		広報 (No.570-1)
			見守りパトロール隊により約1カ月間、安否確認を実施。		広報 (No.570-1)
			農地除染対策としてゼオライト配布の再開。		広報 (No.570-1)
			応急仮設住宅の供与期間を2014年3月31日より更に1年延長。		広報 (No.570-1)
2013.5.3				下川内諏訪神社の例大祭が再開。	記録
2013.5.8		東日本大震災復興特別委員会で、村長が復興の様子や課題について意見を陳述。			記録
			甲状腺検査結果相談会（〜5/9）。		記録
2013.5.11				貝ノ坂地区仮置き場に関する説明会を開催。	記録
2013.5.12	9:00			郡山市南1丁目仮設住宅集会所にて、賠償金請求に関する東京電力㈱相談窓口の開設。(-16:00)	広報 (No.570-1)
2013.5.13			川内村定住促進アパート（リバーサイド砂田Ⅰ・Ⅱ）完成。		広報 (No.571-2)
			川内村長・村議会議長により「川内駐在所の常駐化による機能強化について」の要望書を双葉警察署長に提出。		広報 (No.571-2)
2013.5.15	18:30			いわき市四倉町鬼越仮設住宅談話室にて、「避難者のための復興懇談会」開催。	広報 (No.570-2)
2013.5.16	18:30			郡山市若宮前仮設住宅集会所にて、「避難者のための復興懇談会」開催。	広報 (No.570-2)
2013.5.25			創立10周年を迎えた川内小学校にて、川内小学校・保育園合同大運動会開催。		広報 (No.572-1)
2013.5.26			村体育センターにて、川内村消防団・婦人消防隊春季検閲式開催。消防団員6名、婦人消防隊33名が参加。		広報 (No.572-1)
2013.5.27			「なかよし館」開所式。ドイツからの資金援助で郡山市に建設された仮設コミュニティセンターを村内に移設。		広報 (No.572-1)
2013.5.31			東日本大震災による損壊家屋等の解体撤去事業の申請受付は5月31日で終了。		広報 (No.570-1)

336 第4部 資料編・川内村震災の記録

年月日	時刻	国・県・東電	川内村行政	コミュニティ（行政区）	出典
2013.6.1			川内村内見守りパトロール隊の連絡所を役場前に設置。		広報 (No.571-1)
2013.6.9			帰村の加速化と農休日の早苗振りを兼ねて、ひとの駅かわうちにて「高田島フェスタ」開催。約70名が参加。		広報 (No.572-2)
			「いわなの郷」が再オープン。オープニングセレモニー開催。		広報 (No.572-2)
2013.6.12			能見損害賠償紛争審査会長が村を現地調査、要望を聴取。		記録
2013.6.21			川内村コミュニティセンターにおいて営農再開支援事業説明会を開催。		記録
2013.6.27			松下国交相政務官に要望書を提出。		記録
2013.6.30	13:30		川内村コミュニティセンター1階研修室にて、被災地支援のための「写真教室講座」開催。		広報 (No.571-1)
2013.7.1			新常磐交通株式会社にて、復興支援バス及び一部一般路線の無料乗車実施。		広報 (No.572-1)
			川内村復興推進肉乳用牛購入事業として、新しく肉乳用牛を導入される方を対象に補助金を交付。		広報 (No.572-1)
			営農再開支援事業（被災農家経営再開支援事業）を今年度も実施。		広報 (No.572-1)
2013.7.2			赤羽経済産業省副大臣へ要望書を提出。		記録
2013.7.7				行政区ごとに「クリーンアップ作戦」実施。	広報 (No.573-1)
2013.7.8	9:00		転作でソバを作付けされる方を対象にソバ種子の配布。		広報 (No.572-1)
2013.7.9			郡山市磐梯熱海温泉ホテル華の湯にて「避難地域住民交流会」開催。避難者65名が参加。		広報 (No.573-1)
2013.7.13			「いわなの郷体験交流館」において第48回天山祭り開催。村内外から約200名参加。高田島神楽舞を披露。		広報 (No.573-1)
2013.7.14			東京文化会館（東京都台東区）にて、関東圏内の避難者を対象に懇談会開催。		広報 (No.572-1)
2013.7.16				7区集会場でガンマカメラ調査結果を報告。	記録
2013.7.20			商工会若手会長交流会。		記録
2013.7.21		第23回参議院議員通常選挙投票日。			広報 (No.572-1)
2013.7.28			広野町において震災後初となる「第38回双葉郡町村対抗交流野球大会」開催。川内村は1回戦敗退。		広報 (No.574-2)
2013.8.1		東日本大震災にかかる国・県義援金の追加配分実施。			広報 (No.573-1)
			双葉Webカメラシステム稼働。村内では、川内村役場、村民施設 あさかの杜ゆふね。ネット閲覧可能。		広報 (No.573-1)
			村は除染後の放射線量の推移や除染後の線量が高い世帯を対象に、ガンマカメラによるホットスポットの調査。		広報 (No.573-1)
			災害復興住宅融資。住宅の建設・購入の場合は、低金利での融資。		広報 (No.573-1)
			村内に外出したい高齢者を対象とした外出支援サービス事業開始。		広報 (No.573-1)
2013.8.3			川内高原野菜をスーパーで試験販売。		記録

年月日	時刻	国・県・東電	川内村行政	コミュニティ（行政区）	出典
2013.8.3			福島県会津自然の家にて、郷土に想いを寄せる「同窓会」(2回目)を開催。川内小・中学校の児童生徒、避難中の子供、父兄28名が参加。		広報 (No.574-1)
2013.8.4			相馬市において第66回福島県総合体育大会県民スポーツ相双地域大会開催。川内村からはソフトボール、ソフトテニスに参加し、両チームとも3位の成績を成績を収めた。		広報 (No.574-2)
2013.8.5			農地周辺森林除染に伴う測量及び線量調査の実施。(-10/11)		広報 (No.573-1)
2013.8.8			環境省福島環境再生事務所に二次除染と森林除染を要望。		記録
	13:30		コミュニティセンター2階大会議室にて、京都大学・小泉昭夫氏によるフィルムバッジ・陰膳調査(食事調査)結果説明会開催。		広報 (No.573-2)
2013.8.10			旧警戒区域における特例宿泊。お盆期間(8月10日から8月18日の最大8泊9日)における避難指示解除準備区域及び居住制限区域での宿泊を特例的に実施。		広報 (No.573-1)
2013.8.11			川内村コミュニティセンター、体育館、ヘリポートにて「かえるかわうち 空と大地の夏まつり」開催。10日の前夜祭とあわせて延べ500名が参加。		広報 (No.574-1)
2013.8.12			東電復興本社へ井戸ボーリングなどの要望書を提出。		記録
2013.8.14			NPB東日本大震災復興支援事業、プロ野球選手OBが村総合グランドに集結。		広報 (No.574-1)
			ヘリポートにて「2013 BON・DANCE」再開。約1000人が来場。		広報 (No.574-1)
2013.9.7			川内村民体育センターにおいて平成25年度敬老会開催。敬老者・来賓等350名参加。75歳以上が651名。		広報 (No.575-1)
2013.9.8				下川内諏訪神社秋季例大祭。	記録
2013.9.9				米の全袋検査・交差汚染防止対策に係る農家説明会。	記録
2013.9.15				高田島諏訪神社秋季例大祭。	記録
			「2013かわうち復興祭」プレイベントとして「かわうち　食の魅力発見！セミナー」開催。		広報 (No.576-1)
			福島市県営あづま球場を会場にて、第7回市町村対抗福島県軟式野球大会開催。川内村は葛尾村に勝利し、2回戦進出。		広報 (No.576-1)
2013.9.17			医療法人誠励会と特別養護老人ホーム整備に関する基本協定を締結。		広報 (No.575-1)
2013.9.18			ふたば農業協同組合と葬祭事業(仮称「かわうち葬祭センター」)に関する基本協定を締結。		広報 (No.576-1)
			川内小学校の生徒が放射線の講演会を受講。		記録
	19:00			1区集会所にて、区民を対象に、「川内村の土地利用を考えるための住民懇談会」開催。	広報 (No.574-1)
2013.9.19	19:00			3区集会所にて、2から4区民を対象に「川内村の土地利用を考えるための住民懇談会」開催。	広報 (No.574-1)
2013.9.20			自民党事故収束委員会と復興支援について意見交換。		記録

年月日	時刻	国・県・東電	川内村行政	コミュニティ（行政区）	出典
2013.9.20	19:00			5区集会所にて、5から7区民を対象に「川内村の土地利用を考えるための住民懇談会」開催。	広報（No.574-1）
2013.9.21				3区「区民旅行」3年ぶりの実施。1泊2日で山形県銀山温泉、観光ぶどう園を旅行。	広報（No.573-1）
2013.9.24			かわうち保育園、なかよし館及び村民体育センターにて、復興支援「2013 デイリリー・アート・サーカス」開催。（～9/26）		広報（No.576-1）
	18:30			ビッグパレット（郡山）にて、避難者を対象に「川内村の土地利用を考えるための住民懇談会」開催。	広報（No.574-1）
2013.9.25				8区民を対象に焼却炉基本計画説明会を開催。	記録
	18:30			五社の杜サポートセンターにて、8区を対象に「川内村の土地利用を考えるための住民懇談会」開催。	広報（No.574-1）
2013.9.26				6区集会場でガンマカメラ調査結果を報告。	記録
				福島市県営あづま球場を会場にて、第7回市町村対抗福島県軟式野球大会開催。2回戦いわき市と対戦し惜敗。	広報（No.576-1）
2013.9.30			岩城光英参議院議員へ要望書を提出。		記録
2013.10.1		米の等級検査を3年ぶりに実施。			記録
		原子力災害に備えた防災計画を策定。「総則」、予防体制や原子力災害の事前対策を中心とした「原子力災害事前対策」、災害時の避難誘導に関する措置定めた「緊急事態応急対策」などから構成。			広報（No.577-1）
		県外借上げ住宅の供与期間は、都道府県ごとに対応。			広報（No.577-1）
2013.10.2		米の全量全袋検査を開始。			記録
2013.10.9	13:30			川内村コミュニティセンターにて「食品と放射能に関する説明会」開催。（-15:30）	広報（No.577-1）
2013.10.13				「第4回川内村いのちの森づくり植樹祭」開催。石原伸晃環境大臣出席。	広報（No.577-1）
2013.10.20	10:00			いわなの郷体験交流館にて「2013 かわうち復興祭」開催。石原環境相出席。村産の野菜や新米の販売を行う。	広報（No.577-1）
2013.10.27	10:00			川内村村民体育センターにて、平成25年度川内村消防団秋季検閲式開催。消防団員56名、婦人消防隊28名が参加。	広報（No.577-2）
2013.11.1		東日本大震災に係る被災者生活再建支援金（基礎支援金）の申請期間が、2015年4月10日まで延長。			広報（No.576-1）
				川内中学校にて「第18回清流祭」開催。3年ぶりに自校体育館で開催。	広報（No.577-2）
				共同墓地除染と上川内地区道路除染を実施。	広報（No.576-1）
				郡山市ビッグパレットふくしまに、「ビッグパレットふくしま避難所の碑」完成。	広報（No.577-2）

年月日	時刻	国・県・東電	川内村行政	コミュニティ（行政区）	出典
2013.11.3			上川内字大仲合地内にて「さくらプロジェクト3.11」。村内外から約200人が参加し、311本の桜の苗木を植樹。		広報(No.577-2)
2013.11.15		平成25年度福島県狩猟解禁。狩猟期間は2014年2月15日まで。(イノシシについては2014年3月15日まで)			広報(No.576-1)
2013.12.1		環境省にて、川内村の旧警戒区域内で発生した可燃物を処理する仮設処理施設(仮設焼却炉)を設置。廃棄物の処理は2014年10月頃から開始し2015年末に完了する予定。処理完了後は土地を復元して村に返還する。			広報(No.577-1)
			農地復興組合にて、農地除染で使用した「ゼオライトプラント」の家屋(テント)を譲渡。		広報(No.577-1)
			東日本大震災による損壊家屋等の解体撤去事業の再申請受付開始。		広報(No.577-1)
2013.12.2			2014年度認定こども園かわうち保育園園児募集開始。		広報(No.577-1)
2013.12.5	13:00		川内村コミュニティセンター2階大ホールにて、「川内村企業就職面接会」開催。(-15:00)		広報(No.577-1)
2013.12.6			川内産米の全量全袋調査を「川内の恵み安全対策協議会」が実施。10月7日から。86農家が水稲作付けを行い、平成25年産米全量全袋出荷可能となる。また、ソバについても、放射線モニタリングを福島県が行い、全量基準値未満となり、出荷、販売が可能となった。		広報(No.578)
2013.12.7			「かわうちドンドン村づくり」開催。(～ 12/8まで)		広報(No.578)
2013.12.23			中国新聞社と福島民報社による被災地支援事業により川内小・中学校に教育備品(200万円相当)が寄贈。		広報(No.578)
2013.12.24			元中日ドラゴンズ立浪和義氏から川内小学校の児童とかわうち保育園にオリジナル絵本が寄贈。		広報(No.579-1)
2013.12.27			川内村見守りパトロール隊が双葉警察署長感謝状受賞。		広報(No.579-1)
2014.1.5			川内村村民体育センターにて、平成26年度川内村消防出初式開催。消防団員50名、婦人消防隊30名が参加。		広報(No.579-1)
2014.2.8			川内村コミュニティセンターにて「福島原発事故後の里山のあり方と復興再生へのシナリオ」シンポジウムを開催。		広報(No.580-1)
2014.3.5			かわうち葬祭センター「ふるさと」オープン。		広報(No.580-1)
2014.3.24			複合施設ゆふねにて、車載式の内部被ばく検査(ホールボディ検査)を実施。(-3/25)		広報(No.580-1)
2014.4.1			村が帰村者支援金として「川内村復興地域振興券」1人当たり10万円を給付。		広報(No.581-1)
			村内に民間アパート建設費の助成を実施。		広報(No.581-1)
			補助金交付要綱を改正し、太陽光発電システム設置の補助金額を増額。		広報(No.581-1)

340 第4部 資料編・川内村震災の記録

年月日	時刻	国・県・東電	川内村行政	コミュニティ（行政区）	出典
2014.4.1				食品検査体制を改組。4月以降、8区を除く次の4つの集会所にて食品放射能簡易検査事業を実施。①1区食品放射能簡易検査場（第一分団屯所前）②3区食品放射能簡易検査場（たかやま倶楽部ゲートボール場）③5区食品放射能簡易検査場（既存のまま）④6区食品放射能簡易検査場（手古岡集会場）	広報（No.581-1）
2014.4.4			かわうち保育園入園式。かわうち保育園は、全員で14名。		広報（No.582）
2014.4.7			川内小・中学校の入学式。小学校は4名が入学し全校生26名、中学校は5名が入学し全校生徒17名。		広報（No.582）
2014.4.15	18:30		コミュニティセンター2階大ホールにて、上川内地区を対象に、「飲料水安全対策事業」説明会開催。		広報（No.581-1）
2014.4.22	18:30		コミュニティセンター2階大ホールにて、下川内地区の方対象に、「飲料水安全対策事業」説明会開催。		広報（No.581-1）
2014.4.26			「かわうちの湯」リニューアルオープン。		広報（No.583）
2014.4.29				4月29日、5月3日に春季例大祭開催。村の復興と氏子各位の繁栄を祈念し、高田島、上川内、下川内の諏訪神社などで獅子舞や神楽舞などが奉納。	広報（No.583）
2014.5.13			川内村と原子力安全協会と放射性物質測定で協定書締結式。		福島民報
2014.6.7				東日本大震災後2回目「村民号」開催。1泊2日秋田県男鹿温泉の旅。総数273名参加。	広報（No.584）
2014.6.26			「コドモエナジー」川内工場が落成。		福島民友
2014.7.1			応急仮設住宅の供与期間を2015年3月31日まで延長。		広報（No.584）
2014.7.12			第49回天山祭り開催。		広報（No.585）
2014.8.1			上川内地区の村道、農道、林道の除染作業実施。		広報（No.585）
				婦人会・老人クラブの協力により「花いっぱい運動」を展開。	広報（No.585）
2014.8.5	18:00		コミュニティセンターにて、長崎大学より「きのこ調査」の結果報告会開催。		広報（No.585）
2014.8.15	9:30		いわなの郷体験交流館にて「2014かわうち復興祭」開催。		広報（No.586）
	10:00			ヘリポートにて「BON・DANCE 2014」開催。	広報（No.586）
2014.9.6	10:00		川内村村民体育センターにて、「敬老会」開催。敬老者・来賓350名参加。75歳以上の方が634名。		広報（No.587）
2014.9.10			株式会社エナジアと「太陽光発電事業の基本協定」締結。毛戸地区（8区）の放牧地をメガソーラー発電事業に活用。		広報（No.587）
			安倍首相来村。村民への激励と復興状況の視察。		広報（No.588）

年月日	時刻	国・県・東電	川内村行政	コミュニティ（行政区）	出典
2014.9.28			川内小学校を会場にして「ふたばワールド2014inかわうち」開催。6500名の来場者。		広報(No.588)
2014.9.29			積水ハウス株式会社と「災害公営住宅基本協定」を締結。		広報(No.588)
2014.10.1			避難指示区域再編。避難指示準備区域の解除、および居住制限区域は避難指示解除準備区域に。		広報(No.588)
			川内村復興推進肉乳用牛導入事業補助金交付。		広報(No.587)
	11:30			TPK上野ビジネスセンター（東京都台東区）にて、関東圏内の避難者との住民懇談会開催。	広報(No.587)
2014.10.8			シャープ株式会社による川内平伏森太陽光発電所建設に係る安全祈願祭開催。		広報(No.588)
2014.10.15			第2回仮設処理施設運営協議会開催。		広報No.589)
2014.10.26		第20回福島県知事選挙投票日。			広報(No.587)
			村民体育センターにて「蕎麦フェスタin川内村」開催。来場者2400人。		広報(No.589)
2014.10.27			下川内宮ノ下地内の五社の杜サポートセンターに「警察官立寄所」の看板設置。		広報(No.589)
2014.10.30			ユーラスエナジーホールディングスと「太陽光発電事業基本協定」を締結。		広報(No.589)
2014.11.1		復興庁等による住民意向調査の実施。			広報(No.588)
		平成26年度福島県狩猟解禁。狩猟期間は2015年2月15日まで。(イノシシについては2015年3月15日まで)			広報(No.588)
2014.11.4	18:30			1区集会所にて、区民対象に「行政懇談会」開催。	広報(No.588)
2014.11.6	18:30			2区集会所にて、区民対象に「行政懇談会」開催。	広報(No.588)
2014.11.7	18:30			3区集会所にて、区民対象に「行政懇談会」開催。	広報(No.588)
2014.11.11	18:30			4区集会所にて、区民対象に「行政懇談会」開催。	広報(No.588)
2014.11.12	18:30			5区集会所にて、区民対象に「行政懇談会」開催。	広報(No.588)
2014.11.17	18:30			西山集会所にて、6区民対象に「行政懇談会」開催。	広報(No.588)
2014.11.18	18:30			7区集会所にて、区民対象に「行政懇談会」開催。	広報(No.588)
2014.11.20	18:30			五枚沢集会所にて、8区民対象に「行政懇談会」開催。	広報(No.588)
2014.11.22			川内村全域にて、原子力防災住民避難訓練実施。		広報(No.587)

342　第4部　資料編・川内村震災の記録

凡例

記録：川内村、2013、『川内村の記録』（平成25年10月号）
災害：井出寿一氏作成『東日本大震災に伴う原発事故避難の経緯』川内村災害対策本部
動き：井出寿一氏作成『東日本大震災に伴う原子力発電所事故災害の動き』川内村復興課
かわら版：かえるかわうちかわら版
広報：広報かわうち
号外：広報かわうち号外
福島民報・福島民友・日本経済新聞・中国新聞・KFB福島放送：メディア
聞き取り：川内村民からの聞き取り
井出寿一氏：震災時の川内村総務課長より聞き取り
鈴木政美氏：震災時のビッグパレットふくしま副館長より聞き取り

4-2 2011年作付け記録　（記録者：西巻裕氏）

日付	天気	線量 μSv/h	気温 ℃	水温 ℃	測定時刻	メモ
5月15日	晴れ	0.31				田植え
5月16日	晴れ	0.4				
5月17日	晴れ	0.44	21	24.5		
5月18日	晴れ	0.5	18.5	21	17:00	
5月19日	晴れ	0.41	20	28	15:30	冷えの予防にヌカをまく
5月20日	晴れ	0.35	20	22	17:30	
5月21日	晴れ	0.39	18	20	17:30	
5月22日	曇り・雨	0.41	12	15	17:30	
5月23日	曇り	0.41	12	17	16:00	アメンボ発見
5月24日	晴れ	0.41	14	19	17:00	
5月25日	晴れ	0.4	14	24	15:40	
5月26日	曇り	0.39	14	17	17:15	
5月30日	小雨・強風	0.4	10	14	16:00	
6月1日	雨	0.37	9	14	16:50	
6月2日	曇り	0.43	10	14	15:00	
6月3日	曇り	0.35	18	22	17:00	
6月6日		0.37	18	28		
6月7日	晴れ		17.5	25	16:30	
6月8日	晴れ	0.38	18	23	17:40	
6月9日	晴れ	0.35	17	21	17:30	
6月10日	晴れ	0.31	24	33	12:00	
6月13日	晴れ	0.4	19	23	13:00	
6月14日	晴れ	0.4	20	30	15:00	
6月15日	曇り	0.37	14	20	17:00	
6月16日	曇り	0.37	19	23	13:30	
6月19日	晴れ	0.33	21	30	13:30	
6月21日	曇り		19	23	17:00	
6月22日	晴れ		21	24	18:00	
6月23日	曇り		23	30	15:00	
6月27日	雨	0.38	21	23	17:00	
6月28日	曇り	0.35	24	29	17:30	
6月29日	晴れ	0.37	25	31	16:30	
7月7日	曇り	0.35	22	24	18:30	
7月8日	曇り	0.3	24	28	17:30	田の草取り
7月10日	曇り	0.35	24	24	19:00	
7月11日	晴れ		28	38	12:30	
7月12日	曇り	0.35	29	25	17:40	
7月13日	晴れ	0.35	28	28	12:30	
7月15日	晴れ	0.38	34	34	15:00	
7月16日	晴れ	0.35	35	35	16:00	水少ない
7月17日	曇り	0.35			17:00	水ない
7月19日	雨	0.38	23	19	15:30	
7月21日	曇り	0.26	16	20	17:00	台風
7月22日	曇り	0.27	16		13:30	水あり
7月24日	曇り	0.35	23		17:00	水ない
7月25日	曇り	0.31	23		18:00	水ない
7月26日	曇り	0.35			12:30	
7月30日	曇り・雨	0.29	20	23	18:30	
8月1日	小雨	0.3	18	21	11:30	
8月3日	曇り	0.29	21	23	18:00	
8月4日	曇り	0.26		25	18:00	
8月6日	曇り	0.3	30	25	14:30	
8月8日	曇り・雨	0.3	27	29	17:00	
8月10日	曇り	0.32	32	29	18:30	
8月14日	曇り	0.33	26	27	17:30	花が咲いた跡あり
8月17日	曇り	0.33	27		18:00	水ない
9月8日	晴れ	0.34	24		16:00	排水路ができていた
9月9日	晴れ	0.33	25.5		17:00	
9月13日	晴れ	0.34	29		15:00	
9月15日	晴れ	0.33	28		15:30	
10月2日						稲刈り

※線量はあぜ道で測定

（野田岳仁）

4-3　診療所勤務記録

避難所での勤務記録　3/12/2011 - 6/14/2011

月日	曜日	開始	終了	勤務	月日	曜日	開始	終了	勤務	月日	曜日	開始	終了	勤務
3/11	金	＜　地震発生　＞			4/15	金	8:00	17:30	9:30	5/20	金			0:00
3/12	土	9:00	25:00	16:00	4/16	土	0:00	9:00	9:00	5/21	土			0:00
3/13	日	7:30	23:00	15:30	4/17	日	8:00	17:30	9:30	5/22	日			0:00
3/14	月	7:30	22:00	14:30	4/18	月	16:00	0:30	8:30	5/23	月			0:00
3/15	火	7:30	20:00	12:30	4/19	火	8:00	17:30	9:30	5/24	火	11:15	19:00	7:45
3/16	水	＜　避難　＞			4/20	水			0:00	5/25	水	8:00	16:00	8:00
3/17	木	＜　避難　＞			4/21	木			0:00	5/26	木	8:00	16:30	8:30
3/18	金	＜　避難　＞			4/22	金	8:00	17:30	9:30	5/27	金	11:15	19:00	7:45
3/19	土	＜　避難　＞			4/23	土	16:00	0:30	8:30	5/28	土	8:00	19:00	11:00
3/20	日	＜　避難　＞			4/24	日	8:00	17:30	9:30	5/29	日	8:00	19:00	11:00
3/21	月	＜　移動　＞			4/25	月	8:00	17:30	9:30	5/30	月	8:00	16:30	8:30
3/22	火	10:00	20:00	10:00	4/26	火	0:00	9:00	9:00	5/31	火	11:15	19:00	7:45
3/23	水	8:00	20:00	12:00	4/27	水			0:00	6/1	水	8:30	16:30	8:00
3/24	木	12:00	24:00	12:00	4/28	木	16:00	0:30	8:30	6/2	木	11:15	19:00	7:45
3/25	金	8:00	20:00	12:00	4/29	金	8:00	17:30	9:30	6/3	金	8:30	16:50	8:20
3/26	土	8:00	20:00	12:00	4/30	土	8:00	17:30	9:30	6/4	土			0:00
3/27	日	0:00	8:00	8:00	5/1	日	8:00	15:45	7:45	6/5	日			0:00
3/28	月	8:00	20:00	12:00	5/2	月			0:00	6/6	月			0:00
3/29	火	12:00	24:00	12:00	5/3	火	8:00	19:00	11:00	6/7	火	8:30	17:30	9:00
3/30	水	8:00	20:00	12:00	5/4	水	8:00	17:30	9:30	6/8	水	9:45	19:00	9:15
3/31	木	8:00	20:00	12:00	5/5	木	8:00	19:00	11:00	6/9	木	8:30	17:20	8:50
4/1	金	0:00	8:00	8:00	5/6	金	8:00	18:00	10:00	6/10	金	10:15	19:00	8:45
4/2	土			0:00	5/7	土	8:00	17:00	9:00	6/11	土	8:30	19:00	10:30
4/3	日			0:00	5/8	日	8:00	19:00	11:00	6/12	日			0:00
4/4	月	8:00	20:00	12:00	5/9	月	8:00	17:30	9:30	6/13	月	8:30	17:15	8:45
4/5	火	8:00	20:00	12:00	5/10	火	8:00	17:30	9:30	6/14	火	10:15	19:00	8:45
4/6	水	0:00	8:00	8:00	5/11	水	11:15	19:00	7:45					
4/7	木	8:00	20:00	12:00	5/12	木	8:00	16:30	8:30					
4/8	金	16:00	0:30	8:30	5/13	金	11:15	19:00	7:45					
4/9	土	8:00	17:30	9:30	5/14	土	8:00	16:00	8:00					
4/10	日	8:00	17:30	9:30	5/15	日	8:00	19:00	11:00					
4/11	月	0:00	9:00	9:00	5/16	月			0:00					
4/12	火	8:00	17:30	9:30	5/17	火	8:00	16:00	8:00					
4/13	水	16:00	0:30	8:30	5/18	水	7:00	20:30	13:30					
4/14	木			0:00	5/19	木			0:00					

*川内村診療所係長の地震発生時からの勤務時間を示す。
　避難所では長時間勤務が行われた。（通常勤務時間　8:30-17:00）

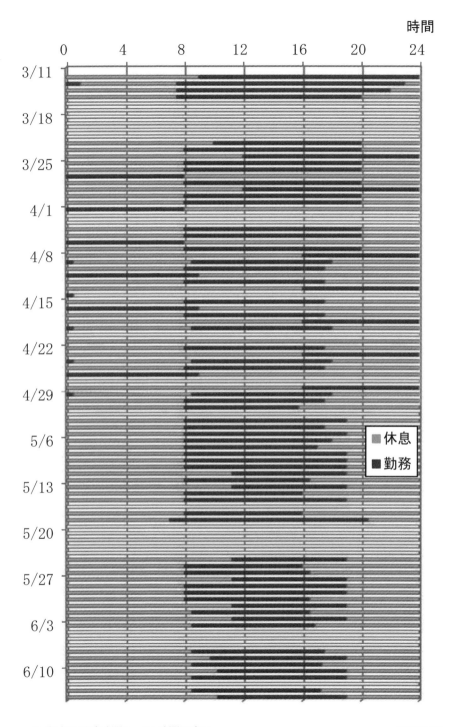

**　　時間

** 左表の勤務時間を、24時間で表示　　　　　　　　　　　　　　（野村智子）

あとがき

　本書は福島県川内村という、福島第一原子力発電所から遠くない距離に住む人びとから聞き取った、原発事故後の考え方や気持ちを収録した本である。

　それらを聞き取った私たちの考えや立場はなるべく後方に置くように注意をした。けれども厳密に考えれば、「どんな問いを発するか」ということ自体、不可避的に質問者の考え方や立場が出てしまうものである。結果的にそうなったとしたならば、同時代に生きる人間として、それはそれでよいと考えている。

　この本ではライフヒストリーという方法を使っている。基本的には鳥越皓之『沖縄ハワイ移民一世の記録』(中公新書、1988) の手法に従っている。それは聞き取りをしたすべてを記録するのではなくて、映画監督がカメラで撮られた映像を自分で編集(切り捨てていく)をすることによって、全体像を象徴的にあきらかにする手法である。つまり、聞いた内容の一部だけを文字化することによって、逆に、とても印象深く、またその本質を理解できるという考え方に基づいている。ライフヒストリーの手法については、当時、私の先生である中野卓先生とハワイを共同で調査したときに議論した。中野先生は原則として聞き取りのすべてを文字化すべきであるという立場であった。

　なおこの本は、鳥越とその教え子たちによってつくられた本である。鳥越の早稲田時代の最後の仕事がこれになった。メンバーは環境社会学研究室の院生のうち、このテーマに興味を示した野田岳仁、金子祥之と、通信教育で勉強をしていた藤田祐二、野村智子の両名である。かれらと私を含めた5人で、川内村研究調査のNGOを立ち上げ、お互いに勉強をした。

　私はその後、兵庫県西宮市にある大手前大学に移り、時を同じくして野田君も京都の立命館大学に奉職したので、メンバーは関東と関西に分かれてしまったが、相互に連絡をとりつつ、調査とまとめの作業を継続した。私の印象では、藤田君と野村さんがとても頑張って作業をしてくれたように思う。

通信教育の学生はいわば「大人」の学生であり、両人は忙しい仕事のかたわら、大人の頑張りというものを示してくれた。

また、この本をまとめる間、直接の引用はしなかったものの、私は、西谷内博美・吉川成美訳、オリハ・ホリッシナ著『チェルノブイリの長い影』(新泉社、2013) を座右の書とした。この書は舩橋晴俊さんが長を努めておられた法政大学サステイナビリティ研究機構の翻訳プロジェクトによって作成されたものである。そして、舩橋さん自身が解説を書いておられる。

個人的な感慨を述べることを許していただけるなら、1980年代のおわりのころ、飯島伸子さんと舩橋晴俊さんと私の3人で、日本に環境社会学を立ち上げ、若い環境社会学者を育てようと誓った。だが、飯島さんは2001年に比較的若くして亡くなられ、舩橋さんも2014年夏に急逝された。私よりも若い舩橋さんへの弔辞を私が述べるはめになってしまった。

学問というものに、社会に貢献する役割があるとしたら、環境社会学もその一翼を担っているはずである。お2人のこの分野での貢献の偉大さに比べて、残された我が身の頼りなさを恥じるのであるが、この本は、お2人の精神を引き継がねばならないという気持ちでまとめたところもある。

本書には巻頭や本文中に多くの貴重な写真を掲載することができた。とくにお世話になった川内村役場、西巻裕さんのご協力に感謝申し上げる。また巻末には、「年表」ならぬ「分表」が掲載されている。日・時・分ごとの地元コミュニティの住民の対応を今の時点で記録しておかなければ、それは永遠に消滅してしまうだろうことを恐れてである。この分表も含めた煩雑な記録を本書に含ませることを快く承認してくださった東信堂の下田勝司社長に心からお礼を述べておきたい。

最後になったが、聞き取りに協力してくれた川内村の方たちに、大いなる謝辞を述べておきたい。また、その未来が明るいものとなることを切に祈るばかりである。

鳥越　皓之

執筆者紹介（執筆順）

鳥越　皓之　（編著者、奥付参照）

金子　祥之（かねこ ひろゆき）　日本学術振興会特別研究員 PD、立教大学。
　主要業績：
　「原子力災害による山野の汚染と帰村後もつづく地元の被害―マイナー・サブシス
　　テンスの視点から」『環境社会学研究』(21)、2015
　「村落相互の対立と水害の分配―災害のもたらす被害から受苦へ」植田今日子編
　　『村落社会研究第 51 集　災害と村落』農山漁村文化協会、2015

野村　智子（のむら さとこ）　早稲田大学人間科学部通信教育課程 (e スクール) 卒業。
　元シティバンク銀行勤務。

藤田　祐二（ふじた ゆうじ）　早稲田大学人間科学部通信教育課程 (e スクール) 卒業。
　現在、医療法人社団翔未会、株式会社エム・ティー・エイッチ勤務。

野田　岳仁（のだ たけひと）　立命館大学政策科学部助教。
　主要業績：
　"Why do residents continue to use potentially contaminated stream water after the nuclear
　accident? A case study of Kawauchi Village", Yamakawa Mitsuo and Yamamoto Daisaku(eds),
　Rebuilding Fukushima, Routledge press. 2017
　「コミュニティビジネスにおける非経済的活動の意味―滋賀県高島市針江集落に
　おける水資源を利用した観光実践から」『環境社会学研究』(20)、2014

編著者紹介

鳥越　皓之（とりごえ ひろゆき）　　大手前大学学長。

関西学院大学社会学部教授、筑波大学大学院人文社会科学研究科教授、
早稲田大学人間科学学術院教授を経て、2016年4月より現職。
専門：社会学、民俗学、環境問題、地域計画。
主要業績：

『トカラ列島社会の研究』御茶の水書房、1982
『家と村の社会学』世界思想社、1985
『沖縄ハワイ移民一世の記録』中央公論社、1988
『地域自治会の研究』ミネルヴァ書房、1994
『環境社会学の理論と実践』有斐閣、1997
『柳田民俗学のフィロソフィー』東京大学出版会、2002
『花をたずねて吉野山』集英社、2003
『環境社会学』東京大学出版会、2004
『サザエさん的コミュニティの法則』日本放送出版協会、2008
『水と日本人』岩波書店、2012
『琉球国滅亡とハワイ移民』吉川弘文館、2013

コミュニティ政策叢書3

原発災害と地元コミュニティ─福島県川内村奮闘記

2018年　1月　31日　初版 第1刷発行　　　　　　　　　　　〔検印省略〕
定価はカバーに表示してあります。

編著者ⓒ鳥越皓之／発行者：下田勝司　　印刷・製本／中央精版印刷

東京都文京区向丘1-20-6　　郵便振替00110-6-37828　　　　　　発 行 所
〒113-0023　TEL(03)3818-5521　FAX(03)3818-5514　　株式 東 信 堂

Published by TOSHINDO PUBLISHING CO., LTD.
1-20-6, Mukougaoka, Bunkyo-ku, Tokyo, 113-0023, Japan
E-mail : tk203444@fsinet.or.jp http://www.toshindo-pub.com

ISBN978-4-7989-1425-1 C3036 ⓒ Hiroyuki Torigoe

コミュニティ政策叢書趣意書

コミュニティ政策学会は、コミュニティ政策研究の成果を学界のみならず一般読書界にも問うべく、『コミュニティ政策叢書』をここに刊行します。

どんな時代、どんな地域にも、人が「ともに住む」という営みがあれば、その地域を「共同管理」する営みもまた展開していきます。現代日本において「コミュニティ」とよばれる営みは人類史的普遍性をもつものです。

だが戦後の日本では、かつての隣組制度への反発や強まる個人化志向、また核家族化の一般化と世代間断絶の影響から、コミュニティ拒否の風潮が支配的でした。

一方、明治の大合併、昭和の大合併という二度の大きな合併を経て大規模化した市町村のもとで、経済の高度成長を経て本格的に工業化都市化した日本社会に、身近な地域社会を対象とした政策ニーズが生じ、コミュニティ政策は行政主導で始まりました。さらに住民間においても高齢化の著しい進展はじめ地域社会に破綻をもたらす要因が拡大しつつあります。

まさにこの時、1995年と2011年、10年余の時を隔てて生じた二つの大震災は、日本の政治、経済、社会等々のあり方に大きな問題を投げかけました。コミュニティとコミュニティ政策についても同様です。震災は戦後の「無縁社会」化が孕む大きな陥穽をまざまざと露呈させたのです。

今日コミュニティ政策は、様々に内容と形を変えながら、それぞれの地域の性格の違いとそれぞれの地域の創意工夫によって多様性を生み出しながら、続けられています。今日基底をなすのは、行政の下請化へ導く「上からの」施策、また住民を行政と対立させる「下からの」意向一辺倒でもない、自治体と住民の協働に基づく「新たな公共」としてのコミュニティ政策です。特に、今世紀の地方分権改革によって、自治体政府は充実するけれども身近な地域社会は置き去りになるという危機感から、制度的には様々な自治体内分権の仕組みが試みられ、また自治体と住民の双方によってコミュニティ振興の多様な試みが実践されていて、コミュニティ政策にはますます大きな関心が注がれています。近年は、いわゆる新自由主義的な政策傾向がコミュニティ政策研究にも新たな課題を提起しています。

コミュニティ政策を学問的な観点から分析し、将来に向かって望ましい方向性を提言するような学会が必要であると私たちは考え、2002年にコミュニティ政策学会を設立しました。そしてこのたび東信堂のご助力を得て、コミュニティ政策研究の成果を逐次学界と実践世界に還元していく『コミュニティ政策叢書』を刊行することとなりました。この叢書が、学会の内外においてコミュニティ政策に関する実践的理論的論議をさらに活性化させる機縁となることを大いに望んでいます。

2013年9月　　　　　　　　　　コミュニティ政策学会叢書刊行委員会

名和田是彦(法政大学)、鰺坂学(同志社大学)、乾亨(立命館大学)、佐藤克廣(北海学園大学)、鈴木誠(愛知大学)、玉野和志(首都大学東京)

東信堂

日本コミュニティ政策の検証
―自治体内分権と地域自治へ向けて［コミュニティ政策叢書1］　山崎仁朗編著　四六〇〇円

高齢者退職後生活の質的創造
―アメリカ地域コミュニティの事例［コミュニティ政策叢書2］　加藤泰子　三七〇〇円

原発災害と地元コミュニティ
―福島県川内村奮闘記［コミュニティ政策叢書3］　鳥越皓之編著　三六〇〇円

東京は世界最悪の災害危険都市
―日本の主要都市の自然災害リスク　水谷武司　二〇〇〇円

故郷喪失と再生への時間
―新潟県への原発避難と支援の社会学　松井克浩　三二〇〇円

被災と避難の社会学　関礼子編著　二三〇〇円

豊田とトヨタ
―産業グローバル化先進地域の現在　丹辺宣彦・岡村徹也・山口博史編著　四六〇〇円

社会階層と集団形成の変容
―集合行為と「物象化」のメカニズム　丹辺宣彦　六五〇〇円

（アーバン・ソーシャル・プランニングを考える・全2巻）

世界の都市社会計画
―グローバル時代の都市社会計画　橋本和孝・藤田弘夫・吉原直樹編著　二三〇〇円

都市社会計画の思想と展開　橋本和孝・藤田弘夫・吉原直樹編著　二五〇〇円

【地域社会学講座　全3巻】

地域社会学の視座と方法　似田貝香門監修　二三〇〇円

グローバリゼーション/ポスト・モダンと地域社会　古城利明監修　二七〇〇円

地域社会の政策とガバナンス　岩崎信彦・矢澤澄子監修　二五〇〇円

防災の社会学［第二版］
―防災コミュニティの社会設計へ向けて　吉原直樹編　三八〇〇円

（シリーズ防災を考える・全6巻）

防災の心理学――ほんとうの安心とは何か　仁平義明編　三二〇〇円

防災の法と仕組み　生田長人編　三二〇〇円

防災教育の展開　今村文彦編　三二〇〇円

防災と都市・地域計画　増田聡編　続刊

防災の歴史と文化　平川新編　続刊

〒113-0023　東京都文京区向丘1-20-6
TEL 03-3818-5521　FAX03-3818-5514　振替 00110-6-37828
Email tk203444@fsinet.or.jp　URL·http://www.toshindo-pub.com/

※定価：表示価格（本体）＋税

東信堂

白老における「アイヌ民族」の変容
――イオマンテにみる神官機能の系譜　　西谷内博美　二八〇〇円

開発援助の介入論
――インドの河川浄化政策に見る国境と文化を越える困難　　西谷内博美　四六〇〇円

資源問題の正義
――コンゴの紛争資源問題と消費者の責任　　華井和代　三九〇〇円

海外日本人社会とメディア・ネットワーク
――パリ日本人社会を事例として　　吉原直樹・今野裕伸・松本昭　編著　四六〇〇円

移動の時代を生きる――人・権力・コミュニティ　　大西仁・吉原直樹　監修　三二〇〇円

国際社会学の射程
――日韓の事例と多文化主義再考　国際社会学ブックレット1　　芝田真里・西原和久　編訳　一二〇〇円

国際移動と移民政策
――社会学をめぐるグローバル・ダイアログ　国際社会学ブックレット2　　有田伸・本田量子・西原和久　編著　一〇〇〇円

トランスナショナリズムと社会のイノベーション　国際社会学ブックレット3
――越境する国際社会学とコスモポリタン的志向　　西原和久　一三〇〇円

現代日本の地域分化
――センサス等の市町村別集計に見る地域変動のダイナミックス　　蓮見音彦　三八〇〇円

現代日本の地域格差
――二〇一〇年・全国の市町村の経済的・社会的ちらばり　　蓮見音彦　二三〇〇円

「むつ小川原開発・核燃料サイクル施設問題」研究資料集　　舩橋晴俊・金山行孝・茅野恒秀　編著　一八〇〇〇円

新版 新潟水俣病問題――の社会学　　飯島伸子・舩橋晴俊　編　三八〇〇円

新潟水俣病をめぐる制度・表象・地域　　関礼子　五六〇〇円

新潟水俣病問題の受容と克服　　堀田恭子　四八〇〇円

公害・環境問題の放置構造と解決過程　　渡辺伸一　三八〇〇円

公害被害放置の社会学
――イタイイタイ病・カドミウム問題の歴史と現在　　藤川賢・渡辺伸一・堀畑まなみ　著　三六〇〇円

自立支援の実践知
――阪神・淡路大震災と市民社会　　似田貝香門　編　三八〇〇円

[改訂版] ボランティア活動の論理
――ボランタリズムとサブシステンス　　西山志保　三六〇〇円

自立と支援の社会学――阪神大震災とボランティア　　佐藤恵　三二〇〇円

社会調査における非標本誤差　　吉村治正　三二〇〇円

〒113-0023　東京都文京区向丘1-20-6　　TEL 03-3818-5521　FAX03-3818-5514　振替 00110-6-37828
Email tk203444@fsinet.or.jp　URL:http://www.toshindo-pub.com/

※定価：表示価格（本体）＋税